黑龙江省精品工程专项资金资助出版

船舶控制原理及其控制系统

李　冰　綦志刚　编著

哈尔滨工程大学出版社
Harbin Engineering University Press

内容简介

本书以船舶控制的理论研究和工程应用为基础，介绍了船舶的动力学模型、船舶受到的海洋扰动及其模型以及船舶受扰后的姿态控制原理及其控制器设计。本书结合编著者及所在科研团队近年来在船舶控制理论和船舶控制装置与系统方面的研究成果，紧跟船舶工业的科技发展趋势，以自动舵航行控制系统和减摇鳍横摇控制系统为实例，详细介绍了船舶姿态控制系统的设计思路与方法，在扩展读者视野的同时也加深了读者对船舶工业的认识。

本书内容新颖，具有通用性，可供从事船舶及船舶装置设计和建造的工程技术人员使用，也可作为船舶类院校的自动控制、船舶电气和船舶工程等专业的高年级学生和研究生的教材。

图书在版编目(CIP)数据

船舶控制原理及其控制系统/李冰，綦志刚编著
.—哈尔滨:哈尔滨工程大学出版社，2021.7
ISBN 978-7-5661-3095-2

Ⅰ.①船… Ⅱ.①李… ②綦… Ⅲ.①船舶操纵-运动控制-高等学校-教材 Ⅳ.①U664.82

中国版本图书馆 CIP 数据核字(2021)第 112935 号

船舶控制原理及其控制系统
CHUANBO KONHZHI YUANLI JI QI KONGZHI XITONG

选题策划:石 岭
责任编辑:张 昕 丁 伟
封面设计:李海波

出版发行 哈尔滨工程大学出版社
社 址 哈尔滨市南岗区南通大街 145 号
邮政编码 150001
发行电话 0451-82519328
传 真 0451-82519699
经 销 新华书店
印 刷 哈尔滨市石桥印务有限公司
开 本 787 mm×1 092 mm 1/16
印 张 13
字 数 308 千字
版 次 2021 年 7 月第 1 版
印 次 2021 年 7 月第 1 次印刷
定 价 49.80 元
http://www.hrbeupress.com
E-mail:heupress@hrbeu.edu.cn

前 言

随着人类文明和科学技术的发展,人们对各类船舶的需求也越来越旺盛,船舶航运对人类文明的进步起着不可忽视的推进作用。与此同时,航行密度的增加和风、浪、流等干扰对船舶的航行安全和舒适性的影响也逐渐凸显,如货轮、油轮等对机动性要求不高,但为了使船舶平稳航行以确保船舶和货物安全、避免造成财产损失和海洋污染,就要求其具有极高的航行安全性能;而对于舰艇,则要求其能够安全、平稳地行驶,确保船员安全和船上设备的正常运行以完成任务。因此,为了设计能够满足不同性能需求的船舶运动控制装置就必须要了解和掌握相关的知识。

本书以船舶控制的理论研究和工程应用为基础,介绍了船舶的动力学模型、船舶受到的海洋扰动及其模型以及受扰后的船舶姿态控制原理及其控制器设计。

第 1 章简要介绍了船舶的起源与发展现状和一些典型的船舶运动控制装置;第 2 章介绍了船舶动力学的相关知识,重点介绍了船舶六自由度运动方程,同时介绍了船舶的水动力特性;第 3 章针对各种环境干扰进行了分析,重点介绍了环境干扰的建模及其对船舶的作用;第 4 章介绍了船舶航向控制的基本原理、自动舵控制原理,并给出了具体实例分析;第 5 章主要介绍了船舶横摇运动控制和减摇原理,同时针对不同减摇装置给出了横摇运动控制分析;第 6 章介绍了船舶动力定位系统的基本原理,设计了船舶动力定位控制系统并进行建模分析;第 7 章简单介绍了水翼艇的相关知识,并针对水翼艇纵向运动控制进行建模分析。

本书在介绍船舶运动控制理论的同时结合了控制系统设计的相关内容。本书内容新颖,结合编著者及所在科研团队近年来在船舶控制理论研究和船舶控制装置与系统方面的研究成果,紧跟船舶工业的科技发展趋势,以自动舵航行控制系统和减摇鳍横摇控制系统为实例,详细介绍了船舶姿态控制系统的设计思路与方法,在扩展读者视野的同时也加深了读者对船舶工业的认识。

书中一些配图带有 AR 标识,这是本书的另一特色,读者可以通过手机扫描书后的二维码,进入船舶航行姿态控制虚拟仿真在线实验系统网站,下载相应的手机应用 AR 软件并进行在线虚拟仿真实验学习;读者也可以通过这种方式观察船舶的相应运动情况,有助于更直观地理解相关的理论知识。具体操作时读者可以通过下载的手机应用软件扫描带有 AR 标识的图片,获取相关内容。因此,本书既可作为理论学习教材,也可作为船舶控制系统相关实验技术指导教材。

本书在撰写过程中得到了哈尔滨工程大学智能科学与工程学院自动化工程研究所所长刘胜教授的大力支持,在此深表谢意。本书参考、引用了一些文献资料,在本书问世之际,向这些文献资料的作者表示衷心的感谢。其他参与撰写和资料整理的人员有刘文帅、李铭泽、杨洋等,在此对他们的辛勤工作表示感谢。

因编著者水平有限,书中难免有疏漏之处,恳请广大读者批评指正。

编著者

2020 年 8 月

目　录

第1章 船舶运动控制绪论

1.1 船舶运动控制基本原理

人类文明的进步与海洋运输密切相关。水运是完成地区与地区之间、国与国之间大宗货物贸易最有效、最经济的运输方式。“水能载舟,亦能覆舟”,海上行船充满了风、浪、雾、礁等危险,如何科学地操纵和控制船舶,使之安全、准时到达目的港,是一个性命攸关、影响重大的问题。为了掌握船舶运动规律和船舶驾驶技术,人类已经奋斗了几个世纪,并取得了斐然的成就。船舶运动控制已从手动发展到自动,从单个系统的自动化提高到综合系统的自动化,从简单的控制装置发展成计算机化、网络化的体系结构;船舶运动控制已经成为一门独立的科学,在国内和国际都有相当规模的专家学者群从事有关的理论研究、系统设计和工程实现等方面的学术研究。船舶运动控制科学在促进我国的社会发展和国际经济文化交流方面发挥着其特有的作用。

1.1.1 船舶运动控制的概述

7 000 年前的远古时期,我们的祖先就已经用独木舟(图 1 -1)进行渔猎,他们用短木片划水让“船”前进或回转。他们随后建造了稍大一些的木质船,用一排或几排双桨进行操控,并在此基础上发明了橹(图 1 -2),这可以说是桨和舵的综合体,用橹操船更为有效。风帆约于 3 000 年前发明,它使船的载重量和航程明显增加。尾部放置舵的船约出现于 1 000 年前,这种船把掌管航向的装置单独分开,这在操船史上是一大进步。600 年前,人们已经能够建造多桅帆船。1405 年郑和下西洋船队中最大的船有 9 桅 12 帆(图 1 -3)。此后约 100 年,西欧才开始建造 2 桅或 3 桅帆船,称为纵帆船,1492 年哥伦布环球探险航行即乘此类船舶。

18 世纪的产业革命带来了现代意义上的轮船(图 1 -4),钢质船壳,可承载成千上万吨货物。螺旋推进器约于 1850 年投入使用,它由发动机产生几千甚至上万千瓦的功率来驱动,产生数十吨推力使船达到十几节到几十节的航速。由动力驱动的操舵装置于 19 世纪 80 年代前出现,其能以数十吨米的转船力矩使船首以每秒 0° ~3°的角速度回旋,达到转向或航向保持的目的。19 世纪 90 年代发明的柴油机,以更大的功率、更高的热效率和更小的单机质量取代了蒸汽机,至今仍然是大多数船舶采用的推进主机。1920 年陀螺罗经被用于船舶导航,使航向测量精度达到 1°的量级,为自动操舵仪的诞生提供了条件。1940 年流体力学和机翼理论的发展，统一解释了船体、桨、舵产生流体动力的机理，为建立船舶运动数学模型奠定了理论基础。

图 1-1　原始的独木舟

图 1-2　摇橹船与船橹

图 1-3　郑和下西洋用的宝船

图 1－4　现代意义上的轮船

1.1.2　船舶运动的复杂性

船舶在海洋中的运动具有六个自由度，分解为纵荡（surging）、横荡（swaying）、垂荡（heaving）（升沉）三种直线运动及艏摇（yawing）、横摇（rolling）和纵摇（pitching）三种摇摆运动。在这些耦合运动中，船和周围流体相互依存产生关联惯性力，又相互作用产生黏性力。外界环境的干扰力包括风力、浪力及流力。其机理很复杂，从效果上看，海风引起类似随机游走过程的附加动力；海浪造成船首向及其他自由度上的附加高频振荡；海流产生船位的运动学偏移。从运动控制角度看，桨、舵、锚（图 1－5 ~ 图 1－7）是船舶在海洋中航行的三大主动操纵设备，它们为船首提供前进推动力、转船的回转力矩和锚泊所需的锚力。近年来，为增加船舶操纵的机动性而开发出了侧推器（图 1－8），其原理同螺旋桨。这种装置横向置于船首和船尾，从而增加了转船力矩。为减弱船舶在波浪中的横摇，20 世纪 60 年代研制了减摇鳍，其原理类似于鱼类用鳍保持身体的左右平衡。船舶实际上是一种运行于不确定环境下的多输入、多输出的复杂动力学系统，要使其在各种气象、水文、航道和不同装载、航速等内外条件下统一协调所有的控制设备，完成特定的航行和操作计划，是一个艰巨的任务。这不但需要驾驶员具有丰富的经验和娴熟的技术，而且也要求自动控制系统具有优良的性能。

图 1－5　船舶螺旋桨

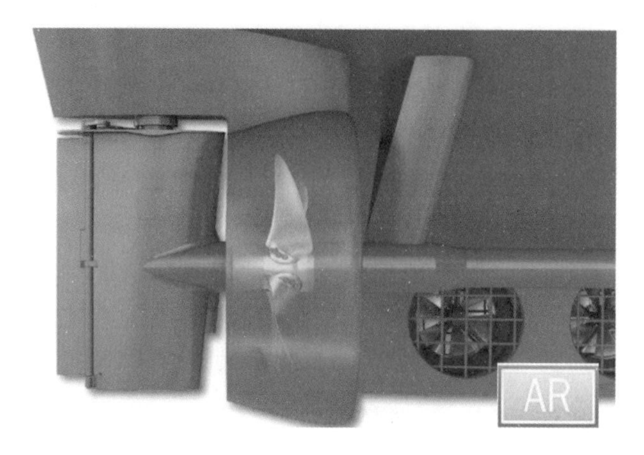

图 1-6　船舶襟翼舵

图 1-7　船锚

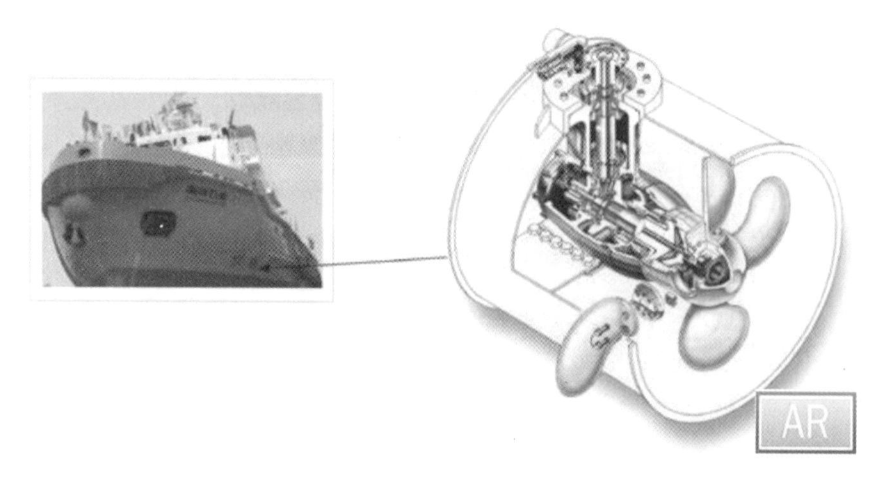

图 1-8　侧推器

1.1.3　船舶运动控制的理论基础

研究船舶的操纵运动，在理论上是以牛顿运动定律为基础，考虑惯性力（刚体惯性力和因流体加速运动造成的附加流体惯性力）、船体黏性力、桨力、舵力、锚力、风力、浪力、流力、侧推力、减摇鳍力乃至拖船力、缆绳力等诸力之间的动力学平衡，最终组成完整的船舶运动数学模型。该数学模型表现为一个多自由度的一阶微分方程组。为了进行实际的研究，必须确定模型方程中的主要水动力参数的量值，这主要靠船模实验结果或采用系统辨识技术对实船操纵数据进行回归从而得到最佳参数估计。计算机仿真有助于人们对各种环境条件及操作方式下的船舶动力学行为进行深入的研讨。

1. 船舶操纵性和耐波性

船舶操纵性和耐波性是船舶航行的重要性能，也是船舶运动控制中最主要的两个方面，与船舶的使用效能和航行安全密切相关。船舶操纵性阐述的是船舶保持或改变其运动状态的性能，船舶耐波性阐述的是船舶减小在风浪中摇摆运动的能力。船舶操纵性又可以理解为通过螺旋桨、舵机等装置使船舶以预定的航向、航迹或航速行驶。船舶耐波性又可以理解为通过减摇鳍、减摇水舱、舭龙骨、船舵、压浪板、可控水翼等装置来减小船舶的横摇、纵摇等由海浪或其他干扰引起的船舶摇摆运动。

（1）船舶操纵性

船舶操纵性是指船舶按照驾驶者的意图保持或改变其运动状态的性能，即船舶保持或改变其航速、航向和位置的性能。在船舶航行过程中，为了尽快到达目的地和减少燃料消耗，驾驶者总是力图使船舶以一定的速度保持直线航行，此时要求船舶具有良好的航向稳定性。当在预定的航线上发现障碍物或其他船舶时，为了避免碰撞，驾驶者须使船舶及时改变航速或航向，此时要求船舶具有良好的回转性及转艏性。所以一艘操纵性良好的船舶，应既能按驾驶者的要求稳定地保持运动状态，又能按驾驶者的要求迅速、准确地改变运动状态。

1946 年，戴维逊（Davidson）从运动稳定性理论出发，阐明了船舶操纵性应包括航向稳定性和回转性两个互相制约的方面，为操纵性的研究奠定了理论基础。1970 年在日本召开的第二届船舶操纵性会议，认为操纵性应包括小舵角的航向保持性、中舵角的航向机动性和大舵角的紧急规避性，只有同时具备这三个方面的性能，船舶才能满足驾驶者的操纵要求。

早期的船舶操纵性研究主要是探讨舵的作用，侧重于船的回转性，衡量操纵性优劣的唯一指标就是回转直径。后来，人们才意识到，船舶操纵性应包括航向稳定性、回转性、惯性、应舵性等各个方面。相应地，其研究领域也不断扩大，突破了只研究舵的局限，而综合考虑船体—螺旋桨—舵整个系统，并确定了衡量操纵性优劣的一系列指标，从而把船舶操纵性的研究推进到了一个新的阶段。

（2）船舶耐波性

船舶耐波性研究的是船舶在波浪中的六自由度运动规律。船舶耐波性除摇荡运动外，还包括由于摇荡运动引起的一些其他影响。

①砰击。由于严重的纵摇和垂荡，船体与波浪之间产生猛烈的局部冲击现象称为砰击。砰击多发生在船首部，艏柱底端或船底露出水面后，在极短的时间内以较大的速度落入水中

时就会发生砰击。

②上浪。船舶在波浪中剧烈摇荡时,波浪涌上甲板的现象称为上浪(图1-9)。发生上浪时船首常常埋入波浪中,海水淹没艏部甲板边缘,甲板上水。上浪主要是由严重的纵摇、垂荡引起的。

图1-9 甲板上浪

③失速。失速包括波浪失速和主动减速。波浪失速是指推进动力装置功率一定时,由于剧烈的摇荡,船舶在波浪中较在静水中航行时航速的降低值;主动减速是指船舶在波浪中航行时,为了减少波浪对船舶的不利影响,主动降低主机功率,使航速比在静水中下降的数值。

④螺旋桨飞车。船舶在波浪中航行时,部分螺旋桨露出水面,转速剧增,并伴有强烈振动的现象称为螺旋桨飞车。

2. 操纵性和耐波性对船舶的影响

船舶的操纵性和耐波性对船舶的航行性能和使用性能带来极不良的影响,主要体现在以下几个方面。

(1)对舒适度的影响

为了完成一定的航行任务,船员需要一个舒适的环境,才能有效地工作。船员的工作能力受两种运动特性的影响,即加速度和横摇角。加速度会引起晕船,一般认为发生晕船的可能性随着加速度增加而增加。横摇角对人运动能力的影响大致可分为三个区域:0°~4°的横摇角对人的活动没有影响;4°~10°的横摇角使人的运动能力明显下降;10°以上的横摇角使人吃饭、睡觉及在船上走动都会困难。

(2)对航行使用性的影响

船员利用船上设备,在预定的海洋条件下完成其规定使命的能力称为航行使用性能。激烈的摇荡及由摇荡引起的其他情况对航行使用性会产生极为不利的影响,如使船舶失速,主机功率得不到充分利用;严重的砰击和上浪会使船舶结构遭到损坏;螺旋桨飞车使主轴受到极大的扭转振动;主机突然加速或减速会损坏主机部件,降低推进效率。

(3)对安全性的影响

若剧烈的运动损坏了船舶的主要部件,如主机、螺旋桨、舵和导航设备等,船舶可能失去控制而导致惨重的后果。横摇和纵摇对货物安全也是极具威胁的。

1.1.4　船舶运动的控制方式

船舶运动的控制可大致分为三类情况。

①大洋航行自动导航问题。这包括航向控制、转向控制、航迹控制和航速控制等。

②港区航行及自动离靠泊问题。这涉及船舶在浅水中的低速运动，这种情况下风、浪、流干扰相对增大，系统信息量增多，操纵和控制更趋困难。

③拥挤水道航行或大洋航行的自动避碰问题。这主要涉及多船会遇，碰撞危险度评估，多目标决策，避碰最佳时机及最佳幅度等。

除上述三类典型船舶运动控制问题外，还有多种专门化的船舶运动控制问题：船舶动力定位、快速船等特种船控制、水下机器人自主运动控制、减摇鳍减摇、舵减摇控制等。

船舶具有大惯性的特点，万吨级邮轮的时间常数可达 100 s 以上，对舵的响应缓慢，某些开环不稳定船舶甚至存在对操舵的反常响应，其控制更为困难；在操舵伺服子系统中存在时滞和继电器特性等非线性因素，这是采用某些线性控制理论所涉及的自动舵控制算法的效果与研究者的期望相差甚远的根本原因；航速变化和装载增减造成船舶质量、惯性矩、重心发生变化，引起各种流体动力导数相应改变，最终导致船舶运动数学模型的参数甚至结构产生摄动，这就是研究者甚感棘手的不确定性。上述在自动舵设计中被忽略的舵机伺服子系统的部分非线性因素是不确定性的一个典型例子。如前所述，风、浪、流不仅会对船舶运动造成附加干扰，从实质上讲，这些干扰最终会转换成船舶模型的参数和结构的摄动，同样引起不确定性。在对船舶运动进行闭环控制时，获取反馈信息的量测手段不可能是完善的，一些重要的量测数据，如航向、船位等都有一定的误差，这些误差表现为一种随机噪声，也会导致量测信息的不确定性。

(1)手动控制

船舶航行中典型的手动控制为驾驶者通过操纵手柄设定螺旋桨转速或主机功率从而改变船舶前进或后退的速度；人工转动舵轮设定舵角，经液压操舵伺服系统驱动舵叶转动，从而保持或改变航向、航迹。手动控制乍看起来是一种开环控制，如果把操作者也理解为控制系统的一个组成部分，那么这种控制系统实际上是闭环的。在当前科学技术发展水平下，船舶运营中一些最困难、最复杂的控制任务如自动避碰系统、自动离靠泊等还需要依靠手动操作来完成。而能完成同样任务的自动控制装置，如自动避碰系统、自动离靠泊控制器等，在研制时，人的操作经验及由此获得的船舶运行数据是最宝贵的信息来源。一些环节，如航向、航迹控制系统、航速控制系统即使目前已经实现了自动化，为了改进控制质量、提高经济效益、实现控制器的智能化并不断提高智能水平，把操作者作为专家来学习仍然是最有效的手段。有经验的操作者是智能控制器开发者的主要咨询对象。

(2)自动控制

自动控制是指在没有人直接参与的情况下，利用外加的设备或装置，使机器、设备或生产过程的某个工作状态或参数自动地按照预定的规律运行。自动控制是相对手动控制概念而言的。一个控制器如果在被控过程中处于标称条件下(即过程模型不存在不确定性、环境无干扰、量测无误差)使闭环控制系统稳定,则称该系统具有标称稳定性;如果此时闭环系统的动态性能也满足规定的要求(如满足关于动态误差、静态误差、最大超调量、上升时间和调节时间的要求),则称该系统具有标称性能。满足标称性能较满足标称稳定性要前进一步,但并不能真正解决实际问题,因为客观世界是复杂、多变的,不存在没有不确定性、干扰和不精确的被控过程及量测手段。

一个控制器如果能够在被控过程中存在不确定性、干扰及量测不精确条件下使闭环控制系统稳定,则称该系统具有鲁棒稳定性;若在此基础上系统同时满足规定的性能指标,则称该系统具有鲁棒性能,显然,这是研究者追求的最终目标。

图 1-10 所示为闭环控制。

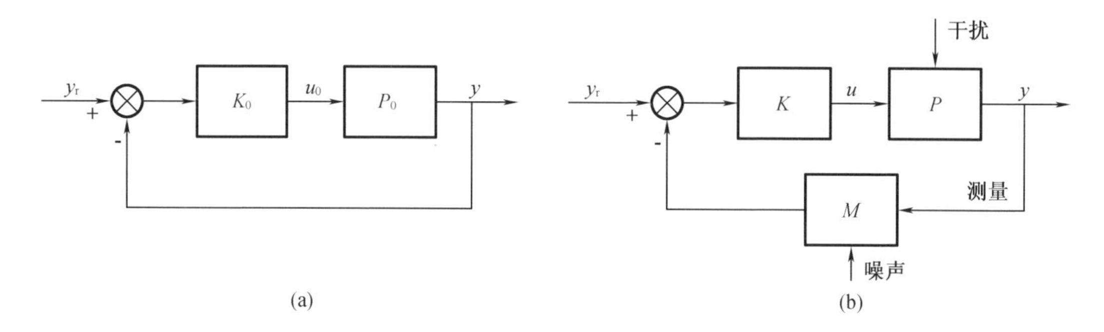

图 1-10 闭环控制

1.1.5 常用的控制策略

船舶运动控制器设计所依据的理论可以不同,但必须保证闭环控制系统具有鲁棒性能,这是船舶运动控制研究中应考虑的基本问题。20 世纪的 20 年代到 70 年代,自动舵的 PID 算法延续了 50 年;70 年代到 80 年代出现自适应控制并在自动舵控制方面获得了成功,产生了明显的经济效益;90 年代开始,控制论的全面繁荣为船舶运动控制系统设计提供了诸多的新控制算法,如神经网络控制、模糊控制、多模态仿人智能控制、混合智能控制、H_∞ 鲁棒控制等都被不同程度地引入船舶运动控制中,尤其是自动舵的研制之中。这些控制算法为船舶运动科学的进一步发展注入了活力。

(1)PID 控制器

PID 控制器,顾名思义是由比例单元、积分单元和微分单元组成的控制器。PID 控制器适用于绝大多数的控制系统,其原理为根据系统某个状态量与期望值做偏差;偏差输入控制器进而控制系统的状态量趋近于期望值;通过调节控制器的三个参数来调节系统的稳定性、快速性和稳态误差等。

PID 控制器的比例单元、积分单元和微分单元分别对应当前误差、过去累积误差及未来误差。不同的 PID 控制器参数会影响系统的控制性能,如系统的响应快慢、系统的稳定性和系统的稳态误差等,因此选择合适的参数能够取得良好的控制效果。

(2)自适应控制系统

自适应控制系统是指能在系统和环境信息不完备的情况下改变自身特性来保持良好工作品质的控制系统,又称适应控制系统。一个典型的、比较完善的自适应控制系统包括辨识、决策、调整三个部分。

自适应控制器可以被设计成前馈自适应(开环自适应或增益调节)或者反馈自适应(闭环自适应)。在反馈自适应控制领域存在两个基本方向,即模型参考自适应控制(MRAC)和模型辨识自适应控制(MIAC)。当然,同时还存在其他类型的自适应控制,如自寻优自适应控制器(SOAC)和自校正调节器(STR)等。模型参考自适应控制的目的是,对于有限的输入变量,控制器的行为使系统接近一个预先给定的参考模型(如伺服控制)。模型辨识自适应控制建立在过程模型辨识的基础上,控制器的设计使预先给定的控制性能指标达到最优。

(3)变结构控制(VSC)

变结构控制是根据系统变量建立滑模面,通过切换函数的不同状态来设计对应的控制律,归根到底是对系统状态量的不同状态来设计结构变化的控制律,因此又称之为滑模控制。设计的滑模切换函数一般由系统的误差及误差的导数组成,类似于模糊控制规则表,不同的误差和误差的导数对应变结构控制中不同的滑模面状态,依据不同的滑模面状态设计控制律迫使系统总是沿着滑模面运动,从而保证系统的收敛和稳定。非连续性是变结构控制的特色,其使得系统对于外界随机干扰、参数不确定性等因素能够保持鲁棒性,这也是变结构控制应用在非线性系统控制的优势之处。

(4)智能控制

智能控制以控制理论、计算机科学、人工智能、运筹学等学科为基础,并扩展了相关的理论和技术,其中应用较多的有模糊逻辑、神经网络、专家系统、遗传算法等理论,以及自组织控制和自学习控制等技术。

1.2　船舶运动控制装置的现状与发展趋势

为了完成各种工作使命,船舶的运动状态及姿态应受到控制。控制船舶运动的方法有很多,但大多数的控制是由安装于船体外的各种控制翼面(如舵、鳍等)和桨(如主推进螺旋桨、侧推力器等)来实现的。控制系统的作用就是根据船舶的运动情况,控制各种控制翼面和桨的运动,从而达到控制船舶运动状态的目的。除了控制翼面和桨以外,还有一些特殊的运动控制装置,如喷水推进装置中的喷水推进器的换向控制装置,减摇水舱,明轮推进器的蹼板控制装置等,它们都可以控制船舶的运动。

1.2.1　航向控制装置

(1)自动舵

舵用于提供船舶横剖面内的控制力,一般安装在船舶推进器后面,处于推进器的尾流中。舵只有在推进器工作时,才会在推进器产生的水流中有效地产生控制力。有些船舶装有多个推进器，在每个推进器的后面都装有一个舵，这种船舶可以在推进器以错车工况工作时做无航速转向。

自动航向控制装置简称自动舵，是在随动操舵基础上发展起来的一种全自动控制的操舵装置。它是船舶运动控制问题中一种具有特殊重要性的系统，用于航向保持、航向改变、航迹保持控制。它是一个闭环系统，包括航向给定环节、航向检测环节、给定航向和实际航向比较环节、航向偏差与舵角反馈比较环节、控制器、执行机构、舵、舵角反馈机构等。它根据陀螺罗经的航向信号和指定的航向相比较来控制操纵系统，自动使船舶保持在指定的航向上（图1－11）。由于自动舵灵敏度和准确性都较高，它替代人工操舵后，相对提高了航速，并减轻了操舵人员的工作量。

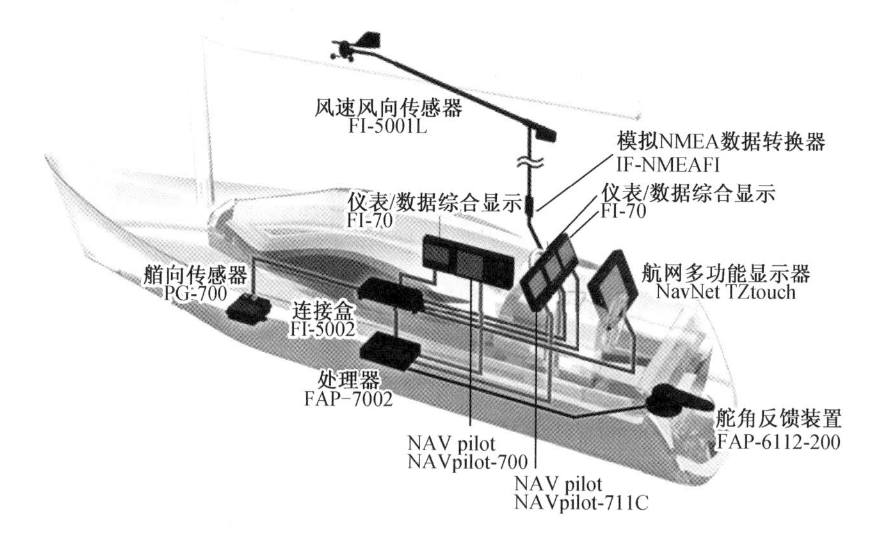

图1－11　古野NAVpilot自动舵

早在20世纪20年代就已经出现了商品化的机械式PID自动舵用于商船的航向保持。在此后的历史进程中，随着科学的发展和技术、工艺的进步，自动舵的构造变化巨大，电气式、电子式、微型计算机化的产品相继问世。目前商船均配置有自动舵，当船舶处于定向航行且航区内没有其他船只往来时，就可以改手操舵为自动舵。船舶借助螺旋桨的推力和舵力来改变或保持航速和航向，即可从某港口出发按计划的航线到达预定的目的港。由此可见，操舵系统是一个重要的控制系统，其性能直接影响了船舶航行的操纵性、经济性和安全性。

（2）潜艇舵

从20世纪初潜艇诞生以来，世界各国建成的军用潜艇有6 000多艘，由于影响潜艇性能的因素太多，设计人员只能根据各国的具体要求优化设计，因此各国潜艇的形态各异。潜艇的上浮与下潜由艏水平舵和艉水平舵共同完成，同时艉水平舵还可以控制潜艇的航向，按其结构可分为X形舵和十字舵（图1－12和图1－13）。

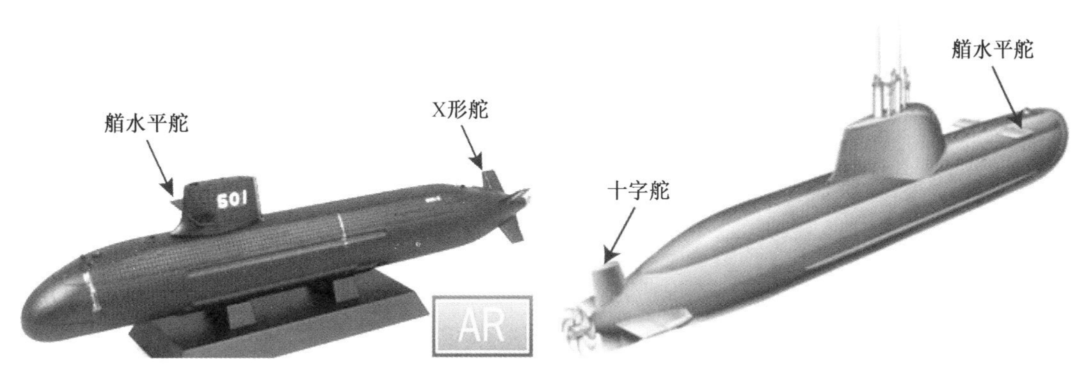

图 1－12　X 形舵　　　　图 1－13　十字舵

1.2.2　船舶减摇装置

从古至今船舶都是很重要的水上工具。船舶在海上航行时，由于受到海浪、海风及海流等因素的影响，不可避免地会产生各种摇荡，其中以横摇最为显著，造成的影响也最大。剧烈的摇荡对舰船的适航性、安全性以及设备的正常工作、货物的固定和乘员的舒适性都会有很大的影响。一直以来，人们都在寻求减小船舶摇荡的方法，各类减摇装置虽然在形式、结构上有很大差别，但是原理基本相似：都是产生一个与摇摆方向相反的稳定力矩，使摆幅减小、摇摆周期增大，以达到缓解摇摆的目的。目前使用最为广泛的减摇装置有舭龙骨、减摇鳍、减摇水舱等。

（1）舭龙骨

舭龙骨是沿船长安装于船舶的两舭，借以增加横摇阻尼以达到减小横摇的被动式减摇装置（图 1－14）。几乎每艘海船都装有舭龙骨。

在船舶舭部安装舭龙骨的主要作用是在船舶发生横摇时，舭龙骨扰动船体周围的流场，使船舶产生附加阻尼。舭龙骨的附加阻尼由两部分构成：一是由舭龙骨正、反两面压力差形成的龙骨板阻尼，它取决于舭龙骨的面积和水的相对速度；二是由于船体表面压力分布改变而形成的表面阻尼，它主要取决于船体形状。

舭龙骨增加了船舶的静水航行阻力，使船舶的静水航速稍有降低；但在风浪中，由于舭龙骨使船舶减小横摇，反而可使船舶航速提高。

（2）减摇鳍

减摇鳍是一种减小船舶在风浪中横摇的自动控制装置，其工作原理类似于鱼类用鳍保持其身体的左右平衡（图 1－14）。通过减摇鳍的运动减少船舶横摇运动，可提高船用设备的使用效率，改善船员的工作条件和船舶的适航性。

（3）减摇水舱

减摇水舱的原理是当船舶横摇时，在水舱的水道内运动的水会产生往复流动，使两弦水舱内的水上下波动，产生抵抗横摇的稳定力矩（图 1－15）。减摇水舱在货船、客船和工作船上都得到了成功的应用。

图1－14　装有舭龙骨和减摇鳍的船舶

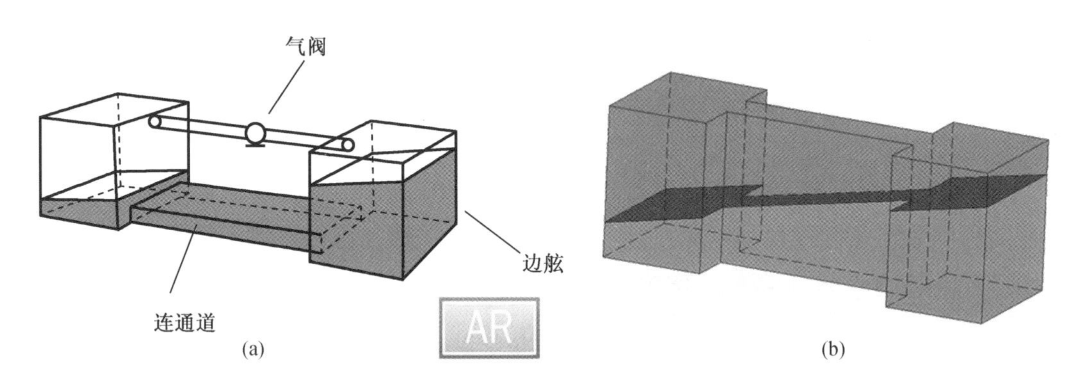

图1－15　减摇水舱概念图

1.2.3　船舶推进及动力定位控制装置

(1)螺旋桨

船舶在水面或水中航行时受到阻力,其大小与船舶的尺度、形状及航行速度有关。为了使船舶保持一定的速度向前航行,必须给船舶一定的推力(或拉力),以克服其所受的阻力。船舶推进器是推动船舶前进的机构,它是把自然力、人力或机械力转换成船舶推力的能量转换器。船舶推进器的发展进程与人类对能源的利用关系紧密,具体如下:

①人力操动桨、篙、橹、桨轮、拉纤等;

②畜力拉纤等;

③风力推动帆、旋筒推进器;

④机械动力推动明轮、螺旋桨、直叶推进器、喷水推进器等。

其中应用最广的是螺旋桨(图1－16)。螺旋桨以最少数量的构件、最高的推进效率推动船舶航行。

有关螺旋桨的历史可追溯至《天工开物》中的记载,黄帝大战蚩尤时的战车上就有这种装置。唐代李皋在战船的舷侧或尾部配置了人力桨轮,称其为桨轮船或车轮船(这是后来

“轮船”一词的由来）。宋代水军则称它为“车轮舸”，记载中描述它有“以轮激水，其行如飞”的能力。据西方文献记载，阿基米德首先提出了螺旋桨的概念，达·芬奇则在 15 世纪末绘出了螺旋桨的草图。美国的富尔顿发明蒸汽船后，开始是利用明轮作为推进装置，到了大约 1850 年，螺旋桨成为产生船舰推力的主要装置。

图 1－16　螺旋桨

（2）明轮

在大范围应用螺旋桨之前，早期船舶常用的推进装置称作明轮推进器，装有明轮推进器的船舶称作明轮船（图 1－17）。

(a)

(b)

图 1－17　明轮船

明轮船是指在船舶上安有轮子的一种船，通过轮子旋转带动桨轮上的叶片拨水，推动船舶前进。由于这种船的轮子一部分露出水面，因此被称为明轮船。根据布置位置，明轮分为舷侧明轮和船尾明轮。

明轮推进器要比篙、桨、橹等推进装置先进，其主要特点是可以连续运转，把人力或机械力转换为船舶推进力，使船舶前进。但是，它结构笨重、效率低，特别是遇到风浪时，明轮的叶片可能会全部露出水面，使船舶难以稳定航行，而且明轮的叶片易损坏。明轮转动时有一半叶片在空中转动，增加了船的宽度和航行时的阻力，而且当明轮船在码头停靠时，很容易与相邻的船舶发生碰撞。另外，如果水草一类的缠绕物绞住明轮的叶片或轴，明轮就将无法转动。

正是由于明轮推进器的这些缺点,到了19世纪60年代,明轮船被装有螺旋桨的先进蒸汽船所替代。

(3)喷水推进装置

喷水推进装置(图1-18)是一种新型的特种动力装置,与常见的螺旋桨推进装置不同,喷水推进装置的推力是通过推进水泵喷出的水流的反作用力来获得的,并通过操纵舵及倒舵设备分配和改变喷流的方向来实现其对船舶的操纵。这种推进装置在滑行艇、穿浪艇、水翼艇、气垫船等中、高速船舶上得到了应用。

图1-18　喷水推进装置

典型的喷水推进装置主要由原动机及传动装置、推进水泵、管道系统、舵及倒舵组合操纵设备等组成。

①原动机及传动装置。喷水推进装置最常见的原动机及传动装置有燃气轮机与减速齿轮箱驱动、柴油机与减速齿轮箱驱动、燃气轮机或柴油机直接驱动等形式。采用全电力综合推进的舰船则一般采用电动机直接驱动推进水泵的形式。

②推进水泵。推进水泵是喷水推进装置的核心部件。从推进水泵净功率和效率的要求、舰船空间利用率以及传动机构布局的合理性、便利性等方面考虑,推进水泵通常选用叶片泵中的轴流泵和导叶式混流泵,特殊情况下也可以采用离心泵。

③管道系统。管道系统主要包括进水口、进水格栅、扩散管、推进水泵进流弯管和喷口等。管道系统的优劣在很大程度上决定了喷水推进装置效率的高低。

④舵及倒舵组合操纵设备。采用喷水推进的船舶不能靠主机、推进水泵的逆转来实现倒航,一般通过设法使喷射水流反折来实现。由于经喷口喷出的水流相对舵有较大的流速,所以这种设备一般采用使喷射水流偏转的方法来实现船舶的转向。常见的舵及倒舵综合操纵设备有外部导流倒放斗、外部转管放罩等。

1.2.4　可控水翼

水翼艇(图1-19~图1-21)的工作原理和伯努利原理相似,即在流体中,流速越大的位置,压强越小。当船舶在水中高速航行时,水翼艇的水翼上表面凸起,其与船体间的水流速度大、压强小;下表面的水流速度小、压强大。因此在水翼的上、下表面存在向上的压力

(压强)差,上方压强小于下方压强,产生一个合压强,使其产生一个向上的合力将船体抬高。

水翼的作用就像飞机机翼一样,产生升力,只是机翼周围的流体介质为空气,水翼周围的介质是水,因水的密度约为空气密度的 800 倍,故两者相同大小时,水翼提供的升力比机翼大得多。因此,尽管水翼艇的水翼比飞机的机翼小,但是产生的升力仍很大。靠水翼升力支撑艇重的水翼艇比滑行艇所受的阻力小、兴波小,所受波浪的干扰影响也小,因而具有良好的快速性和适航性。

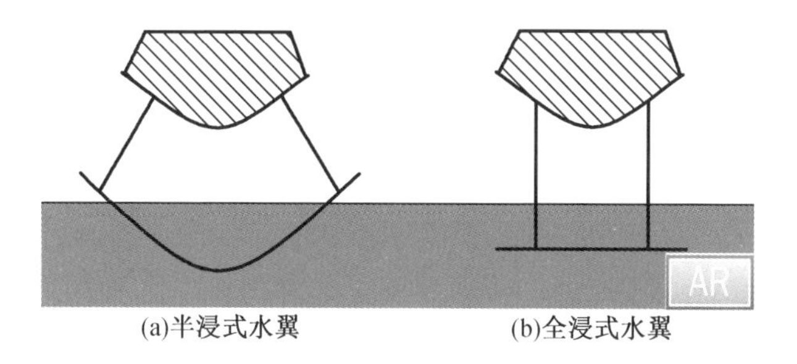

图 1－19　半浸式水翼和全浸式水翼

图 1－20　半浸式水翼艇

图 1－21　全浸式水翼艇

第 2 章　船舶运动基本原理

2.1　船舶运动学分析与建模

2.1.1　船舶运动学

同一般物体的力学运动一样,船舶运动问题也有运动学问题和动力学问题之分。单纯描述船舶位置、速度、加速度,以及姿态、角速度、角加速度随时间变化的问题属于运动学问题;研究船舶受到力和力矩作用后如何改变运动位置和姿态的问题属于动力学问题。由于运动的相对性,对于运动学问题来说,参考系的选择几乎不受限制,只要能作为描述运动的参照基准并便于研究问题即可;而对动力学问题来说则不然,因为牛顿定律的成立依赖于一定的参考系,这种参考系称为惯性参考系,只有在惯性参考系下才能运用牛顿定律。

为了定量描述船舶的运动,本章采用两种右手直角坐标系(图 2－1):固定于地球的海面固定坐标系 $E-\xi\eta\zeta$(或 $O_1-x_1y_1z_1$)和固定于船舶的坐标系 $O-xyz$。

固定于地球的坐标系又称为定坐标系,E 是任意选定的,固定于地球表面的坐标系原点,通常可选择在 $t=0$ 时刻船舶重心 G 所在的位置。$E\xi$ 轴在静水平面内,通常它可选择为船舶总的运动方向。$E\eta$ 轴选择为 $E\xi$ 轴在静水平面内沿顺时针旋转 90°的方向上。$E\zeta$ 轴垂直于静水平面,指向地心。定坐标系是惯性参考坐标系,在此坐标系下可运用牛顿定律来推理不同形式的动力学定律。

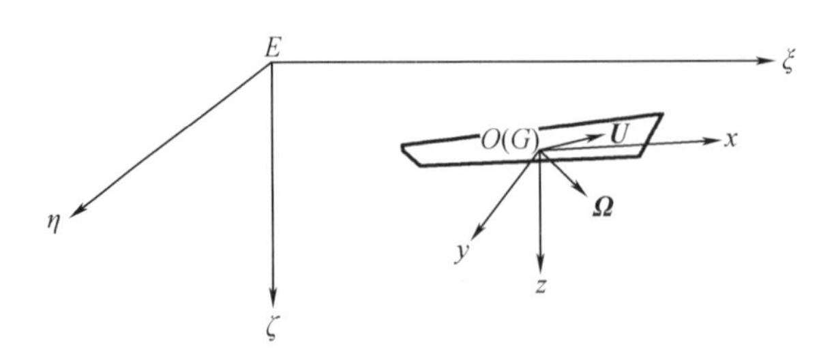

图 2－1　船舶运动的两种坐标系

固定于船舶的坐标系又称为动坐标系,坐标系原点 O 通常取在船舶的重心处,随船体一起运动。Ox 轴取为垂直于中纵剖面,指向船首。Oy 轴取为垂直于中横剖面,指向右弦。Oz 轴垂直于水线面,指向龙骨。动坐标系固定于船体上,随船舶做任意形式的运动,因此除了做匀速直线运动的情况外，动坐标系都不能被认为是惯性坐标系。

固定坐标系虽然是惯性坐标系，但很多情况下使用起来不够方便，如在研究船与周围海水间的相互作用力时，因为水动力决定于船体与海水的相对运动，用固定坐标系参数来表达就很困难；又如在用固定坐标系参数表示船体转动惯量时，形式上会很复杂。因此在分析船舶运动时，我们广泛采用动坐标系，只有在讨论船舶的空间轨迹时，才使用固定坐标系。

图 2 -2 所示为船舶的坐标系。

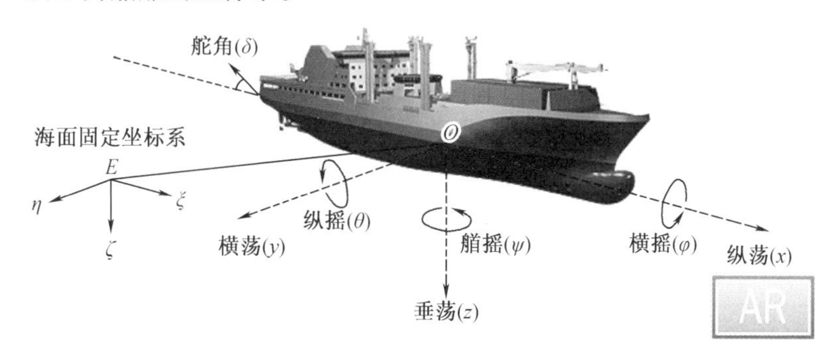

图 2 -2　船舶的坐标系

国际拖曳水池会议（ITTC）所推荐的船体坐标系符号如表 2 -1 所示。

表 2 -1　船体坐标系符号

运动		x 轴	y 轴	z 轴
直线	位移	x（纵荡）	y（横荡）	z（垂荡，升沉）
	速度	u	v	w
旋转	角度	φ（横摇角）	θ（纵摇角）	ψ（航向角）
	角速度	p	q	r
作用力	力	X	Y	Z
	力矩	K	M	N

船舶运动方向和船首方向是有区别的，一些情况下两者可能一致，但更多的情况下两者是不一致的。船舶运动方向用速度向量 $\boldsymbol{U}$ 表示。下面对船舶运动速度向量与固定坐标系间的相对角位置进行讨论。

船舶运动速度向量与固定坐标系间的相对角位置，可用三个方向角或向量在坐标轴的三个分量来表示。但研究船舶运动时，还须采用具有明确物理概念的其他表示方法。这里首先介绍速度向量与固定坐标系间的相对角位置的表示方法。速度向量 $\boldsymbol{U}$ 与固定坐标系之间的相对角位置用航迹角 γ 表示，如图 2 -3 所示。

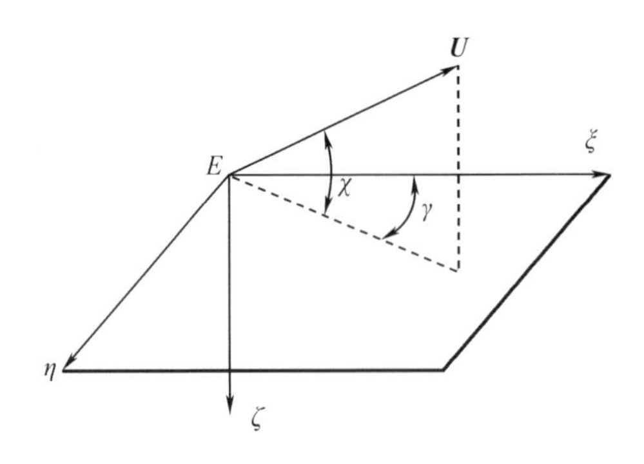

图 2-3　航迹角

从物理概念出发,速度向量 $\boldsymbol{U}$ 的轨迹角具体定义如下。

①潜伏角 χ。潜伏角指 $\boldsymbol{U}$ 与 ξ 坐标取正值的半个 $E\xi\eta$ 坐标平面间的夹角,值为正表示上浮,值为负表示下潜。

②航迹角 γ。航迹角指 $\boldsymbol{U}$ 所在铅垂面与 ξ 轴正半轴之间的夹角,即 $\boldsymbol{U}$ 在 $E\xi\eta$ 坐标平面上的投影线与 ξ 轴正半轴之间的夹角。$-\pi\leqslant\gamma\leqslant\pi$,其中 $\gamma>0$ 表示相对于 ξ 轴右偏航,$\gamma<0$ 表示相对于 ξ 轴左偏航。

潜伏角处于铅垂面内,相对于水平面计算;航迹角处于水平面内,相对于 ξ 轴计算。应特别注意以下要点:一是固定坐标系最具明显识别特征的是水平面,通过向此平面投影来区分两角和定义两角;二是两角都由固定坐标系起计算角度值;三是航迹角 γ 对于其转轴 ζ 的正向、潜伏角 χ 对于其转轴 η 的正向都保持右手系的关系;四是航迹角是指与坐标轴 $E\xi$ 正半轴或与正半坐标平面 $E\xi\eta$ 间的夹角。$\boldsymbol{U}$ 可用潜伏角和航迹角表示为

$$\boldsymbol{U}=\begin{bmatrix}U_\xi\\U_\eta\\U_\zeta\end{bmatrix}=\begin{bmatrix}U\cos\chi\cos\gamma\\U\cos\chi\sin\gamma\\-U\sin\chi\end{bmatrix}\tag{2.1}$$

$\boldsymbol{U}$ 可用 U_ξ、U_η、U_ζ 表示,也可以用 U、χ 和 γ 来等效表示。由式(2.1)可得下面的变换关系:

$$U=\sqrt{U_\xi^2+U_\eta^2+U_\zeta^2}\tag{2.2}$$

$$\chi=\begin{cases}-\arctan\dfrac{U_\zeta}{\sqrt{U_\xi^2+U_\eta^2}}, & U_\xi\geqslant 0\\ \pi-\arctan\dfrac{U_\zeta}{\sqrt{U_\xi^2+U_\eta^2}}, & U_\zeta\geqslant 0,U_\xi<0\\ -\pi-\arctan\dfrac{U_\zeta}{\sqrt{U_\xi^2+U_\eta^2}}, & U_\zeta<0,U_\xi<0\end{cases}\tag{2.3}$$

$$\gamma = \begin{cases} \arctan \dfrac{U_\eta}{U_\xi}, & U_\xi \geqslant 0 \\ \pi + \arctan \dfrac{U_\eta}{U_\xi}, & U_\eta \geqslant 0, U_\xi < 0 \\ -\pi + \arctan \dfrac{U_\eta}{U_\xi}, & U_\eta < 0, U_\xi < 0 \end{cases} \tag{2.4}$$

此外，速度向量 $\boldsymbol{U}$ 与运动坐标系三轴间的相对角位置关系，用漂角 β 和冲角 α 表示。漂角和冲角一般统称为水动角（图 2－4）。

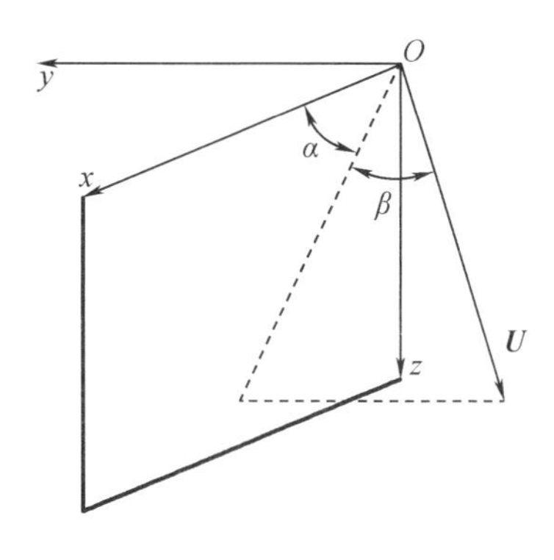

图 2－4　水动角

从物理概念出发，速度向量 $\boldsymbol{U}$ 的水动角具体定义如下。

①漂角 β。漂角指速度向量 $\boldsymbol{U}$ 与其在 x 坐标取正值的半个船舶中纵面的投影线间的夹角。$-\pi \leqslant \beta \leqslant \pi$，其中，$\beta > 0$ 表示左舷向，$\beta < 0$ 表示右舷向。

②冲角 α。冲角指速度向量 $\boldsymbol{U}$ 在船舶中纵面上的投影线与 x 轴间的夹角。$-\pi \leqslant \alpha \leqslant \pi$，其中，$\alpha > 0$ 表示水流冲击船首下侧，$\alpha < 0$ 表示水流冲击船首上侧。

注意，α 要在船舶中纵面内计算，应先扣除漂角，即船舶中纵面投影后再计算冲角 α。$\boldsymbol{U}$ 可用冲角 α 和漂角 β 表示：

$$\boldsymbol{U} = \begin{bmatrix} u \\ v \\ w \end{bmatrix} = \begin{bmatrix} U\cos\beta\cos\alpha \\ -U\sin\beta \\ U\cos\beta\sin\alpha \end{bmatrix} \tag{2.5}$$

$\boldsymbol{U}$ 可用 u、v、w 表示，也可以用 U、α、β 来等效表示，由式(2.5)得反变换关系：

$$U = \sqrt{u^2 + v^2 + w^2} \tag{2.6}$$

$$\alpha = \arctan \frac{w}{v}, \quad u \geqslant 0 \tag{2.7}$$

$$\beta = -\arctan \frac{v}{\sqrt{u^2 + w^2}}, \quad u \geqslant 0 \tag{2.8}$$

上面定义了潜伏角、航迹角、漂角和冲角。定义角的正方向的原则是所有角一律对该角的转轴正向保持右手系的关系，例如，χ 相对于 η 轴和 γ 相对于 ζ 轴的右手系关系。保持统一的右手系关系可保证正确的角度加减运算，保证加法运算时角度增加、减法运算时角度减小,使运算概念清晰。

固定坐标系和船体坐标系可由一系列转换互相转化。如由 $E-\xi\eta\zeta$ 坐标系出发,令两坐标系原点 E 和 O 重合,则做三次初等旋转可达到 $O-xyz$ 坐标系,即

$$O\xi\eta\zeta \xrightarrow[C_1(\psi)]{\text{绕 } O\zeta \text{ 轴旋转}} Ox_1y_1\zeta \xrightarrow[C_2(\theta)]{\text{绕 } Oy_1 \text{ 轴旋转}} Oxy_1z_1 \xrightarrow[C_3(\varphi)]{\text{绕 } Ox \text{ 轴旋转}} Oxyz$$

其中,绕 $O\zeta$ 轴的转角为 ψ,绕 Oy_1 轴的转角为 θ,绕 Ox 轴的转角为 φ;$\boldsymbol{C}_1(\psi)$、$\boldsymbol{C}_2(\theta)$ 和 $\boldsymbol{C}_3(\varphi)$ 分别为对应的旋转变换矩阵。这种经三次旋转完成转化的方案的优点是,三次转角 ψ、θ 和 φ 具有较明确的物理意义,可以在比较简单的情形下指出三个转角各自的性质:首先,假设初始 ζ 轴与 z 轴已经重合,只要做一次绕 ζ 轴的旋转 ψ,即可出现使两坐标系重合的情况,这时船舶只是艏向角度变化,因此称 ψ 为艏向角;其次,假设初始 η 轴与 y 轴已经重合,只要做一次绕 η 轴的旋转 θ,即可出现使两坐标系重合的情况,这时船舶只有俯仰角度变化,因此称 θ 为纵倾角;最后,假设初始 ξ 轴与 x 轴已经重合,只要做一次绕 ξ 轴的旋转 φ,即可出现使两坐标系重合的情况,这时船舶只发生横滚运动,因此称 φ 为横倾角。两坐标系之间的变换关系为

$$\begin{bmatrix} \xi \\ \eta \\ \zeta \end{bmatrix} = \boldsymbol{\Lambda} \begin{bmatrix} x \\ y \\ z \end{bmatrix} \tag{2.9}$$

式中,$\boldsymbol{\Lambda}$ 为旋转变换矩阵,即

$$\boldsymbol{\Lambda} = \begin{bmatrix} \cos\psi\cos\theta & \cos\psi\sin\theta\sin\varphi - \sin\psi\cos\varphi & \cos\psi\sin\theta\cos\varphi + \sin\psi\sin\varphi \\ \sin\psi\cos\theta & \sin\psi\sin\theta\sin\varphi + \cos\psi\cos\varphi & \sin\psi\sin\theta\cos\varphi - \cos\psi\sin\varphi \\ -\sin\theta & \cos\theta\sin\varphi & \cos\theta\cos\varphi \end{bmatrix} \tag{2.10}$$

在船舶运动控制中,也常常需要在两个坐标系中进行角速度的转化。例如,从陀螺罗经上读到的航向是相对于地面坐标系的,而船舶上的角速度陀螺测量的是船体坐标系中的船舶摇摆角速度,则两个坐标系中转动角速度的关系可以用下式表示:

$$\begin{bmatrix} \dot{\varphi} \\ \dot{\theta} \\ \dot{\psi} \end{bmatrix} = \begin{bmatrix} 1 & \sin\varphi\tan\theta & \cos\varphi\tan\theta \\ 0 & \cos\varphi & -\sin\varphi \\ 0 & \sin\varphi/\cos\theta & \cos\varphi/\cos\theta \end{bmatrix} \begin{bmatrix} p \\ q \\ r \end{bmatrix} \tag{2.11}$$

2.1.2 船舶六自由度运动模型

首先由动量定理出发推导船舶空间运动的三个轴向位移方程。船舶在定坐标系下的运动有

$$\frac{\mathrm{d}\boldsymbol{H}}{\mathrm{d}t} = \boldsymbol{F}_\Sigma \tag{2.12}$$

$$\boldsymbol{H} = m\boldsymbol{U}_G \tag{2.13}$$

式中 $\boldsymbol{H}$——船体的动量;

m——船舶的质量;

$\boldsymbol{U}_G$——船舶重心的速度;

$\boldsymbol{F}_{\Sigma}$——船舶所受的外力。

将 $\boldsymbol{H}$、$\boldsymbol{F}_{\Sigma}$、$\boldsymbol{U}_{\mathrm{G}}$ 向动坐标投影就得到动坐标系下的关系式。设船舶重心在动坐标系下的坐标位置向量 $\boldsymbol{R}_{\mathrm{G}}=(x_{\mathrm{G}}\quad y_{\mathrm{G}}\quad z_{\mathrm{G}})^{\mathrm{T}}$，它由动坐标系的原点指向重心，则重心速度 $\boldsymbol{U}_{\mathrm{G}}$ 与船舶运动坐标系原点的速度 $\boldsymbol{U}$ 的关系为

$$\boldsymbol{U}_{\mathrm{G}}=\boldsymbol{U}+\boldsymbol{\Omega}\times\boldsymbol{R}_{\mathrm{G}} \tag{2.14}$$

式中，$\boldsymbol{\Omega}$ 为船舶的转动角速度。

船舶沿动坐标系三轴方向的平移运动方程为

$$m\left\{\begin{bmatrix}\dot{u}\\ \dot{v}\\ \dot{w}\end{bmatrix}+\begin{bmatrix}wq-vr\\ ur-wp\\ vp-uq\end{bmatrix}+\begin{bmatrix}z_{\mathrm{G}}\dot{q}-y_{\mathrm{G}}\dot{r}\\ x_{\mathrm{G}}\dot{r}-z_{\mathrm{G}}\dot{p}\\ y_{\mathrm{G}}\dot{p}-x_{\mathrm{G}}\dot{q}\end{bmatrix}+\begin{bmatrix}(y_{\mathrm{G}}p-x_{\mathrm{G}}q)q+(z_{\mathrm{G}}p-x_{\mathrm{G}}r)r\\ (z_{\mathrm{G}}q-y_{\mathrm{G}}r)r+(x_{\mathrm{G}}q-y_{\mathrm{G}}p)p\\ (x_{\mathrm{G}}r-z_{\mathrm{G}}p)p+(y_{\mathrm{G}}r-z_{\mathrm{G}}q)q\end{bmatrix}\right\}=\begin{bmatrix}X_{\Sigma}\\ Y_{\Sigma}\\ Z_{\Sigma}\end{bmatrix} \tag{2.15}$$

式中　u、v、w——纵荡速度、横荡速度、垂荡速度；

$\dot{u}$、$\dot{v}$、$\dot{w}$——纵荡加速度、横荡加速度、垂荡加速度；

p、q、r——横摇角速度、纵摇角速度、艏摇角速度；

$\dot{p}$、$\dot{q}$、$\dot{r}$——横摇角加速度、纵摇角加速度、艏摇角加速度。

下面由动量定理出发推导船舶空间运动的三个绕坐标轴旋转的运动方程。对于船舶在定坐标系下的运动，刚体对原点动量矩的变化率等于该瞬时外力合力对原点的矩，即

$$\frac{\mathrm{d}\boldsymbol{L}}{\mathrm{d}t}=\boldsymbol{T}_{\Sigma} \tag{2.16}$$

式中　$\boldsymbol{L}$——船舶对定坐标系原点的动量矩；

$\boldsymbol{T}_{\Sigma}$——船舶所受的外力对定坐标系原点的力矩。

当重心不是动坐标系原点时，刚体对定坐标系原点的总动量矩为

$$\boldsymbol{L}=\boldsymbol{R}_{\mathrm{G}}\times m\boldsymbol{U}+\boldsymbol{J}\boldsymbol{\Omega} \tag{2.17}$$

式中，$\boldsymbol{J}$ 为刚体（船）对原点不在重心的坐标系的惯性矩阵。

进而得到船舶旋转运动的三个展开方程为

$$\begin{bmatrix}J_{x} & J_{xy} & J_{xz}\\ J_{yx} & J_{y} & J_{yz}\\ J_{zx} & J_{zy} & J_{z}\end{bmatrix}\begin{bmatrix}\dot{p}\\ \dot{q}\\ \dot{r}\end{bmatrix}+\begin{bmatrix}(J_{zx}p+J_{zy}q+J_{z}r)q-(J_{yx}p+J_{y}q+J_{yz}r)r\\ (J_{x}p+J_{xy}q+J_{xz}r)r-(J_{zx}p+J_{zy}q+J_{z}r)p\\ (J_{yx}p+J_{y}q+J_{yz}r)p-(J_{y}p+J_{xy}q+J_{xz}r)q\end{bmatrix}+m\begin{bmatrix}y_{\mathrm{G}}\dot{w}-z_{\mathrm{G}}\dot{v}\\ z_{\mathrm{G}}\dot{u}-x_{\mathrm{G}}\dot{w}\\ x_{\mathrm{G}}\dot{v}-y_{\mathrm{G}}\dot{u}\end{bmatrix}+$$

$$m\begin{bmatrix}y_{\mathrm{G}}(vp-uq)+z_{\mathrm{G}}(wp-ur)\\ z_{\mathrm{G}}(wq-vr)+x_{\mathrm{G}}(uq-vp)\\ x_{\mathrm{G}}(ur-wp)+y_{\mathrm{G}}(vr-wq)\end{bmatrix}=\begin{bmatrix}K_{\Sigma}\\ M_{\Sigma}\\ N_{\Sigma}\end{bmatrix} \tag{2.18}$$

式中，K_{Σ}、M_{Σ}、N_{Σ} 分别为船舶受到的横摇合外力矩、纵摇合外力矩和艏摇合外力矩。

式（2.15）和式（2.18）即为船舶空间运动的六自由度方程。

2.1.3　船舶运动模型简化

船舶数学模型的线性化主要用于在不同的情况下进行船舶控制器的设计，当进行船舶闭环系统仿真研究以及进行船舶运动特性模拟时，必须采用船舶非线性耦合模型，而且应当

采用尽可能准确的非线性模型来表述被控对象的动态特性，才能达到仿真研究的目的。

当只考虑前进、横荡、艏摇、横摇四个自由度运动，忽略纵摇与升沉运动对上述四个自由度的影响时，即 $w=\dot{w}=q=\dot{q}=0$，将其代入式（2.15）和式（2.18）可分别得到前进、横荡、艏摇、横摇四个自由度的船舶运动方程

$$\begin{cases} m(\dot{u}-vr)=X_{\Sigma} \\ m(\dot{v}+ur)=Y_{\Sigma} \\ J_{zG}\dot{r}=N_{\Sigma} \\ J_{xG}\dot{p}=K_{\Sigma} \end{cases} \tag{2.19}$$

即

$$\begin{aligned} m(\dot{u}-vr)&=X_{\Sigma}=X_{\mathrm{I}}+X_{\mathrm{H}}+X_{\mathrm{R}}+X_{\mathrm{P}}+X_{\mathrm{D}} \\ m(\dot{v}+ur)&=Y_{\Sigma}=Y_{\mathrm{I}}+Y_{\mathrm{H}}+Y_{\mathrm{R}}+Y_{\mathrm{D}} \\ J_{zG}\dot{r}&=N_{\Sigma}=N_{\mathrm{I}}+N_{\mathrm{H}}+N_{\mathrm{R}}+N_{\mathrm{D}} \\ J_{xG}\dot{p}&=K_{\Sigma}=K_{\mathrm{I}}+K_{\mathrm{H}}+K_{\mathrm{R}}+K_{\mathrm{D}} \end{aligned} \tag{2.20}$$

式中，下标 I、H、R、P、D 分别为流体惯性、流体黏性、舵、桨和环境干扰。

船舶水平面运动研究通常只考虑前进、横荡和艏摇三个自由度，船舶航向保持时，可在平衡点的邻域上将船舶运动方程右端水动力部分进行泰勒级数展开，只保留一阶小量，可得到式（2.21）：

$$\begin{cases} X=X_0+X_{\dot{u}}\dot{u}+X_{\dot{v}}\dot{v}+X_{\dot{r}}\dot{r}+X_u u+X_v v+X_r r \\ Y=Y_0+Y_{\dot{u}}\dot{u}+Y_{\dot{v}}\dot{v}+Y_{\dot{r}}\dot{r}+Y_u u+Y_v v+Y_r r \\ N=N_0+N_{\dot{u}}\dot{u}+N_{\dot{v}}\dot{v}+N_{\dot{r}}\dot{r}+N_u u+N_v v+N_r r \end{cases} \tag{2.21}$$

通过分析线性流体动力导数的性质可知，由于船型左右对称于中纵剖面，不论横荡速度向左还是向右，船舶纵轴方向的流体动力都具有相同的值，即为偶函数，故 $X_v=0$。同理，可推知 $X_{\dot{v}}=0, X_r=0, X_{\dot{r}}=0, Y_u=0, Y_{\dot{u}}=0, N_u=0, N_{\dot{u}}=0$。

船舶运动线性化模型为

$$\begin{cases} (m-X_{\dot{u}})\dot{u}=X_u(u-u_0)+X_{\mathrm{R}}+X_{\mathrm{P}}+X_{\mathrm{D}} \\ (m-Y_{\dot{v}})\dot{v}-Y_{\dot{r}}\dot{r}=Y_v v+(Y_r-mu_0)+Y_{\mathrm{R}}+Y_{\mathrm{D}} \\ (J_{zz}-N_{\dot{r}}\dot{r})-N_{\dot{v}}\dot{v}=N_v v+N_r r+N_{\mathrm{R}}+N_{\mathrm{D}} \end{cases} \tag{2.22}$$

补充内在蕴含关系式 $\dot{\psi}=r$，得

$$\begin{cases} (m-X_{\dot{u}})\dot{u}=X_u(u-u_0)+X_{\mathrm{R}}+X_{\mathrm{P}}+X_{\mathrm{D}} \\ (m-Y_{\dot{v}})\dot{v}-Y_{\dot{r}}\dot{r}=Y_v v+(Y_r-mu_0)+Y_{\mathrm{R}}+Y_{\mathrm{D}} \\ (J_{zz}-N_{\dot{r}}\dot{r})-N_{\dot{v}}\dot{v}=N_v v+N_r r+N_{\mathrm{R}}+N_{\mathrm{D}} \\ \dot{\psi}=r \end{cases} \tag{2.23}$$

式（2.23）等号左端是船舶自身运动所产生的惯性力和力矩，等号右端是船舶所受的合外力与合外力矩。

从分析和应用的角度来看,作用于运动船舶上的力可分为三类,即流体动力、主动力(控制力)和环境干扰力。船舶重力和水的静压力形成的浮力相互平衡,对此不再进行讨论。控制力用于使船舶进行预期的操纵运动,通常包括螺旋桨推力、舵叶的转船力。环境干扰力主要是由海风、海浪、海流引起的。

船舶所受水动力与船舶所处环境和航行状态息息相关,船舶运动所处的环境复杂多变,且船舶航行状态也并非一成不变,故作用在船体上的水动力和水动力矩十分复杂,很难用精确的公式加以描述。此外,水动力还与船舶自身船型,如船长、船宽等参数相关,且船舶运动过程中的耦合运动也会对船舶所受水动力造成一定影响,在船舶运动幅度较大时,还会产生非线性现象等。一般在船舶运动控制的研究中,只讨论在某一运动平衡状态附近的、有小幅度变化时的微幅运动。船舶航行区域流体的性质,包括流体密度、黏度、流场等流体参数,以及流体的运动速度和方向等,这些都对水动力有着一定的影响。综上所述,可将水动力用如下形式表示:

$$\left.\begin{matrix} F_{\text{hyd}} \\ M_{\text{hyd}} \end{matrix}\right\} = f(u, v, w, p, q, r, \dot{u}, \dot{v}, \dot{w}, \dot{p}, \dot{q}, \dot{r}) \tag{2.24}$$

船体水动力(矩)由流体惯性力(矩)、黏性力(矩)、恢复力(矩)和其他耦合水动力(矩)组成。

由经典流体力学可知,在无限的理想流场中做匀速直线运动的任意形状物体不会受到流体惯性阻力的作用。如若该物体做变速或旋转运动,迫使周围的流体介质产生变速,那么流体必然会施加反作用力于该运动物体,此即为流体惯性力。

流体惯性力(矩)是刚体在流体中加速运动受到的力(矩),是加速度的函数,即与船舶运动加速度 $\dot{u}$、$\dot{v}$、$\dot{w}$、$\dot{p}$、$\dot{q}$、$\dot{r}$ 相关,可近似认为是加速度的线性组合。

阻尼力(矩)是刚体运动受到的力(矩),是与刚体速度相关的函数,因此船舶阻尼力(矩)与船舶速度 u、v、w、p、q、r 相关。船体阻尼力认为是速度的线性组合,阻尼力矩是角速度的线性组合。

假设水动力函数为

$$f(u, v, w, p, q, r, \dot{u}, \dot{v}, \dot{w}, \dot{p}, \dot{q}, \dot{r}) \tag{2.25}$$

平面运动的水动力函数为

$$G(u, v, w, \dot{u}, \dot{v}, \dot{w}, \delta) \tag{2.26}$$

则将平面运动的水动力函数进行泰勒级数展开,得到如下形式:

$$\begin{aligned} G &= G(u, v, r, \dot{u}, \dot{v}, \dot{r}, \delta_r) \\ &= G_0 + \sum_{k=1}^{\infty} \frac{1}{k!}\left[\left(\Delta u \frac{\partial}{\partial u} + \Delta v \frac{\partial}{\partial v} + \Delta r \frac{\partial}{\partial r} + \Delta \dot{u} \frac{\partial}{\partial \dot{u}} + \Delta \dot{v} \frac{\partial}{\partial \dot{v}} + \Delta \dot{r} \frac{\partial}{\partial \dot{r}} + \Delta \delta_r \frac{\partial}{\partial \delta_r}\right)^k G\right] \end{aligned} \tag{2.27}$$

式中

$$G_0 = G(u_0, v_0, r_0, \dot{u}_0, \dot{v}_0, \dot{r}_0, \delta_{r0})$$

$$\Delta u = u - u_0$$

$$\Delta v = v - v_0$$

$$\Delta r=r-r_0$$

$$\Delta\dot{u}=\dot{u}-\dot{u}_0$$

$$\Delta\dot{v}=\dot{v}-\dot{v}_0$$

$$\Delta\dot{r}=\dot{r}-\dot{r}_0$$

$$\Delta\delta_r=\delta_r-\delta_{r0}$$

应当指出,船舶水动力问题,即船舶与水之间的相互作用问题是十分复杂的。迄今为止,很多方面的问题尚未得到圆满解决,因此现在还不能提出全面和完善的理论对各种船舶水动力问题作出完全确切的解释并给予妥善的解决。在工程上,按照惯例,常常是接受一些相对合理的假设,使问题得以简化。这里要做的一个重要假设是,认为势流理论中的流体力与 $\dot{u}$、$\dot{v}$、$\dot{r}$ 成比例的结论对于实际流体近似成立。对于理想流体,船舶惯性水动力与船舶加速度 $\dot{u}$、$\dot{v}$ 和角加速度 $\dot{r}$ 之间有简单的线性关系,不含任何 $\dot{u}$、$\dot{v}$、$\dot{r}$ 的高次项和 $\dot{u}$、$\dot{v}$、$\dot{r}$ 与 u、v、r 的耦合项。这里把这一结论推广到实际流体。另外,$\dot{u}$、$\dot{v}$、$\dot{r}$ 与 δ_r 间的耦合是存在的,但因其数值相对较小,可予以忽略。根据以上假设,函数 G 的表达式中将不含任何 $\dot{u}$、$\dot{v}$、$\dot{r}$ 的高次项和 $\dot{u}$、$\dot{v}$、$\dot{r}$ 与 u、v、r、δ_r 的耦合项。与此相应,其泰勒级数展开式中也将不含 $\Delta\dot{u}$、$\Delta\dot{v}$、$\Delta\dot{r}$ 的高次项和 $\Delta\dot{u}$、$\Delta\dot{v}$、$\Delta\dot{r}$ 与 Δu、Δv、Δr、$\Delta\delta_r$ 的耦合项。于是式(2.27)可相应简化为

$$G=G_0+\left(\Delta\dot{u}\frac{\partial}{\partial\dot{u}}+\Delta\dot{v}\frac{\partial}{\partial\dot{v}}+\Delta\dot{r}\frac{\partial}{\partial\dot{r}}\right)G+\sum_{k=1}^{\infty}\frac{1}{k!}\left[\left(\Delta u\frac{\partial}{\partial u}+\Delta v\frac{\partial}{\partial v}+\Delta r\frac{\partial}{\partial r}+\Delta\delta_r\frac{\partial}{\partial\delta_r}\right)^k G\right] \tag{2.28}$$

对于水平面运动,甚至一般的空间运动,用得最多的展开点(或称工作点)是

$$u=U,v=r=\delta_r=\dot{u}=\dot{v}=\dot{r}=0 \tag{2.29}$$

此工作点所对应的工作状态是船舶沿船舶 x 轴的等速直线航行,一般称为匀速直航工作点。把工作点的参数代入式(2.28)中可进一步得到

$$\begin{aligned}G&=G_0+\frac{\partial G}{\partial\dot{u}}\dot{u}+\frac{\partial G}{\partial\dot{v}}\dot{v}+\frac{\partial G}{\partial\dot{r}}\dot{r}+\sum_{k=1}^{\infty}\frac{1}{k!}\left\{\left[(u-U)\frac{\partial}{\partial u}+v\frac{\partial}{\partial v}+r\frac{\partial}{\partial r}+\delta_r\frac{\partial}{\partial\delta_r}\right]^k G\right\}\\&=G(U,0,0,0,0,0,0)+\frac{\partial G}{\partial\dot{u}}\dot{u}+\frac{\partial G}{\partial\dot{v}}\dot{v}+\frac{\partial G}{\partial\dot{r}}\dot{r}+\frac{\partial G}{\partial u}(u-U)+\frac{\partial G}{\partial v}v+\frac{\partial G}{\partial r}r+\frac{\partial G}{\partial\delta_r}\delta_r+\\&\quad\frac{1}{2}\Big[\frac{\partial^2 G}{\partial u^2}(u-U)^2+\frac{\partial^2 G}{\partial v^2}v^2+\frac{\partial^2 G}{\partial r^2}r^2+\frac{\partial^2 G}{\partial\delta_r^2}\delta_r^2+2\frac{\partial^2 G}{\partial u\partial v}(u-U)v+\\&\quad 2\frac{\partial^2 G}{\partial u\partial r}(u-U)r+2\frac{\partial^2 G}{\partial u\partial\delta_r}(u-U)\delta_r+2\frac{\partial^2 G}{\partial v\partial r}vr+2\frac{\partial^2 G}{\partial v\partial\delta_r}v\delta_r+2\frac{\partial^2 G}{\partial r\partial\delta_r}r\delta_r\Big]+\\&\quad\frac{1}{3!}\Big[\frac{\partial^3 G}{\partial u^3}(u-U)^3+\frac{\partial^3 G}{\partial v^3}v^3+\frac{\partial^3 G}{\partial r^3}r^3+\frac{\partial^3 G}{\partial\delta_r^3}\delta_r^3+3\frac{\partial^3 G}{\partial u^2\partial v}(u-U)^2 v+\cdots+\\&\quad 3\frac{\partial^3 G}{\partial u\partial\delta_r^2}r\delta_r^2+6\frac{\partial^3 G}{\partial u\partial v\partial r}(u-U)vr+\cdots+6\frac{\partial^3 G}{\partial v\partial r\partial\delta_r}vr\delta_r\Big]+\cdots\end{aligned} \tag{2.30}$$

常用的水动力表达形式为

$$\begin{aligned}G&=G_0+G_{\dot{u}}\dot{u}+G_{\dot{v}}\dot{v}+G_{\dot{r}}\dot{r}+G_u(u-U)+G_v v+G_r r+G_{\delta_r}\delta_r+G_{uu}(u-U)^2+\\&\quad G_{vv}v^2+G_{rr}r^2+G_{\delta_r\delta_r}\delta_r^2+G_{uv}(u-U)v+G_{ur}(u-U)r+G_{u\delta_r}(u-U)\delta_r+\end{aligned}$$

$$G_{vr}vr + G_{v\delta_r}v\delta_r + G_{r\delta_r}r\delta_r + G_{uuu}(u-U)^3 + G_{vvv}v^3 + G_{rrr}r^3 + G_{\delta_r\delta_r\delta_r}\delta_r^3 +$$
$$G_{uuv}(u-U)^2 v + \cdots + G_{r\delta_r\delta_r}r\delta_r^2 + G_{uvr}(u-U)vr + \cdots + G_{vr\delta_r}vr\delta_r + \cdots \tag{2.31}$$

水动力系数做如下分类：

①零阶水动力系数，即 G_0 展开点处的常值水动力系数。

②一阶水动力系数（水动力导数），即 $G_{\dot{u}}$、$G_{\dot{v}}$ 加速度系数，$G_{\dot{r}}$ 角加速度系数，G_u、G_v 速度系数，G_r 角速度系数，G_{δ_r}舵角系数。

③二阶水动力系数（非线性水动力系数），即 G_{uu}、G_{vv}二阶速度、G_{rr}二阶角速度、$G_{\delta_r\delta_r}$二阶舵角系数，G_{uv}、G_{ur}、$G_{u\delta_r}$、G_{vr}、$G_{v\delta_r}$、$G_{r\delta_r}$二阶耦合系数。

④三阶水动力系数（非线性水动力系数），即 G_{uuu}、G_{vvv}三阶速度、G_{rrr}三阶角速度、$G_{\delta_r\delta_r\delta_r}$三阶舵角系数，$G_{uuv}$、$G_{r\delta_r\delta_r}$、$G_{uvr}$、$G_{vr\delta_r}$，等三阶耦合系数。

在实际应用中，一般较少使用水动力高阶模型，根据使用场合和对计算精度的要求可以选用一阶和二阶模型。

式(2.31)只保留一阶项和零阶项就可得到水动力函数的一阶近似表达式：

$$G = G_0 + G_{\dot{u}}\dot{u} + G_{\dot{v}}\dot{v} + G_{\dot{r}}\dot{r} + G_u(u-U) + G_v v + G_r r + G_{\delta_r}\delta_r \tag{2.32}$$

因为在水平面运动中广义力 G 泛指 X、Y、N，所以把 X、Y、N 分别代入 G 的表达式中就可以得到水平面运动水动力函数的一阶展开式：

$$\begin{cases} X = X_0 + X_{\dot{u}}\dot{u} + X_{\dot{v}}\dot{v} + X_{\dot{r}}\dot{r} + X_u(u-U) + X_v v + X_r r + X_{\delta_r}\delta_r \\ Y = Y_0 + Y_{\dot{u}}\dot{u} + Y_{\dot{v}}\dot{v} + Y_{\dot{r}}\dot{r} + Y_u(u-U) + Y_v v + Y_r r + Y_{\delta_r}\delta_r \\ N = N_0 + N_{\dot{u}}\dot{u} + N_{\dot{v}}\dot{v} + N_{\dot{r}}\dot{r} + N_u(u-U) + N_v v + N_r r + N_{\delta_r}\delta_r \end{cases} \tag{2.33}$$

该一阶展开式中出现的各系数和对应项的物理意义如下：

X_0、Y_0、N_0——匀速直航工作点下，船舶所受到的 x 轴方向、y 轴方向的水作用力和绕 z 轴的水作用力矩；

$X_{\dot{u}}\dot{u}$、$Y_{\dot{u}}\dot{u}$、$N_{\dot{u}}\dot{u}$——工作点状态下，当船舶以加速度 $\dot{u}$ 做 x 轴方向的加速运动时所受到的 x 轴方向、y 轴方向的水作用力和绕 z 轴的水作用力矩；

$X_{\dot{v}}\dot{v}$、$Y_{\dot{v}}\dot{v}$、$N_{\dot{v}}\dot{v}$——工作点状态下，当船舶以加速度 $\dot{v}$ 做 y 轴方向的加速运动时所受到的 x 轴方向、y 轴方向水作用力和绕 z 轴的水作用力矩；

$X_{\dot{r}}\dot{r}$、$Y_{\dot{r}}\dot{r}$、$N_{\dot{r}}\dot{r}$——工作点状态下，当船舶以角加速度 $\dot{r}$ 做绕 z 轴的角加速运动时所受到的 x 轴方向、y 轴方向水作用力和绕 z 轴的水作用力矩；

$X_u(u-U)$、$Y_u(u-U)$、$N_u(u-U)$——工作点状态下，当船舶以速度 u 做 x 轴方向的匀速运动时所受到的 x 轴方向、y 轴方向的水作用力增量和绕 z 轴的水作用力矩增量；

$X_v v$、$Y_v v$、$N_v v$——工作点状态下，当船舶以速度 v 做 y 轴方向的匀速运动时所受到的 x 轴方向、y 轴方向的水作用力和绕 z 轴的水作用力矩；

$X_r r$、$Y_r r$、$N_r r$——工作点状态下，当船舶做绕 z 轴的匀角速运动时所受到的 x 轴方向、y 轴方向的水作用力和绕 z 轴的水作用力矩；

$X_{\delta_r}\delta_r$、$Y_{\delta_r}\delta_r$、$N_{\delta_r}\delta_r$——工作点状态下，匀速操舵角 δ_r 时船舶所受到的 x 轴方向、y 轴方向的水作用力和绕 z 轴的水作用力矩。

恢复力(矩)存在于船舶六个自由度运动中的横摇、纵摇和垂荡三个自由度的运动中,艏摇、横荡、纵荡不存在恢复力(矩)。也就是说,在没有外力的情况下,船舶会保持艏摇、横荡、纵荡的初始状态和在恢复力(矩)作用下的横摇、纵摇和垂荡平衡状态。

除了惯性力(矩)、黏性力(矩)和恢复力(矩),水动力还包括非线性水动力项和复杂的耦合水动力项。非线性水动力项是由船舶运动的高阶分量引起的,耦合水动力项是各自由度运动之间的相互影响,耦合水动力项可因船体的对称结构而忽略。

综上所述,四自由度船舶非线性运动模型中的水动力和水动力矩采用如下形式:

$$\begin{cases} X_{\text{hyd}} = X_u u + X_{vr}vr + X_{vv}v^2 + X_{rr}r^2 + X_{\varphi\varphi}\varphi^2 \\ Y_{\text{hyd}} = Y_v v + Y_r r + \; + Y_p p Y_{\varphi}\varphi + Y_{vvv}v^3 + Y_{rrr}r^3 + Y_{vvr}v^2 r + Y_{vrr}vr^2 + Y_{vv\varphi}v^2\varphi + Y_{v\varphi\varphi}v\varphi^2 + \\ \qquad Y_{rr\varphi}r^2\varphi + Y_{r\varphi\varphi}r\varphi^2 \\ K_{\text{hyd}} = K_v v + K_r r + K_p p + K_{\varphi}\varphi + K_{vvv}v^3 + K_{rrr}r^3 + K_{vvr}v^2 r + K_{vrr}vr^2 + K_{vv\varphi}v^2\varphi + K_{v\varphi\varphi}v\varphi^2 + \\ \qquad K_{rr\varphi}r^2\varphi + K_{r\varphi\varphi}r\varphi^2 \\ N_{\text{hyd}} = N_v v + N_r r + N_p p + N_{\varphi}\varphi + N_{vvv}v^3 + N_{rrr}r^3 + N_{vvr}v^2 r + N_{vrr}vr^2 + N_{vv\varphi}v^2\varphi + N_{v\varphi\varphi}v\varphi^2 + \\ \qquad N_{rr\varphi}r^2\varphi + N_{r\varphi\varphi}r\varphi^2 \end{cases} \tag{2.34}$$

另外,有关海风、海浪、海流的干扰将在后面重点展开介绍。

2.2 船舶运动控制翼及其水动力特性

在船舶运动的操纵控制装置中广泛地应用着各种各样的控制水翼。其中舵装置主要用来控制船舶的航向,减摇鳍则是减小船舶横摇最为有效的装置。另外,还有各种各样的控制水翼,如水翼艇上的可控水翼,潜艇和潜器上用来控制垂直方向运动的水平舵等。但是舵和减摇鳍都属于控制水翼,其结构形状相似,都是有限展机翼,故水动力特性也相似,只是在具体分析过程中,由于安装位置不同,舵和减摇鳍所产生的力和力矩会有所不同。本节主要阐述船舶运动操纵中的翼面控制力及水动力特性,并具体介绍舵力和鳍力的数学模型。

2.2.1 翼和襟翼

水翼是水中运动的机翼,它与在空气中运动的机翼一样能产生升力。襟翼特指现代机翼边缘部分的一种翼面形可动装置。襟翼可装在机翼后缘或前缘,可向下偏转或(和)向后(前)滑动,其基本效用是在飞行中增加升力。根据所安装部位和具体作用的不同,襟翼可分为后缘襟翼和前缘襟翼。襟翼几何示意图如图 2-5 所示。

通常情况下,设零翼角时舵的外形轮廓在船中纵剖面上的投影为翼面积 A,翼体上下缘间垂直高度为翼高(展长)h;翼剖面导边至随边的距离为翼宽(弦长)c,其中平均弦长为 $\bar{c}$,翼根弦长为 c_{r},翼尖弦长为 c_{t};X_{c} 为压力中心距前缘(即导边)的距离;a 为水翼杆转轴距前缘的距离;来流方向与主翼弦长之间的夹角为主翼攻角 α;主翼弦长与子翼弦长之间的夹角为子翼攻角 β 。翼杆轴线之前的翼叶面积为翼的平衡面积 A_{f};翼的展长与平均弦长之比为

翼的展弦比 λ；襟翼主翼的弦长 b 与子翼部分的弦长 b_s 之比为襟翼的尾弦比 $\bar{b}_s$。

襟翼通过翼叶按比例分为两个按一定规律转动的主翼和子翼来提高翼对船舶的升力，以及最大限度地将前进推力转换为横向力。如果襟翼的选择恰当，它产生的转动横向力可达到流线型翼的两倍。若主翼处于 45°转角，则其将推进器喷出的尾流全部折向 90°，此时襟翼可将推进器推力的 50% 转换为横向力。因此襟翼的基本参数选择是翼面设计的首要问题。

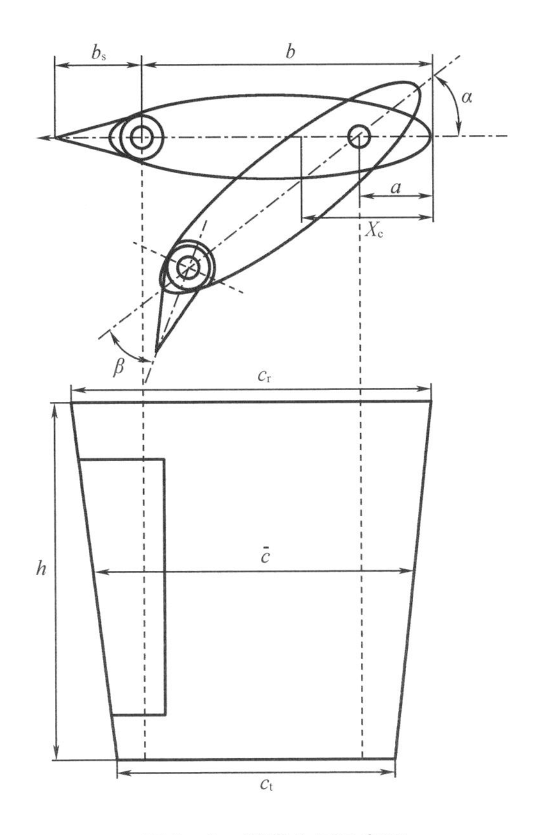

图 2-5　襟翼几何示意图

2.2.2　舵和襟翼舵的水动力特性

舵为船舶提供横剖面内的控制力，它一般安装在船舶推进器的后面，处于推进器的尾流中。舵只有在推进器工作时，才会在推进器产生的水流中有效地产生控制力。有些船舶装有多个推进器，在每个推进器后面都装有一个舵，这种船舶可以在推进器以错车工况工作时实现无航速转向。

图 2-6 所示为舵面水动力示意图，$\boldsymbol{F}$ 为水翼上所产生的水动力合力，在具体计算时一般都对其进行正交分解，可以分为沿来流方向的阻力 $\boldsymbol{D}$ 和垂直于来流方向的升力 $\boldsymbol{L}$，同时也可分解为沿水翼弦长方向的切向力 $\boldsymbol{T}$ 和垂直于水翼弦长方向的法向力 $\boldsymbol{N}$。

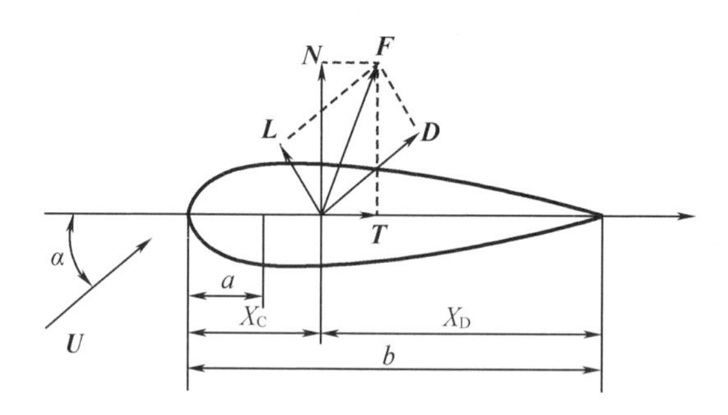

图 2－6　舵面水动力示意图

舵受到的水动力合力 $\boldsymbol{F}$ 与相关分量之间的关系为

$$F=\sqrt{L^2+D^2}=\sqrt{N^2+T^2} \tag{2.35}$$

在流体力学中，通常将舵产生的升力 L 和阻力 D 由式（2.36）来求解。从求解方程中可以看出，舵必须在船舶拥有一定航速的情况下，才会有效地产生控制力。

$$\begin{cases} L=0.5\rho V^2 A C_{\mathrm{L}} \\ D=0.5\rho V^2 A\left(C_{\mathrm{D}}+\dfrac{C_{\mathrm{L}}}{9\pi\lambda}\right) \end{cases} \tag{2.36}$$

式中　V——来流速度，m/s；

A——舵面积，m^2；

ρ——流体密度；

λ——舵的展弦比；

C_{L}、C_{D}——舵的升力系数和阻力系数，其与来流攻角近似成正比。

$\boldsymbol{F}$ 在来流方向的分量称为阻力 $\boldsymbol{D}$。$\boldsymbol{F}$ 也可以分为垂直于舵平面的分量 $\boldsymbol{N}$ 和平行于舵平面的分量 $\boldsymbol{T}$，前者称为法向力，后者称为切向力。其关系可由下式表示：

$$\begin{cases} F^2=L^2+D^2=N^2+T^2 \\ N=L\cos\alpha+D\sin\alpha \\ T=D\cos\alpha-L\sin\alpha \end{cases} \tag{2.37}$$

作用于舵上的水动力绕舵轴的力矩 Q_{m} 为

$$Q_{\mathrm{m}}=N[a-X_{\mathrm{C}}] \tag{2.38}$$

式中　X_{C}——舵上水动力合力作用点距离导缘距离；

a——舵轴距离导缘距离。

作用于舵上的水动力对舵根剖面的力矩为

$$Q_{\mathrm{n}}=FX_{\mathrm{D}}=\sqrt{L^2+D^2}\,X_{\mathrm{D}} \tag{2.39}$$

式中，X_D 为舵上水动力合力作用点距离舵根剖面距离。

力和力矩还可以表示成下列无因次形式，其中 A_{d} 表示翼的投影面积：

升力系数　　$C_{\mathrm{L}}=L/\dfrac{1}{2}\rho A_{\mathrm{d}}V^2$

阻力系数　　$C_D = D/\frac{1}{2}\rho A_d V^2$

法向力系数　　$C_F = N/\frac{1}{2}\rho A_d V^2$

切向力系数　　$C_A = T/\frac{1}{2}\rho A_d V^2$

扭矩系数　　$C_m = Q_m/\frac{1}{2}\rho A_d V^2$

弯矩系数　　$C_n = Q_n/\frac{1}{2}\rho A_d V^2$

近些年来,各国发表了许多船用舵的系列水动力试验结果,给出了各种剖面形式、展弦比、厚度比、侧投影形状、尖端形状、后掠角的舵的水动力资料。其中使用最为广泛的 NACA 系列剖面,常标志为 NACA XYZZ。其中字母后有四位阿拉伯数字,前两位为拱度比,对于对称型剖面记为“00”;后两位为厚度比百分数。另外 NACA 五位数字翼型指低速翼型系列。该翼型系列的厚度分布与四位数字系列相同,但中弧线参数有更大的选择,可使最大弯度位置靠前而提高最大升力系数,降低最小阻力系数,但失速性能欠佳。NACA 六位数字翼型为一类层流翼型,在一定升力系数范围内具有低阻力特性,非设计条件下也比较满意。图 2-7 和图 2-8 所示为冯崇谦在《船用襟翼舵》中给出的 NACA00 型剖面水动力图谱,其中 α_f 为机翼和空气来流的攻夹角,β 为子翼转角。

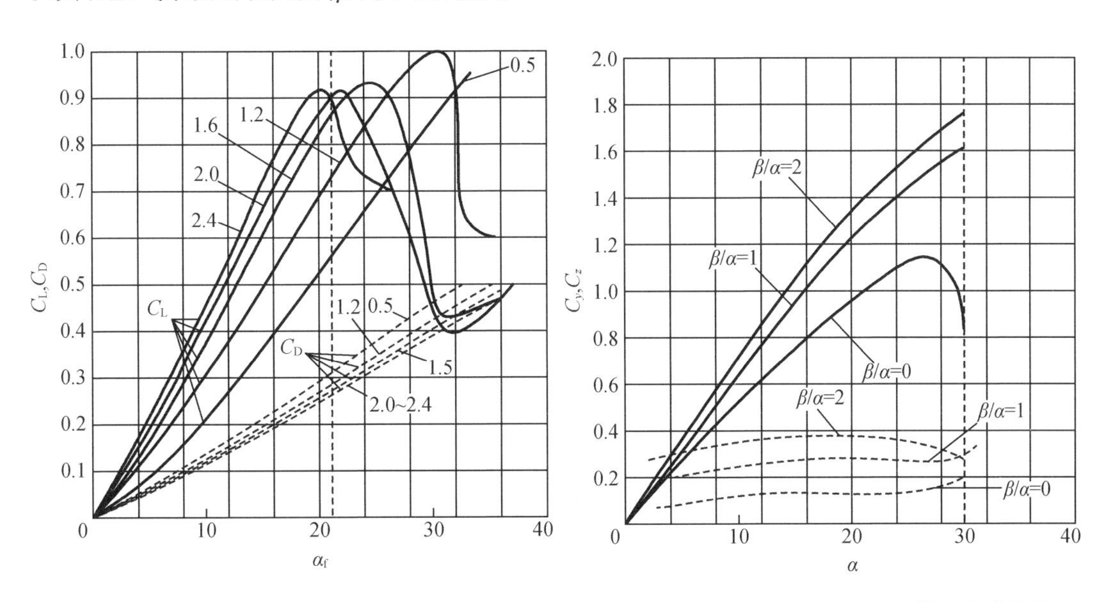

图 2-7　NACA00 型不同展弦比的机翼水动力图谱　　**图 2-8　NACA00 型,λ=1.25 襟翼水动图谱**

对于图 2-7,有限展弦比机翼升力线理论公式为

$$C_L = \frac{2\pi\lambda}{2 + \sqrt{4 + \lambda^2}}\alpha_f \tag{2.40}$$

式中,λ 为舵的展弦比,且舵的转角一般在 30°左右时达到极限。

通过比较分析图 2-7 与图 2-8 可知:

①襟翼比流线型翼能获得更大的升力，升力系数的增量 ΔC 几乎和子翼转角 β 呈线性关系，襟翼与主翼的固定转角比 β/α 越大，ΔC 越大。襟翼的最大升力系数 ΔC_{max} 与流线型翼相比，可提高 60% 以上。

②当 $\alpha<27°$ 时，β/α 越大，C_y 越大。当 $\alpha>27°$ 时，$\beta/\alpha \geqslant 1.6$，$\beta/\alpha$ 越大，C_y 反而越小；如果 β/α 是定值，则取 $\beta/\alpha=1.5$ 左右为好，$(\beta+\alpha)$ 不宜大于 $90°$。

③相比于流线型翼，襟翼的压力中心大大地后移。压力中心系数 C_P 是 β/α 的函数，如果 β/α 是定值，C_P 随 α 的变化较平缓，故选择合适的翼杆位置，有可能减小翼转动力矩。

④如果子翼的面积是定值，子翼力矩 M_z 是 α 和 β/α 的函数，α 和 β/α 增大，M_z 增大。

这些结论将帮助我们理解襟翼和流线型翼的设计特点以及进行主要参数选择。

翼在船后伴流场中工作的相对速度、流动速度都受船体影响，这些影响大致包括下列三类：

①有效展弦比。如将船体看成垂直舵平面的无限平板，当舵一端与它相邻时，产生映像作用，使得有效展弦比比几何展弦比增加 1 倍。但实际上船体是一个曲面，当舵角为零时，通常舵顶部与船体间隙最小。随着舵角增大，这一间隙也增大。因此，有效展弦比常低于几何展弦比的 2 倍。将舵一端紧邻回转体安装的实验结果表明：当 $\delta=0$ 时，有效展弦比几乎等于几何展弦比的 2 倍；当 $\delta=20°$ 时，有效展弦比约为几何展弦比的 1.7 倍；当 $\delta=28°$ 时，有效展弦比约为几何展弦比的 1.5 倍。这虽然只是特定情况下的一个单独实验，但也定性地表明了船体形状对有效展弦比的影响。

②有效进速。船后伴流降低了舵与水的相对速度。虽然伴流有三个方向的分量，但一般只有轴向分量对舵的影响最大。在舵处，来流速度可表示为

$$V_R=V(1-W_R) \tag{2.41}$$

式中 V——船速；

W_R——舵处的伴流系数。

在计算船后舵的水动力时，其伴流系数可像计算螺旋桨一样取自经验公式。因为舵与螺旋桨形状和位置不同，所以有人建议对于在支舵架后的单舵取值可比螺旋桨处高 20%～30%。

③有效攻角。当船舶做曲线运动时，舵还受到船体的另一种影响——拉直效应。当船舶以漂角 β 和角速度 r 做曲线运动时，在船尾舵处不考虑船体对水流影响的几何漂角 β_R 为

$$\beta_R=\beta+\arctan\frac{x_R r\cos\beta}{V+x_R r\sin\beta} \tag{2.42}$$

式中，x_R 为舵处的 P 点距离坐标原点的距离。

这时，舵的几何攻角 α_R 为

$$\alpha_R=\delta\pm\beta_R \tag{2.43}$$

螺旋桨尾流中存在轴向和切向诱导速度，当舵局部或全部处于螺旋桨尾流中时，要受到这些诱导速度的影响。

螺旋桨尾流的诱导速度（即水流经过螺旋桨盘面前后的增速）可分解为轴向诱导速度 V_a、切向诱导速度 V_t 和径向诱导速度 V_r。轴向诱导速度增加了舵处的来流速度，而切向诱

导速度则改变了舵叶上的各种水流攻角，V_r 通常比 V_t 及 V_a 小得多，可忽略不计。

轴向诱导速度为

$$V_a = V_p(\sqrt{1+\sigma_p} - 1) \tag{2.44}$$

舵叶处的轴向分速度为

$$V_X = V_p + V_a \tag{2.45}$$

式中，V_p 为螺旋桨盘面处的轴向平均流速，且 $V_p = V(1 - W)$，其中 V 是船速，W 是在螺旋桨盘面处的平均伴流系数。

依据理想推进器理论有

$$V_X = V_p\sqrt{1+\sigma_p} \tag{2.46}$$

$$\sigma_p = \frac{8T}{\pi\rho V_a^2 d_p^2} = \frac{8T_e}{\pi\rho(1-t_p)V_p^2 d_p^2} = \frac{8K_T}{\pi\lambda_p^2} \tag{2.47}$$

式中　σ_p——推进器的推力载荷系数；

T——推进器产生的推力；

T_e——有效推力；

t_p——推力减额系数；

d_p——推进器直径；

K_T——推力系数，且 $K_T = \frac{T}{\rho n^2 d_p^4}$，其中 n 为推进器转速；

λ_p——进程比。

考虑到推进器尾流中的这种实际速度，当舵全部处于尾流中时，其升力和阻力应该为

$$\begin{cases} L = \frac{1}{2}\rho V_X^2 A_d C_L \\ D_p = \frac{1}{2}\rho V_X^2 A_d C_D \end{cases} \tag{2.48}$$

由以上结果得出，螺旋桨尾流增大了流向舵的轴向分速度，从而使舵上的水动力增大。实践证明，作用在位于螺旋桨尾流中舵上的水动力与水动力矩可高于单独舵或不受尾流作用的舵上水动力和水动力矩数倍。

切向诱导速度或螺旋桨尾流对舵的偏转作用，使直线流向舵的水流流速和方向均受到干扰，因而舵受到不均匀的流速和水流攻角，引起舵叶左右两侧产生不对称的水动压力，导致舵上水动力和水动力矩发生变化。

第3章　环境扰动分析

无论是研究船舶操作性运动还是船舶运动的闭环控制，都要求精确描述外界干扰作用在船体上产生的干扰力和干扰力矩。建立风、浪和流的干扰力模型相对于对船舶本身的动态研究困难更大，因为风、浪和流的干扰具有明显的随机特性，只有引入概率论和随机过程理论方能进行较深入的讨论。

3.1　波浪分类及其性能分析

波浪干扰力是各种干扰力中最复杂的一种。波浪干扰力一般分为两种：一种是一阶波浪干扰力，也称高频波浪干扰力，这是在假设波浪为微幅波，引起船舶的摇荡运动不大的情况下，认为船舶受到与波高为线性关系且与波浪同频率的波浪力；另一种是二阶波浪力，也称波浪漂移力，该波浪力与波高的平方成比例。

波浪引起流体中的压力在垂直分布上发生变化，从而使船体表面产生波浪干扰力。计算波浪干扰力首先须了解波浪的数学描述。众所周知，海洋上波浪的变化是十分复杂的，并且是随机的，在同一条件下，如一定风速、一定海域等，波浪的轮廓是不能完全确定的，这种波浪通常称为不规则波。对于不规则波，我们用各个方向上的简谐波，即规则波的线性叠加来描述。

3.1.1　平面进行波的数学描述

假设流体的运动是无旋，且只具有速度势的微幅波，同时流体为不可压缩的，那么沿着 ξ 轴方向的平面进行波如图 3－1 所示，其波面运动方程为

$$\zeta(\xi,t)=\zeta_a\cos(k\xi\pm\omega t+\varepsilon_0) \tag{3.1}$$

式中　ζ——波面和静水面的高度差；

ζ_a——规则波的幅值；

k——波数，且 $k=2\pi/\lambda$，其中 λ 为波长；

ε_0——波的初始相位角；

ω——波浪角频率。

ω 前面的“±”号代表波的前进方向，“－”号为正方向，“＋”号为负方向，这里假设波长沿正方向前进。

在图 3－1 中，波面上任意一点的切线与 ξ 轴的夹角称为波倾角（波面角）α_ω，它可以由

下式求得：

$$\alpha_{\omega} \approx \tan\ \alpha_{\omega} = \frac{2\zeta}{2\xi} = -k\zeta_{\mathrm{a}}\sin(k\xi - \omega t) = -\alpha_{e0}\sin(k\xi - \omega t) \tag{3.2}$$

式中，α_{e0}为最大波倾角。

式(3.1)表示在地面坐标系中的平面进行波，如果把它转换到船体坐标系中，并设 Ox 轴与 $E-\xi\eta$ 平面平行，Ox 轴与 $E\xi$ 轴的夹角为μ，则有

$$\xi = x\cos\ \mu + y\sin\ \mu \tag{3.3}$$

把式(3.3)代入式(3.1)，则平面进行波在船体坐标系中的点$(x,y,0)$所处的波面方程为

$$\zeta = \zeta_{\mathrm{a}}\cos(k_1 x + k_2 y - \omega t) \tag{3.4}$$

式中　$k_1 = k\cos\ \mu$；

$k_2 = k\sin\ \mu$。

对于不规则波，直接进行数学描述还是比较困难的，下面采用线性叠加原理来描述不规则波浪。首先将上述规则波改为沿任意方向运动的情况。取图 3－2 所示空间坐标系 $E-\xi\eta\zeta$。设波浪沿 ξ_0 方向运动，ξ 与 ξ_0 之间的夹角为θ，由 ξ 轴按顺时针方向量度，则沿 ξ_0 方向运动波浪的波面方程的一般形式为

$$\zeta(\xi,\eta,t) = \zeta_{\mathrm{a}}\cos[k(\xi\cos\ \theta + \eta\sin\ \theta) - \omega t + \varepsilon_0] \tag{3.5}$$

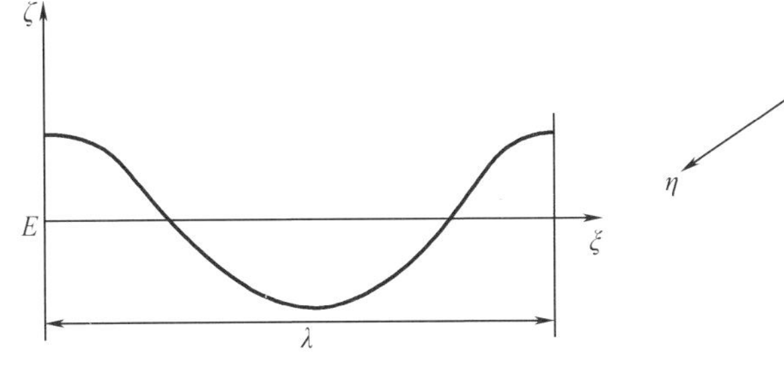

图 3－1　波形曲线

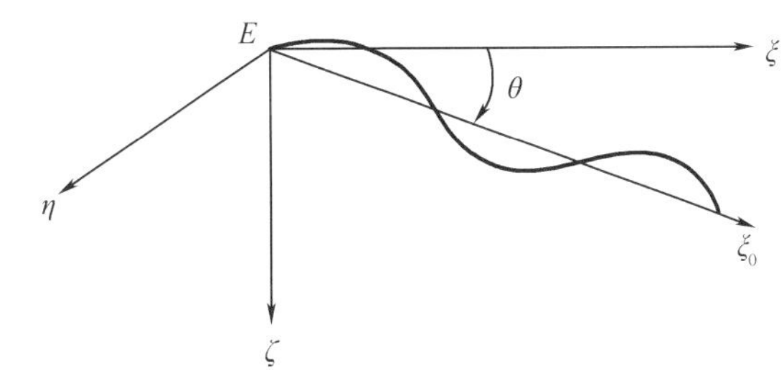

图 3－2　三维波形曲线

3.1.2　海浪特性

在描述海浪等级时，最常用的是有义波高。有义波高的定义如下：在记录的海浪时间曲线上，依次取 $3n$ 个波高值，然后依其值从大到小进行排列，分别设为 $h_1, h_2, \cdots, h_{3n}$。取前面的 n 个(占总数的 1/3)大的波幅进行平均，即

$$h_{\frac{1}{3}} = \frac{1}{n}\sum_{i=1}^{n} h_i \tag{3.6}$$

称 $h_{\frac{1}{3}}$为有义波高。有义波高和有经验的人目测的波高值比较接近。在某些场合，也有将波高值从大到小排列取前 1/10 的平均值来定义海浪等级的情况，但用得较少。

对海浪等级的定义目前尚未统一，我国国家海洋局修订的适用我国沿海海况等级的定义表如表 3－1 所示。对于其他海浪等级的划分，可以参阅有关文献。

表3-1 海况等级定义表

海况等级	海面状况名称	海面征状	有义波高/m
0级	无浪	海面光滑如镜或仅有涌浪存在	0
1级	微浪	波纹或涌浪和波纹同时存在	0~0.1
2级	小浪	波浪很小,波峰开始破裂,浪花不显,白色且呈玻璃色	0.1~0.5
3级	轻浪	波浪不大,但很触目,波峰破裂,其中有些地方形成白色浪花——白浪	0.50~1.25
4级	中浪	波浪具有明显的形状,到处形成白浪	1.25~2.50
5级	大浪	出现高大的波峰,浪花占了波峰上很大的面积,风开始削去波峰上的浪花	2.50~4.00
6级	巨浪	波峰上被风削去的浪花,开始沿着波浪斜面伸长成带状,优势波峰出现风暴波的长波形状	4~6
7级	狂浪	风削去的浪花带布满了波浪斜面,且有些地方到达波谷,波峰上布满了浪花层	6~9
8级	狂涛	稠密的浪花布满了波浪斜面,海面变成白色,只有波谷内某些地方没有浪花	9~14
9级	怒涛	整个海面布满了稠密的浪花层,空气中充满了水滴和飞沫,能见度显著降低	>14

当平静的水受到某种扰动,如在海面受到风的作用、在海底或海岸受到地震波的扰动及潮汐力的作用等,将使海面产生周期性的高低变化,形成波浪。假设地面坐标系 $E-\xi\eta\zeta$ 的 $E\xi\eta$ 平面与海平面重合,则风浪的起伏高度在地面坐标系内可用一个三元函数来表示,即 $\zeta=\zeta(\xi,\eta,t)$,其中 t 为时间,故称此海浪为三元不规则波,或短峰波。有时为了研究的简化,假设海浪向一个固定的方向传播,其波峰和波谷线彼此平行并垂直于前进方向,且设海浪前进方向为 ξ 轴方向,此时波面起伏高度 $\zeta=\zeta(\xi,t)$,而在 η 方向波幅为常数,这种海浪称为二元不规则波,或长峰波。

当速度和方向一定的风在开阔的海面上吹了相当长的时间后,海浪就会充分地发展。当海浪从风中吸收的能量和海浪波动中传递的能量平衡时,称此种海浪为成熟期海浪。按照随机过程的观点,成熟期海浪可作为一个平稳随机过程来处理,它的各项统计值基本不变。因此可以利用平稳随机过程的理论来分析海浪。对于海浪作用下的船舶运动控制系统,也可以用随机扰动作用下的控制理论来进行分析研究。

海浪到达成熟期是需要一定的成长时间和海域的。在速度为 v_{wd} 的风作用下,使海浪达到成熟期的最小风区和最小风时与 v_{wd} 的关系为

$$\begin{cases}x_{\min}=v_{wd}^2\times10^4\\t_{\min}=6.5v_{wd}\end{cases}\tag{3.7}$$

式中,$x_{\min}$ 和 $t_{\min}$ 分别为最小风区和最小风时,$x_{\min}$、$t_{\min}$ 和 v_{wd} 的单位分别为 m、h 和 m/s。

因为海浪大小不等,所以必须有一个定义海浪强弱的标准。目前,最常用的标准是海浪的波高。海浪的波高大,则海浪等级也高。如果把没有风浪时的平静海面作为海面坐标系中过 $\zeta=0$ 的一点的平面 $E-\xi\eta$,则海浪可以认为是一个零均值的平稳随机过程(忽略潮汐等因素的影响)。

对于二因次随机海浪,亦即长峰波海浪,可以看成由无数个不同波幅和波长的微幅余弦波叠加而成,而这些微幅余弦波的初相位 ε_i 为一个随机变量,于是不规则长峰波可以表示为

$$\zeta(t) = \sum_{i=1}^{\infty} \zeta_{ai}\cos(k_i\xi\cos\mu + k_i\eta\sin\mu - \omega_i t + \varepsilon_i) \tag{3.8}$$

式中,ζ_{ai}、k_i、ω_i 和 ε_i,分别为第 i 次谐波的波幅、波数、角频率和初相位。不失一般性,考虑海面上固定的波浪,设在 $\eta=0$ 和 $\mu=0$ 处,则定点长峰波海浪方程为

$$\zeta(t) = \sum_{i=1}^{\infty} \zeta_{ai}\cos(k_i\xi - \omega_i t + \varepsilon_i) \tag{3.9}$$

长峰波随机海浪仿真首先需要确定仿真波浪的频谱形式,可利用 PM 谱、JONSWAP 谱或 ITTC 谱等,来确定所选海浪的有关参数(如有义波高、特征周期、风速等);根据某种原则(等间隔法或等能量法)进行离散化;根据离散的海浪频谱,就可以确定在各种特定频率下的各个谐波的幅值 ζ_{ai};根据各谐波初相位 ε_i 的分布特点可以确定初相位;确定了各个谐波以后,把每个谐波叠加起来就可以得到仿真的长峰波随机海浪。

3.1.3　风浪谱密度函数

船舶在海洋上航行,受到风引起的波浪的影响较多。自 1953 年 Denis 和 Poerson 应用波谱理论研究船舶运动以来,一个很重要的问题就是如何选择合理的波谱密度公式来描述海浪。目前,有很多描述海浪的波谱密度公式,其差别很大,原因是这些波谱密度公式具有一定的局限性和近似性。下面介绍几种典型的波谱密度公式。

(1)Newman Spectrum

$$S(\omega) = \frac{c\pi}{2}\frac{1}{\omega^6}\exp\left[-\left(\frac{\sqrt{2}g}{U\omega}\right)^2\right] \tag{3.10}$$

式中　$c=3.05\ \mathrm{m^2/s^5}$;

U——海面上 10 m 高度处的风速,m/s;

g——重力加速度。

该谱是根据观测到的不同风速下波高与波周期关系做出的一些假定而导出的,它是半理论、半经验的,适用于充分成长的风浪。

(2)Pierson-Moskowits Spectrum(PM 谱)

$$S(\omega) = \frac{8.1\times10^{-3}g^2}{\omega^5}\exp\left[-0.74\left(\frac{g}{U\omega}\right)^4\right] \tag{3.11}$$

式中,U 为海面上 19.5 m 高度处的风速。

该谱是根据莫斯科维奇对北大西洋上 1955—1960 年的海浪观测资料进行 460 次谱分析后,从中选出处于充分成长状态的 54 个波谱,又依风速将其分成 5 组,就各组的谱求平均

谱后得出的。该谱也可给出一般形式：

$$S(\omega)=\frac{A}{\omega^5}\exp\left(-\frac{B}{\omega^4}\right) \tag{3.12}$$

式中 $A=8.1\times10^{-3}g^2$；

$B=0.74(g/U)^4$。

(3) Modified Pierson-Moskowits Spectrum（修正 PM 谱）[图 3-3(a)]

为进一步研究船舶在海洋上的运动，ITTC 提出了修正的 PM 谱，其令：

$$A=\frac{4\pi^3H_s^2}{T_z^4},\quad B=\frac{16\pi^3}{T_z^4} \tag{3.13}$$

式中 H_s——海浪有义波高；

T_z——平均过零周期。

T_z 与海浪特征周期 T_0、平均海浪周期 T_1 的关系如下：

$$T_z=0.71T_0=0.921T_1 \tag{3.14}$$

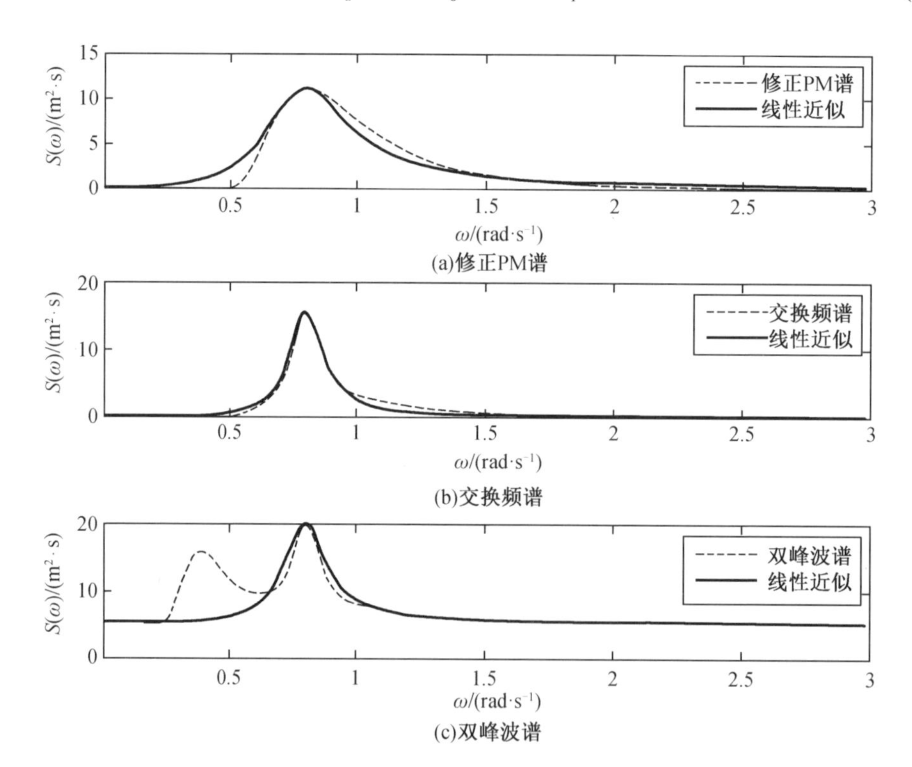

图 3-3 海浪频谱

(4) JONSWAP Spectrum（交换频谱）[图 3-3(b)]

$$S(\omega)=155\frac{H_s^2}{T_1^4}\omega^{-5}\exp\left(\frac{-944}{T_1^4}\omega^{-4}\right)\gamma^Y \tag{3.15}$$

式中 $\gamma=3.3$；

$Y=\exp\left[-\left(\frac{0.191\omega T_1-1}{\sqrt{2}\sigma}\right)^2\right]$，其中 $\sigma=\begin{cases}0.07 & \omega\leqslant5.24/T_1\\0.09 & \omega>5.24/T_1\end{cases}$。

以上讨论的波谱是以波幅表示的波能相对于波浪中的各个谐波的分布,因此是一种波幅谱[记为 $S_\zeta(\omega)$]。在船舶摇摆运动研究中,往往考虑在波倾角作用下船舶的摇摆运动,也就应该考虑以波倾角 α_ω 作为变量的海浪的波倾角谱密度。

因为 $\alpha_\omega = k\zeta_a$(k 为波数),所以海浪的波倾角谱密度为

$$S_{a\omega}(\omega) = k^2 S_\zeta(\omega) \tag{3.16}$$

把 $k = \omega^2/g$ 代入式(3.16)中得

$$S_{a\omega}(\omega) = \frac{\omega^4}{g^2} S_\zeta(\omega) \tag{3.17}$$

海面上的风不仅是产生海浪的主要原因,而且还直接作用在位于水面上的船体部分。海风可以引起船舶的侧倾、偏航等不良运动,有时甚至影响船舶的航行安全。在船舶运动控制中,有时要考虑风所产生的力和力矩对船舶运动的影响。

由于空气流动而在海面上形成的阵风可以认为是由两部分组成的,周期较大的那部分子风波的幅值分布服从雷利分布,其平均风速约为5 m/s。因为子风波的周期都在几十分钟以上,较船舶运动的时间常数要大得多,所以常被作为稳定的常速风处理,这里不妨称其为稳流风。周期在几分钟以下的那部分子风波,是由空气的湍流引起的,这里称为湍流风。湍流风的幅值和方向都是随机变化的,然而其统计特性和海面上一定高度处的平均风速密切相关。湍流风的功率谱密度有如下形式:

$$S_w(\omega) = \frac{8\pi k V_z^{\ 2}}{\omega} \cdot \left(\frac{L\omega}{2\pi V_{10}}\right)^2 \cdot \left[1 + \left(\frac{L\omega}{2\pi V_{10}}\right)^2\right]^{-\frac{4}{3}}$$

式中　k——海表面阻力系数,对于开阔的海面,$k = 0.001$;

L——标度参数,$L = 1\ 200$ m;

V_z——风场参考点风速大小。

3.2　扰动力分析

海浪是引起船舶摇荡的主要扰动因素,长期以来,学者对船舶在海浪中所受到的力和力矩进行了许多研究。海浪是一个复杂的随机过程,而船舶的结构也各不相同,因此海浪对船舶的扰动力和扰动力矩是非常复杂的。船舶控制系统中,需要对扰动进行简化处理。

3.2.1　船舶在海浪中的航行

上节所述的波浪周期与船舶航行中遇到的波浪周期可能并不相等。当船舶的航向与波浪传播方向相反时(顶浪),船舶将更快地遇到连续的波浪,这些波浪看起来具有更短的周期;当船舶的航向与海浪方向一致时(随浪),波浪具有相对较大的周期。如果波浪从正横方向接近一艘船舶时,则波浪周期就是船舶所受到的波浪表观周期。船舶经受的波浪周期称为遭遇周期,用 T_e 表示,其与波浪周期、船舶速度、波浪传播方向及船舶航向之间的夹角(遭遇角 μ_e)有关。

遭遇周期 T_e（或遭遇频率 $\omega_e = 2\pi/T_e$）对船舶在波浪中的运动分析极其重要，在船舶运动计算中，应使用遭遇周期代替海浪周期。

遭遇浪向在左、右舷 0°～15°时称为随浪；遭遇浪向在左、右舷 165°～180°时称为顶浪。随浪和顶浪统称为纵向对浪，主要影响船舶纵向运动，包括纵摇、纵荡和垂荡。遭遇浪向在左、右舷 75°～105°时称为横浪。横浪主要影响船舶横向运动，包括横摇、艏摇和横荡。遭遇浪向在左、右舷 15°～75°时称为尾斜浪，在左、右舷 105°～165°时称为首斜浪。尾斜浪和首斜浪既对船舶纵向运动有影响也对船舶横向运动有影响。

这里对船舶相对于波浪以 μ_e 角航行时的遭遇角频率进行推导。如图 3－4 所示，设波长为 λ，波速为 $\boldsymbol{C}$，船速为 $\boldsymbol{V}$，$\boldsymbol{V}$ 在波浪方向上的分速度为 $V\cos\mu_e$，而船舶相对于波浪的速度为 $C - V\cos\mu_e$。船舶由一个波峰驶至另一个波峰所需的时间（即遭遇周期）为

$$T_e = \frac{\lambda}{C - V\cos\mu_e} \tag{3.18}$$

因为 $\lambda = CT$（T 为海浪周期），所以可得

$$T_e = \frac{CT}{C - V\cos\mu_e} = \frac{T}{1 - \frac{V}{C}\cos\mu_e} \tag{3.19}$$

式(3.18)也可以写成

$$\frac{2\pi}{\omega_e} = \frac{2\pi/\omega}{1 - (V/C)\cos\mu_e} \tag{3.20}$$

则有

$$\omega_e = \omega\left(1 - \frac{\omega V}{g}\cos\mu_e\right) = \frac{2\pi(C - V\cos\mu_e)}{\lambda} \tag{3.21}$$

由式(3.20)可知：

①如果 $\mu_e = 90°$，则 $\omega_e = \omega$；

②遭遇波长（或有效波长）$\lambda_e = \lambda/\cos\mu_e$。

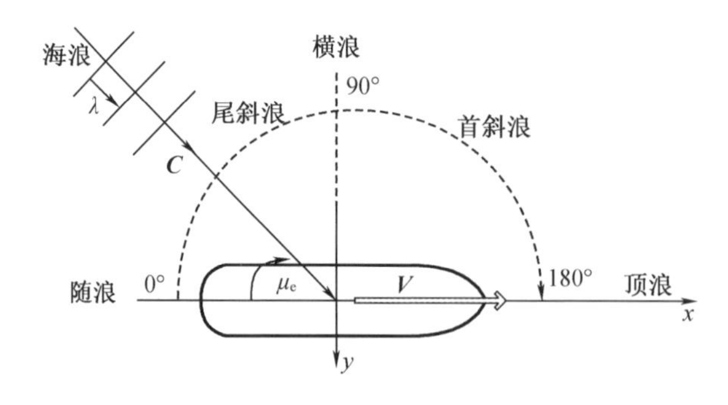

图 3－4　遭遇浪向

对于两种频率，波浪本身的角频率 ω 和遭遇角频率 ω_e，在研究船舶运动时，总要把 ω 转换成 ω_e，因为 ω_e 是船舶所经受并做出响应的频率，在遭遇角频率中，必须计及船速和波浪的转换方向。如图 3－5 所示，遭遇角频率的物理含义描述如下。

当 ω_e 为零时，则船舶与海浪的相对位置保持不变。这在 $C - V\cos\mu_e = 0$ 时，是可能发生

的,也就是当波速与船速相同时发生这种情况。

当 ω_e 为负值时,船舶追上波浪。这时波浪看起来好像是由船首向后运动,这一情况发生在 $C-V\cos\mu_e<0$ 时,即船速在波浪方向上的分量 $V\cos\mu_e$ 具有与波速 C 相同的符号,但数值上 C 更小,这种情况称为随浪($0<\mu_e<90°$或$270°<\mu_e<360°$)。

当 ω_e 为正值时,$C-V\cos\mu_e>0$,C 与 $V\cos\mu_e$ 可能具有相同的符号,但数值上 C 大于 $V\cos\mu_e$,波浪由船舶的后方很快追上船舶,并使 ω_e 只是略小于 ω;另一方面,C 与 $V\cos\mu_e$ 仍可能具有相同的符号,但波浪由船舶的后方缓慢追上船舶,这时 ω_e 仍小于 ω。这些情况称为追浪($0<\mu_e<90°$或$270°<\mu_e<360°$)。

C 与 $V\cos\mu_e$ 也可能异号,此时 $C+V\cos\mu_e$ 为正值,且数值较大。在这种情况下,波浪由船首接近船舶,且 ω_e 总大于 ω。这种情况称为顶浪($90°<\mu_e<270°$)。

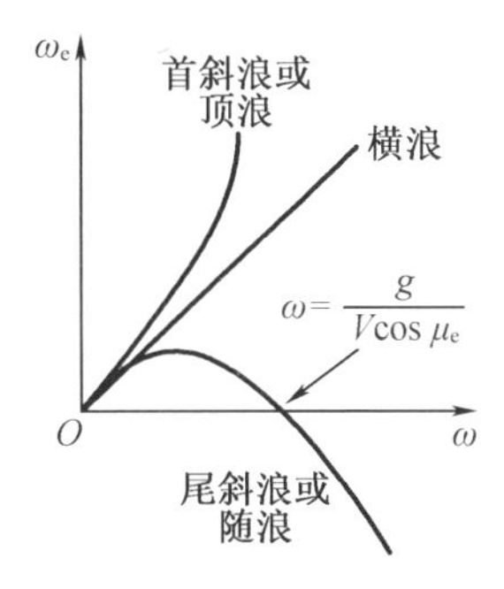

图3-5 遭遇角频率

对于以航速 $\boldsymbol{V}$ 和遭遇角 μ_e 行驶的船舶,波面角也会发生变化,此时船舶遭遇的波倾角称为遭遇波倾角 $\alpha_{e\omega}$,由式(3.8)忽略初相位可得

$$\zeta=\zeta_a\cos(k_e\xi-\omega_e t)=\zeta_a\cos\left(\frac{2\pi}{\lambda_e}\xi-\omega_e t\right)=\zeta_a\cos\left(\frac{2\pi}{\lambda_e}\xi\cos\mu_e-\omega_e t\right) \tag{3.22}$$

遭遇波倾角为

$$\alpha_{e\omega}=\frac{d\zeta}{d\xi}=-\frac{2\pi}{\lambda}\cos\mu_e\cdot\zeta_a\sin\left(\frac{2\pi}{\lambda}\xi\cos\mu_e-\omega_e t\right)=-\alpha_{e\omega0}\sin\left(\frac{2\pi}{\lambda}\xi\cos\mu_e-\omega_e t\right)$$

式中,$\alpha_{e\omega0}$为最大遭遇波倾角:

$$\alpha_{e\omega0}=\frac{2\pi}{\lambda}\cos\mu_e\cdot\zeta_a=\alpha_{\omega0}\cos\mu_e \tag{3.23}$$

上面分析的是沿船舶前进方向的遭遇波倾角 $\alpha_{e\omega}$,如果考虑船舶正横方向的波倾角,则有

$$\lambda_e=\lambda/\sin\mu_e \tag{3.24}$$

则此时最大遭遇波倾角为

$$\alpha_{e\omega0}=\alpha_{\omega0}\sin\mu_e \tag{3.25}$$

3.2.2 海浪作用于船舶的干扰力和干扰力矩

海浪对船舶的干扰力的解析表达式是在某些简化条件下求得的。这里引入了最常用的

弗劳德－克雷洛夫假定，其主要内容是：

①干扰力和干扰力矩仅仅是由流体压力引起的；

②船舶在流体中产生的压力场不影响海浪的波场分布；

③海浪对船舶的干扰力和干扰力矩是由水面下的流体压力场的分布波动引起的。

弗劳德－克雷洛夫假定的解释如下：在船体浸湿表面上每一点所受的流体压力等于在船舶的位置代之以虚拟的船体表面时，各点所受的流体压力。由于波浪中质点都在做轨圆运动，利用虚拟船体表面代替船舶的位置后，水质点可以穿过该表面而不受阻碍。这种假定首先被弗劳德用于横摇计算，而后又被克雷洛夫用于纵摇计算，因此称为弗劳德－克雷洛夫假定。

设船舶原处于平衡状态并在其平衡位置上暂时加以约束，则由海浪的作用所引起的约束力的大小等于海浪的干扰力，但方向与其相反。当船舶处于静水平衡位置时，除了在铅垂方向上原有的一对平衡力（重力与浮力）作用于船体之外，在其他方向上的流体作用力的合力等于零。因此，除了铅垂方向以外，对于其他干扰力，只要求出作用于被约束船舶上的流体压力在浸湿表面上的积分并将之投影到所需的轴上，就可以得到各个方向的干扰力和干扰力矩。对于铅垂方向的力，则必须从所求得的力中减去原来的静水浮力才能得到干扰力。

一阶海浪干扰力，又称高频海浪干扰力，主要引起船舶的纵摇和垂荡运动，对漂移和艏摇运动的影响相对较小，浪向为横浪时，对横摇的影响较大。二阶海浪干扰力，又称海浪漂移力，它与海浪的波高平方成正比，同时具有慢时变和非线性特性，而且和海浪的频率相关。二阶海浪干扰力对船舶的漂移和艏摇运动影响较大，而对船舶的纵摇和垂荡运动影响较小。

在规则波中，波浪作用在船舶上的纵荡干扰力 X_{wave}、横荡干扰力 Y_{wave}、横摇干扰力矩 K_{wave} 和艏摇干扰力矩 N_{wave} 如下：

$$\begin{cases} X_{\text{wave}} = -\rho g \zeta_{\text{a}} k\cos\mu_{\text{e}} \int \dfrac{\sin\left[k\dfrac{B(x)}{2}\sin\mu_{\text{e}}\right]}{k\dfrac{B(x)}{2}\sin\mu_{\text{e}}} \mathrm{e}^{-kd(x)} A(x)\sin(kx\cos\mu_{\text{e}} - \omega_{\text{e}})\mathrm{d}x \\ Y_{\text{wave}} = \rho g \zeta_{\text{a}} k\sin\mu_{\text{e}} \int \dfrac{\sin\left[k\dfrac{B(x)}{2}\sin\mu_{\text{e}}\right]}{k\dfrac{B(x)}{2}\sin\mu_{\text{e}}} \mathrm{e}^{-kd(x)} A(x)\sin(kx\cos\mu_{\text{e}} - \omega_{\text{e}})\mathrm{d}x \\ K_{\text{wave}} = -\rho g \zeta_{\text{a}} k\cos\mu_{\text{e}} \int \dfrac{\sin\left[k\dfrac{B(x)}{2}\sin\mu_{\text{e}}\right]}{k\dfrac{B(x)}{2}\sin\mu_{\text{e}}} \mathrm{e}^{-kd(x)} z_{B(x)} A(x)\sin(kx\cos\mu_{\text{e}} - \omega_{\text{e}})\mathrm{d}x \\ N_{\text{wave}} = \rho g \zeta_{\text{a}} k\sin\mu_{\text{e}} \int \dfrac{\sin\left[k\dfrac{B(x)}{2}\sin\mu_{\text{e}}\right]}{k\dfrac{B(x)}{2}\sin\mu_{\text{e}}} \mathrm{e}^{-kd(x)} xA(x)\sin(kx\cos\mu_{\text{e}} - \omega_{\text{e}})\mathrm{d}x \end{cases} \tag{3.26}$$

式中　$A(x)$——在船舶纵向坐标 x 处的横剖面浸水面积；

$B(x)$——在船舶纵向坐标 x 处的船舶宽度；

$D(x)$——在船舶纵向坐标 x 处的吃水深度；

$z_{B(x)}$——在船舶纵向坐标 x 处的横剖面浸水面积中心的 z 坐标。

计算海浪作用于船舶的干扰力之前需要获得船舶的型线参数，或者将船舶看成一个长方体，通过式(3.26)可以得到作用于船舶的规则波的干扰力和干扰力矩。然而海浪是不规则波，海上的船舶受到的是海浪不规则波的作用。本节基于波谱密度来描述不规则的海浪，用余弦序列权重系数法来实现海浪作用于船舶的干扰力和干扰力矩，转换成船舶所在坐标系，得到如下方程：

$$\begin{aligned}\zeta(t) &= \sum_{n=1}^{N}\sqrt{2S_{\zeta}(\omega_n)\Delta\omega}\cos\left[\frac{\omega_n^2}{g}x\cos\mu_e - \left(\omega_n - \frac{\omega_n^2}{g}V\right)t + \varepsilon_{0n}\right] \\ &= \sum_{n=1}^{N}E_n\cos\left[\frac{\omega_n^2}{g}x\cos\mu_e - \left(\omega_n - \frac{\omega_n^2}{g}V\right)t + \varepsilon_{0n}\right]\end{aligned} \tag{3.27}$$

将式(3.27)代入规则波的干扰力和干扰力矩方程，得到海浪作用于船舶的纵荡干扰力、横荡干扰力、横摇干扰力矩和艏摇干扰力矩分别为

$$\begin{cases}X_{\text{wave}} = -\rho g\cos\mu_e\sum_{n=1}^{N}E_n\dfrac{\omega_n^2}{g}\left\{A_n\cos\left[\left(\omega_n - \dfrac{\omega_n^2}{g}V\cos\mu_e\right)t + \varepsilon_{0n}\right] - \right. \\ \qquad \left. B_n\sin\left[\left(\omega_n - \dfrac{\omega_n^2}{g}V\cos\mu_e\right)t + \varepsilon_{0n}\right]\right\} \\ Y_{\text{wave}} = \rho g\sin\mu_e\sum_{n=1}^{N}E_n\dfrac{\omega_n^2}{g}\left\{A_n\cos\left[\left(\omega_n - \dfrac{\omega_n^2}{g}V\cos\mu_e\right)t + \varepsilon_{0n}\right] - \right. \\ \qquad \left. B_n\sin\left[\left(\omega_n - \dfrac{\omega_n^2}{g}V\cos\mu_e\right)t + \varepsilon_{0n}\right]\right\} \\ K_{\text{wave}} = -\rho g\sin\mu_e\sum_{n=1}^{N}E_n\dfrac{\omega_n^2}{g}\left\{C_n\cos\left[\left(\omega_n - \dfrac{\omega_n^2}{g}V\cos\mu_e\right)t + \varepsilon_{0n}\right] - \right. \\ \qquad \left. D_n\sin\left[\left(\omega_n - \dfrac{\omega_n^2}{g}V\cos\mu_e\right)t + \varepsilon_{0n}\right]\right\} \\ N_{\text{wave}} = \rho g\sin\mu_e\sum_{n=1}^{N}E_n\dfrac{\omega_n^2}{g}\left\{G_n\cos\left[\left(\omega_n - \dfrac{\omega_n^2}{g}V\cos\mu_e\right)t + \varepsilon_{0n}\right] - \right. \\ \qquad \left. H_n\sin\left[\left(\omega_n - \dfrac{\omega_n^2}{g}V\cos\mu_e\right)t + \varepsilon_{0n}\right]\right\}\end{cases} \tag{3.28}$$

式中

$$A_n = \int F_n(x)A(x)\sin\left(\frac{\omega_n^2}{g}x\cos\mu_e\right)\mathrm{d}x$$

$$B_n = \int F_n(x)A(x)\cos\left(\frac{\omega_n^2}{g}x\cos\mu_e\right)\mathrm{d}x$$

$$C_n = \int F_n(x)z_{B(x)}A(x)\sin\left(\frac{\omega_n^2}{g}x\cos\mu_e\right)\mathrm{d}x$$

$$D_n = \int F_n(x)z_{B(x)}A(x)\cos\left(\frac{\omega_n^2}{g}x\cos\mu_e\right)\mathrm{d}x$$

$$G_n = \int F_n(x)xA(x)\sin\left(\frac{\omega_n^2}{g}x\cos\mu_e\right)\mathrm{d}x$$

$$H_n = \int F_n(x)xA(x)\cos\left(\frac{\omega_n^2}{g}x\cos\mu_e\right)\mathrm{d}x$$

$$E_n = \sqrt{2S_{\xi}(\omega_n)\Delta\omega}$$

其中

$$F_n(x) = \sin\left[\frac{\omega_n^2}{g}\frac{B(x)}{2}\sin\mu_e\right] \Big/ \left[\frac{\omega_n^2}{g}\frac{B(x)}{2}\sin\mu_e\right] e^{\frac{\omega_n^2}{g}D(x)}$$

至此,讨论的都是具有高频率、小振幅振荡特性的波浪所产生的一阶波浪干扰力的模型化问题。这种一阶波浪干扰力最主要的影响是引发船舶的纵摇和垂荡运动,对横摇的影响稍次之,而对横荡及艏摇运动的影响相对较小。而具有慢时变特性的二阶波浪干扰力,本身是非线性的,也和波浪的频率有关。波浪的二阶漂移力不但会改变船舶的航向和航迹,同时对在锚泊状态下船舶位置的移动也有重要影响。

尽管计算波浪漂移力的许多理论方法已经建立,但还不能应用于实际。其原因有二:一是计算方法十分复杂,一般研究人员难以接受;二是计算精度还不能达到工程要求。目前计算波浪漂移力主要依赖于水池中的船模实验。Daidola 在考虑波浪对船舶操纵性能影响时,提出了下列波浪漂移力和力矩的计算公式:

$$\begin{cases} X_{\text{wave}}^{\text{D}} = 0.5\rho La^2\cos\mu_e C_{X\text{w}}^{\text{D}}(\lambda) \\ Y_{\text{wave}}^{\text{D}} = 0.5\rho La^2\sin\mu_e C_{Y\text{w}}^{\text{D}}(\lambda) \\ K_{\text{wave}}^{\text{D}} = 0.5\rho La^2 d\sin\mu_e C_{Y\text{w}}^{\text{D}}(\lambda) \\ N_{\text{wave}}^{\text{D}} = 0.5\rho La^2\sin\mu_e C_{N\text{w}}^{\text{D}}(\lambda) \end{cases} \tag{3.29}$$

式中 μ_e——遭遇角,也称波向角,是以船尾向线为基准来计浪的角度,以逆时针为正;

λ——波长;

L——船长;

a——水流与船舶的相对速度。

Daidola 根据 English 的船模实验结果回归得到波浪漂移力和力矩系数的估算公式如下:

$$\begin{cases} C_{X\text{w}}^{\text{D}}(\lambda) = 0.05 - 0.2\left(\frac{\lambda}{L}\right) + 0.75\left(\frac{\lambda}{L}\right)^2 - 0.51\left(\frac{\lambda}{L}\right)^3 \\ C_{Y\text{w}}^{\text{D}}(\lambda) = 0.46 + 6.83\left(\frac{\lambda}{L}\right) - 15.65\left(\frac{\lambda}{L}\right)^2 + 8.44\left(\frac{\lambda}{L}\right)^3 \\ C_{N\text{w}}^{\text{D}}(\lambda) = -0.11 + 0.68\left(\frac{\lambda}{L}\right) - 0.79\left(\frac{\lambda}{L}\right)^2 + 0.21\left(\frac{\lambda}{L}\right)^3 \end{cases} \tag{3.30}$$

不规则波可以看作是由足够多的不同频率的规则波的叠加,所以不规则波的二阶漂移力和力矩可表示为

$$\begin{cases} X_{\text{wave}}^{\text{D}} = 0.5\rho L\cos\mu_e \sum_{i=1}^{m} C_{X\text{w}}^{\text{D}}(\lambda_i)a_i^2 \\ Y_{\text{wave}}^{\text{D}} = 0.5\rho L\sin\mu_e \sum_{i=1}^{m} C_{Y\text{w}}^{\text{D}}(\lambda_i)a_i^2 \\ K_{\text{wave}}^{\text{D}} = 0.5\rho Ld\sin\mu_e \sum_{i=1}^{m} C_{Y\text{w}}^{\text{D}}(\lambda_i)a_i^2 \\ N_{\text{wave}}^{\text{D}} = 0.5\rho L\sin\mu_e \sum_{i=1}^{m} C_{N\text{w}}^{\text{D}}(\lambda_i)a_i^2 \end{cases} \tag{3.31}$$

3.2.3 海风及其作用于船舶的扰动力和扰动力矩

海面上的风不仅是产生海浪的主要原因,而且会直接作用到位于水面上的船体部分。

海风可以引起船舶的侧倾、偏航等不良运动,有时甚至影响船舶的安全航行。在船舶运动控制中有时要考虑海风所产生的力和力矩对船舶运动的影响。

由空气流动而在海面上形成的阵风可以认为是由两部分组成的:周期相对于船舶运动时间常数大得多的子风波和与船舶运动时间常数相当的子风波。根据 Davenport 在许多地区的测量结果,周期较大的子风波的幅值服从雷利分布,风速约为 5 m/s。因为它们的周期都在几十分钟以上,相对于船舶运动的时间常数要大得多,所以它们常被当作稳定的常速风处理,这里不妨称其为稳流风。

周期在几分钟以下的子风波,是由空气的湍流引起的,这里称其为湍流风。湍流风的幅值和方向都是随机变化的,然而它们的统计特性和海面上一定高度处的风速密切相关。湍流风的谱密度函数可以用海面上 10 m 高度处的平均风速 V_{10} 为参变量来表示,因此可以认为其是平均风速和频率的二元函数。

Davenport 发现湍流风的功率谱密度有如下形式:

$$S_{\mathrm{w}}(\omega)=\frac{8\pi kV_z^2}{\omega}\cdot\left(\frac{L\omega}{2\pi V_{10}}\right)^2\cdot\left[1+\left(\frac{L\omega}{2\pi V_{10}}\right)^2\right]^{-\frac{4}{3}} \tag{3.32}$$

式中 k——海表面阻力系数,$k=0.001$;

V_z——海面上 z 高度处的平均风速;

L——标度参数,$L=1\ 200$。

稳流风可以看成定常扰动。没有受到扰动的、具有速度 V_{a} 的稳流风作用到一个物体上时,在迎风面上产生的压力为

$$P_{\mathrm{a}}=\frac{1}{2}C_{\mathrm{a}}\rho_{\mathrm{a}}V_{\mathrm{a}}^2 \tag{3.33}$$

式中 ρ_{a}——空气密度;

C_{a}——风的入射角函数。

如果物体的迎风面由几个部分组成,则它要受到的风力可以用各个迎风部分所受到的风力叠加求得,即

$$F_{\mathrm{a}}=\sum_{i=1}^{n}\frac{1}{2}C_{\mathrm{a}}A_i\rho_{\mathrm{a}}V_{\mathrm{a}}^2=\frac{1}{2}C_{\mathrm{a}}\rho_{\mathrm{a}}AV_{\mathrm{a}}^2 \tag{3.34}$$

式中 A——物体的横截面积,$A=\sum_{i=1}^{n}A_i$;

A_i——物体每个迎风部分的横截面积。

作用于船舶的稳流风所产生的扰动力可以用式(3.35)近似:

$$\begin{cases}X_{\mathrm{wind}}=0.5\rho V_{\mathrm{a}}^2C_X(\mu_{\mathrm{wd}})A_{\mathrm{T}}\\Y_{\mathrm{wind}}=0.5\rho V_{\mathrm{a}}^2C_Y(\mu_{\mathrm{wd}})A_{\mathrm{L}}\\K_{\mathrm{wind}}=0.5\rho V_{\mathrm{a}}^2l_{\mathrm{w}}C_Y(\mu_{\mathrm{wd}})A_{\mathrm{L}}\\N_{\mathrm{wind}}=0.5\rho V_{\mathrm{a}}^2LC_N(\mu_{\mathrm{wd}})A_{\mathrm{L}}\end{cases} \tag{3.35}$$

式中 X_{wind}、Y_{wind}、K_{wind}和 N_{wind}——风产生的纵荡力、横荡力、横摇力矩和艏摇力矩;

L、l_{w}——船长和风力作用点垂直于水线面的距离;

μ_{wd}——船舶的遭遇风向角；

A_{T} 和 A_{L}——船舶水线上部结构的横向截面和纵向截面；

$C_X(\mu_{\mathrm{wd}})$、$C_Y(\mu_{\mathrm{wd}})$ 和 $C_N(\mu_{\mathrm{wd}})$——纵荡力系数、横荡力系数和艏摇力系数，它们与船舶的遭遇风向角有关，一般由风洞实验得到，也可以查阅有关图表资料。

Isherwood 在大量船模风洞实验结果的基础上，对实验结果进行回归分析，得出了风压力系数和风压力矩系数的回归方程：

$$\begin{cases} C_X(\mu_{\mathrm{wd}}) = A_0 + A_1 \dfrac{2A_{\mathrm{L}}}{L^2} + A_2 \dfrac{2A_{\mathrm{T}}}{B^2} + A_3 \dfrac{L}{B} + A_4 \dfrac{c}{L} + A_5 \dfrac{e}{L} + A_6 M \\ C_Y(\mu_{\mathrm{wd}}) = B_0 + B_1 \dfrac{2A_{\mathrm{L}}}{L^2} + B_2 \dfrac{2A_{\mathrm{T}}}{B^2} + B_3 \dfrac{L}{B} + B_4 \dfrac{c}{L} + B_5 \dfrac{e}{L} + B_6 \dfrac{A_{\mathrm{ss}}}{A_{\mathrm{L}}} \\ C_N(\mu_{\mathrm{wd}}) = N_0 + N_1 \dfrac{2A_{\mathrm{L}}}{L^2} + N_2 \dfrac{2A_{\mathrm{T}}}{B^2} + N_3 \dfrac{L}{B} + N_4 \dfrac{c}{L} + N_5 \dfrac{e}{L} \end{cases} \tag{3.36}$$

式中　M——支柱或桅杆的数量；

c——水线面上的船舶投影面积的周长，m；

e——水线面上的船舶侧投影面积的形心到船首的纵向距离，m；

A_{ss}——船体上层建筑的侧投影面积，m^2；

$A_0 \sim A_6$、$B_0 \sim B_6$、$N_0 \sim N_5$——各阶傅里叶级数展开系数。

湍流风与随机海浪特性较接近，可以用分析随机海浪的方法来分析湍流风，因此我们必须研究船舶的遭遇风谱。如果空气回流中的质点以角速度 ω_{a} 旋转，其旋转的形状相对于平均气流是圆形的，那么回流波长为

$$\lambda_{\mathrm{a}} = \overline{V}_z / \omega_{\mathrm{a}} \tag{3.37}$$

式中，$\overline{V}_z$ 为观察处的平均风速。

船舶和回流的遭遇频率为

$$\omega_{\mathrm{ea}} = (\overline{V}_z - V\cos\mu_{\mathrm{wd}}) / \lambda_{\mathrm{a}} = \omega_{\mathrm{a}} (\overline{V}_z - V\cos\mu_{\mathrm{wd}}) / \overline{V}_z \tag{3.38}$$

式中，V 为船舶航速。

设风向对于船舶的平均速度为 V_{a}，随时间变化的湍流风的速度为 V_{T}，则风对船舶产生的力为

$$F(t) = 0.5\rho_{\mathrm{a}} C_{\mathrm{a}} A[V_{\mathrm{a}} + V_{\mathrm{T}}(t)]^2 = \rho_{\mathrm{a}} C_{\mathrm{a}} A[V_{\mathrm{a}}^2 + 2V_{\mathrm{a}} V_{\mathrm{T}} + V_{\mathrm{T}}^2(t)] \tag{3.39}$$

如果知道了 $V_{\mathrm{T}}(t)$ 的谱密度，就可以求得 $F(t)$ 的谱密度。式(3.39)中 $V_{\mathrm{T}}(t)$ 是一个随机变量，直接求 $V_{\mathrm{T}}^2(t)$ 比较困难，但是 $V_{\mathrm{T}}(t)$ 的方差一般仅是 V_{a} 的 1/4，所以式中 $V_{\mathrm{T}}^2(t)$ 项的影响较小，忽略 $V_{\mathrm{T}}^2(t)$ 项不会使 $F(t)$ 产生很大的误差。由此可得湍流风对船舶产生的力和力矩分别为

$$\begin{cases} X_{\mathrm{T}} = \rho_{\mathrm{a}} L^2 V_{\mathrm{a}}^2 C_X(\mu_{\mathrm{wd}}) \cos\mu_{\mathrm{wd}} \cdot V_{\mathrm{T}} \\ Y_{\mathrm{T}} = \rho_{\mathrm{a}} L^2 V_{\mathrm{a}}^2 C_Y(\mu_{\mathrm{wd}}) \sin\mu_{\mathrm{wd}} \cdot V_{\mathrm{T}} \\ K_{\mathrm{T}} = \rho_{\mathrm{a}} L^2 V_{\mathrm{a}}^2 C_Y(\mu_{\mathrm{wd}}) \cdot V_{\mathrm{T}} \\ N_{\mathrm{T}} = \rho_{\mathrm{a}} L^3 V_{\mathrm{a}}^2 C_N(\mu_{\mathrm{wd}}) \sin(2\mu_{\mathrm{wd}}) \cdot V_{\mathrm{T}} \end{cases} \tag{3.40}$$

3.2.4 海流及其作用于船舶的扰动力和扰动力矩

海流是船舶在海上遇到的另一种扰动，它可以引起船舶偏航、动力定位船舶位置变化等。在设计自动舵或船舶动力定位等船舶运动控制系统时，必须考虑海流对船舶运动的影响。海流主要是由潮汐、风、海水密度等因素引起的，海流的变化是非常缓慢的，所以它可以被认为是稳定的定常干扰。

在不同的海水深度处，海流的流速是不同的，如果海流是以层流形式出现的，那么流速随深度的变化可以用一个抛物线函数来描述。然而在大多数场合，因为雷诺数 Re 大于 10 000，所以海流会受到紊流的扰动。Re 可以写成

$$Re = \frac{4hv_{cd}}{\nu} \tag{3.41}$$

式中 v_{cd}——海流的平均速度，m/s；

h——海水深度，m；

ν——海水运动黏度，m^2/s。

当海流由于 Re 过大而受到干扰后，对于平整海底，且海底上某一小的边界层的海水为流层，那么在不同的海水深度处，海流的平均速度可以近似为

$$v_{cd} = 2.5v^* (\ln 6.34 \times 10^6 v^* z) \tag{3.42}$$

式中 z——从海底算起的海水深度；

$v^* \approx \sqrt{gzs}$，s 为海水表面的倾斜度。

例如，当潮汐引起的海面波动周期为 12 h，波面的变动高度 $2\zeta_a$ 为 3.5 m 时，$s = 1.5 \times 10^{-5}$，那么 $v^* = 0.66$ m/s。这样由上式得，$v_{cd}(z) = 0.165\ln(4.18 \times 10^5 z)$。

当海流随时间周期变化时，对于足够深的海水，在不同深度处的海流速度为

$$v_{cd}(z) = v_{cd0}[\cos \omega t - e^{-kz}\cos(\omega t - kz)] \tag{3.43}$$

式中 v_{cd0}——海水表面的流速；

ω、k——海流的角频率和波数，且 $k = \sqrt{\omega/2\nu}$。

海流的速度和方向的变化是非常缓慢的，类似稳流风对船舶的扰动影响，可以把它作为一种定常扰动来处理。海流对船舶的扰动力和扰动力矩主要由以下两部分组成：

①由船体和流体之间的黏性摩擦阻力和压差阻力引起的黏性阻力，对于肥艏型船舶，黏性摩擦力相对于压差阻力要小，所以可以只考虑压差阻力。

②由船体周围环流和自由液面所引起的一些惯性阻力，但是在大多数情况下，相对于黏性阻力，惯性阻力要小。

海流作用于船舶上的力和力矩可表示为

$$
\begin{cases}
X_{cd}=\frac{1}{2}\rho V_{cd}^{2}C_{XC}(\mu_{cd})A_{TC} \\
Y_{cd}=\frac{1}{2}\rho V_{cd}^{2}C_{YC}(\mu_{cd})A_{LC} \\
K_{cd}=\frac{1}{2}\rho V_{cd}^{2}C_{YC}(\mu_{cd})A_{LC}\cdot l_{m} \\
N_{cd}=\frac{1}{2}\rho V_{cd}^{2}C_{NC}(\mu_{cd})A_{LC}\cdot L
\end{cases}
\tag{3.44}
$$

式中　X_{cd}、Y_{cd}、K_{cd}和 N_{cd}——海流对船舶的纵荡力、横荡力、横摇力矩和艏摇力矩；

V_{cd}、μ_{cd}——海流相对于船舶的速度和遭遇角；

A_{TC}、A_{LC}——船舶水下部分的横向截面积和纵向截面积；

L、l_m——船长和海流横荡力作用点距船舶中心的垂向距离；

$C_{XC}(\mu_{cd})$、$C_{YC}(\mu_{cd})$和 $C_{NC}(\mu_{cd})$——海流的纵荡力系数、横荡力系数和艏摇力系数，它们与船舶和海流之间的遭遇角有关，求得它们的值也可用类似于求稳流风力系数的方法，但一般应通过船舶模型的水池实验测出。

3.2.5　船型及船舶性能

如图 3－6 所示，一艘船舶，不论是远洋航行的万吨货船还是内河航行的万吨客船，一般都具有造型大方、经济适用、船体坚固、性能良好（加速快、平稳等）等特点。船舶的航行性能与船体的尺度和形状有着密切的关系。

(a)

(b)

图 3－6　不同类型的船舶

船舶的形状包括水上部分的外形和水下船体线型两部分，船舶线型图如图 3－7 所示。其中以水下部分的线型更为重要，因为它与船舶的航行性能密切相关，不同形状的船舶如图 3－8 所示。

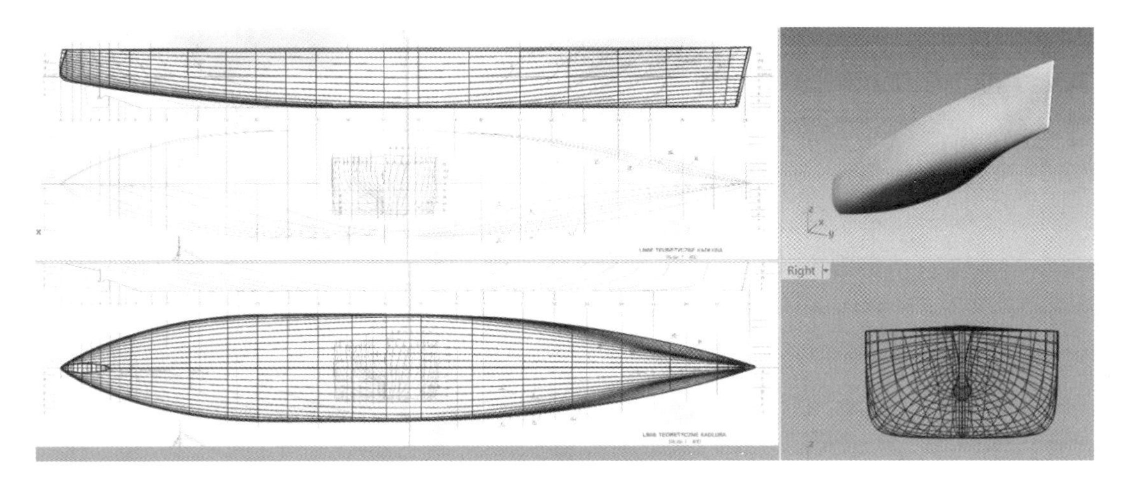

图3－7　船舶线型图

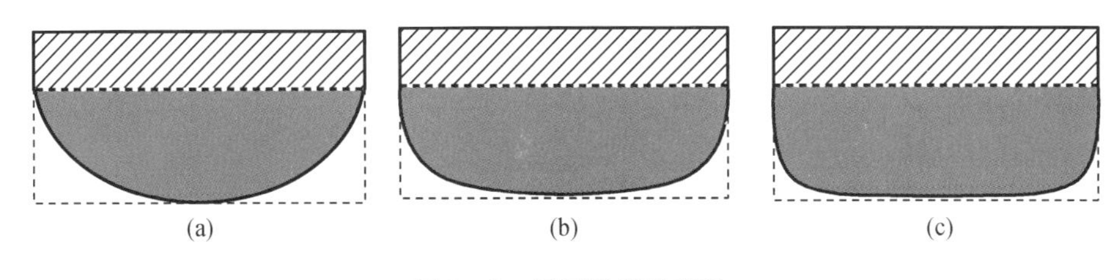

图3－8　不同形状的船舶

船舶剖面如图3－9所示，中纵剖面是通过船长中心线的一个垂直基面的垂直平面。它把船舶分为左右对称的两部分。自船尾向船首看，左手的一侧称为左舷，右手的一侧称为右舷。中纵剖面与船体表面的交线称为中纵剖线，它反映了船舶的侧面形状，包括甲板线、龙骨线及艏艉的外形轮廓线。

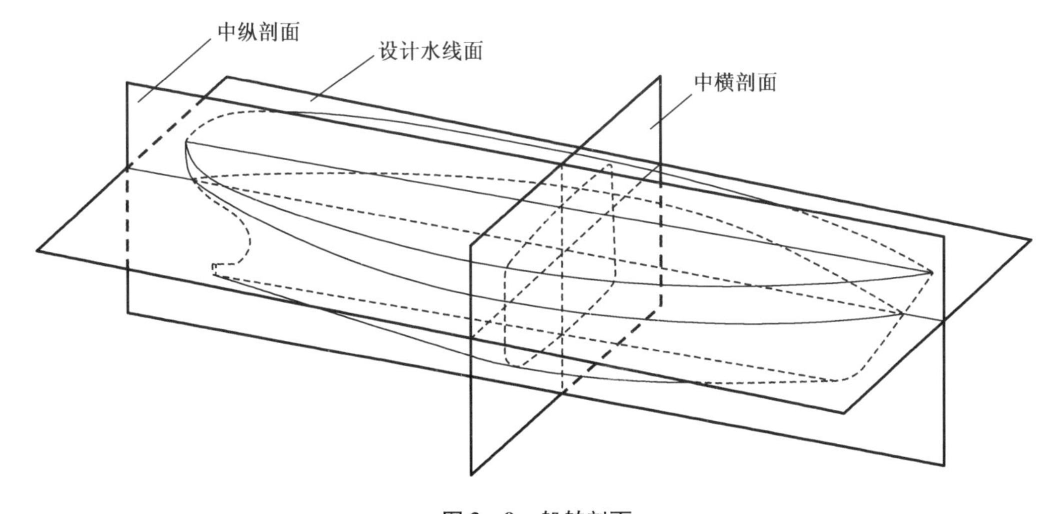

图3－9　船舶剖面

设计水线面是通过船舶设计水线(对民用船舶来说通常是船舶满载时的吃水线)的一个水平面,它把船舶分为水上与水下两部分;设计水线面同中纵剖面垂直,它与船体表面的交线称为设计水线。

中横剖面是通过船长中点处的一个横向垂直平面,它把船舶分成前体和后体两部分。在图中它用一个特定的符号来表示。中横剖面与船体表面的交线称为中横剖线,它大体反映了船体的正面形状(从艏部正面向艉部看),包括甲板横梁线、船底线和舷侧线。

中纵剖线、设计水线和中横剖线,只是表示了船体的外形轮廓,远不能完整地表示出船体的真实形状,因为船体表面是光顺的双向曲面,艏、艉、上、下变化很大;为了能精确地表示船体的曲面变化情况还必须用许多同上述中纵剖面、设计水线面和中横剖面相平行的、等距离的三组若干辅助平面来穿切船体表面,并将各个辅助平面与船体表面的交线画出来。

船舶除了用线型图来表示它的形状外,还需要用主尺度来度量它的大小。船舶的主尺度有船长、船宽、型深、吃水和初稳心高等。

如图 3-10 所示,船长分为总长 L_{OA}、垂线间长 L_{PP}和设计水线长 L_{WL}三种。总长即艏端至艉端的最大水平距离。垂线间长又称两柱间长,即艏垂线与艉垂线之间的距离。所谓艏(或艉)垂线是指通过艉柱前缘(或艉柱后缘,无艉柱船舶则为舵杆中心线)与设计水线交点所做的垂线。设计水线长即设计水线与艏艉轮廓线交点之间的水平距离。在一般情况下,船长泛指设计水线长或垂线间长,用符号 L 表示。

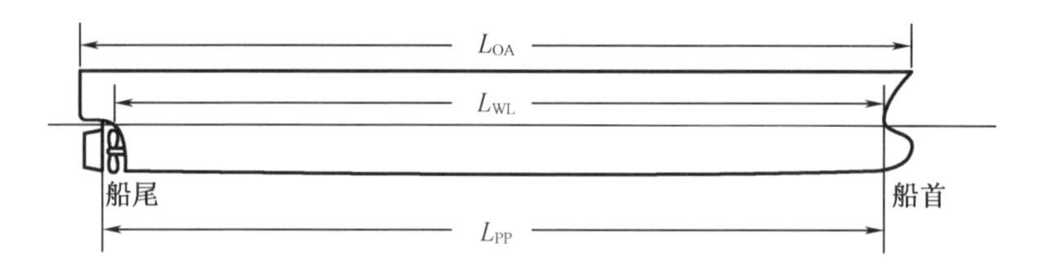

图 3-10　船长

船舶小角度倾斜是船在航行中经常发生的。此时,船舶有无稳性及稳性优劣决定于横稳心高度(又称初稳性高度,图 3-11),即从重心 G 到稳心 M 的垂直距离 GM。稳心 M 为船舶倾斜时,浮心 B 移动轨迹的曲率中心,在小角度倾斜时,可视作一个固定点。具有初稳性的船舶,倾斜后浮力能够与重力 W 构成一个使船恢复的力矩,即恢复力矩,其值为 $M_r = \Delta \cdot GM \cdot \sin\theta$,其中 Δ 为船舶的排水量,θ 为倾角。横稳心高度为正值,稳心在重心之上,GM 值大,船舶的复原能力也大,但过大的横稳心高度会使船舶在风浪中剧烈摇荡,使适航性变差。因此,要选择适当的横稳心高度,一般其最大值取决于对船舶横摇周期的要求,最小值取决于对船舶安全的要求。

船舶吃水是指船在中横剖面内(中站面)自基线到设计水线的垂直距离,用符号 d 表示。如果船舶有纵向倾斜(称为纵倾),则船首和船尾的吃水不同,分别称为艏吃水和艉吃水,而船舶在中横剖面内的吃水就称为平均吃水。

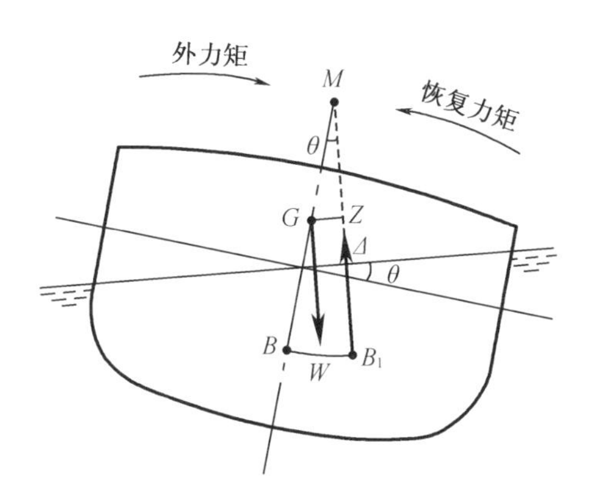

图 3－11　船舶稳性

由于船体各处的曲度不同，所以仅用主尺度还不足以反映船舶的真实大小和形状，例如，一艘长方形的浮码头与一艘有曲度的客船，虽然它们的长、宽和吃水都一样，但是两者的外形、特征、质量和排水量却相差很多，如图 3－12 所示。

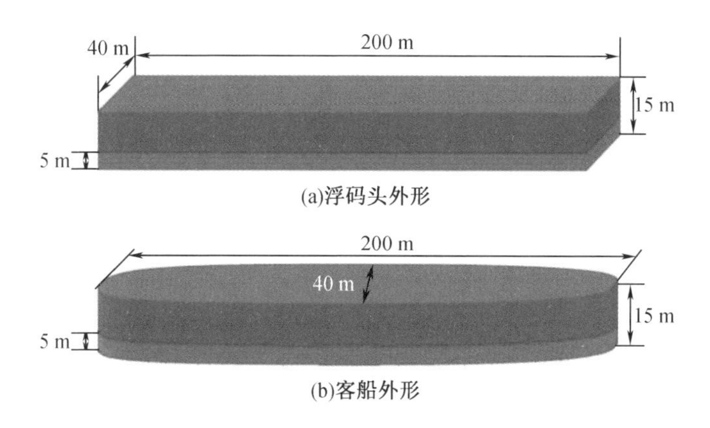

图 3－12　相同长宽的不同类型船舶示意图

因此，还必须用一些其他的系数反映船舶水下部分形状的特征，这些系数就称为船型系数。

①水线面系数 C_{wp}。水线面系数是设计水线面面积 A_W 与其外接长方形面积 $L_{WL}B$ 的比值，即 $C_{wp}=\frac{A_W}{L_{WL}B}$，水线面系数的大小反映了设计水线面两端的尖削程度，如图 3－13 所示。

②中剖面系数 C_M。中剖面系数是设计水线下船中横剖面面积 A_M 与长方形面积 Bd 的比值，即 $C_M=\frac{A_M}{Bd}$，如图 3－14 所示。

中剖面系数的大小反映了中剖面的饱满程度。一般内河船舶和大型货船的航速较低，其中剖面都较丰满，两舷较直，底部平坦。速度较高的船舶，其设计水线下的中剖面，船底自船中向舭部升高较大，中剖面系数就显得较小，另外，舭部升高还有利于舱内污水向船中部集中排除，相应减少船舶搁浅时船底的损坏范围。

③方形系数 C_B。方形系数是设计水线下船舶的体积 V 与长方体体积 $L_{WL}Bd$ 的比值，即 $C_B = \frac{V}{L_{WL}Bd}$，如图 3－15 所示。方形系数的大小反映了船舶吃水部分总的肥瘦程度，值大，表示船舶的水下线型较为饱满；值小，表示船舶的水下线型较为瘦削。

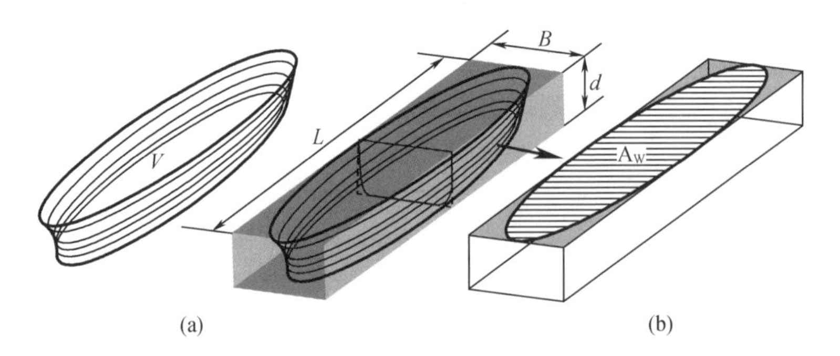

图 3－13　船舶水线面系数示意图

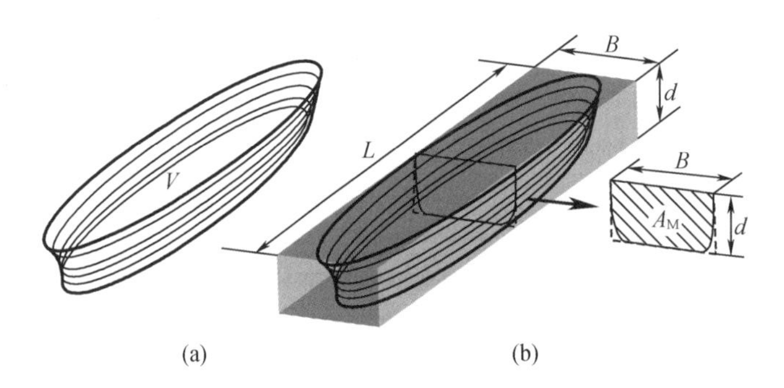

图 3－14　船舶中剖面系数示意图

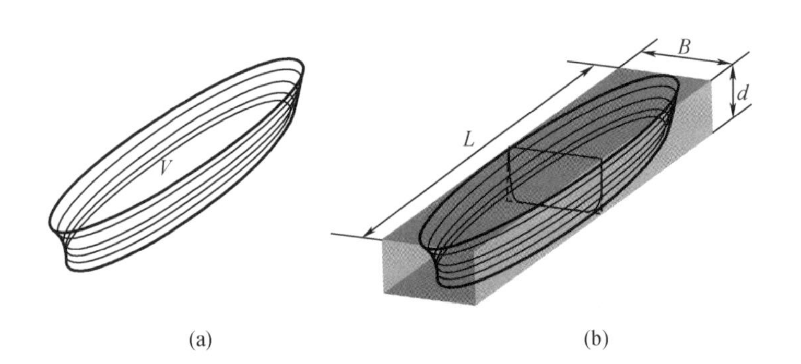

图 3－15　船舶方形系数示意图

某实船的主要尺寸如表 3 - 2 所示。

表 3 - 2　某实船的主要尺寸

名称	符号	单位	数值
垂线间长	L_{PP}	m	142.000
设计水线长	L_{WL}	m	142.138
水线宽	B_{WL}	m	19.028
平均吃水	d	m	6.156
设计水线面面积	A_W	m^2	2 093.210
中横剖面面积	A_M	m^2	95.910
排水体积	∇	m^3	8 438.920

经计算，得到该船舶的船型系数如下：

$$C_{wp} = 0.774\ 7 \quad C_M = 0.818\ 8 \quad C_B = 0.506\ 7$$

该船舶在 2 m 有义波高的海浪扰动作用下的受力曲线如图 3 - 16 所示。

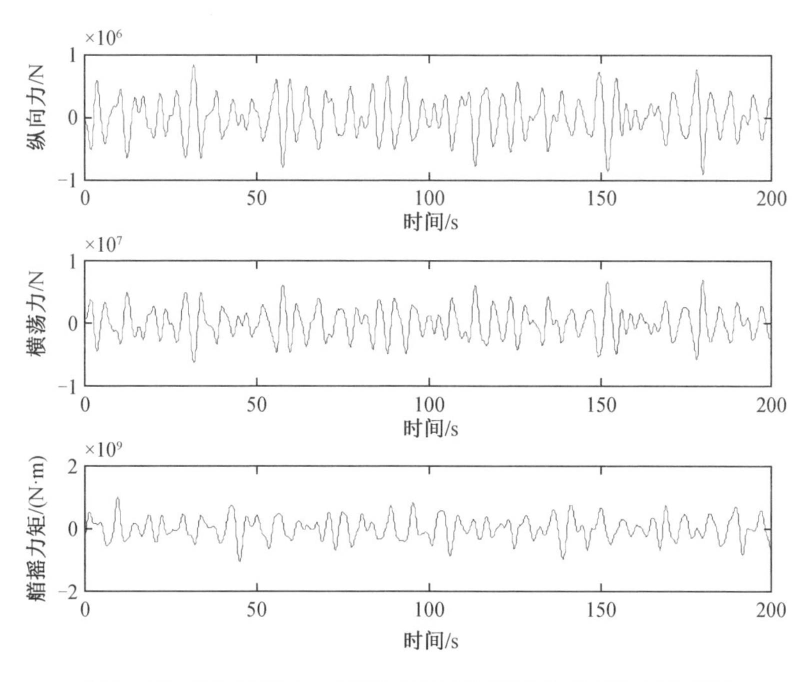

图 3 - 16　某船舶在 2 m 有义波高的海浪扰动作用下的受力曲线

第4章　船舶航向控制及操舵装置

在船舶运动控制中，船舶航向控制是最基本的操作。无论何种船舶、具有何种使命都必须进行航向控制。船舶的航向控制一般通过操纵舵的运动来完成。这一章首先给出船舶操纵性模型，讨论船舶的航向控制问题，然后介绍自动舵的原理和自动舵控制系统的设计方法。

4.1　船舶航向控制原理

4.1.1　船舶航向控制

船舶航行时，必须对船舶的航向进行控制。为了尽快到达目的地或减少燃料的消耗，船舶驾驶员总是力求使船舶以一定的速度做直线航行，这就是船舶的航向保持问题，也就是航向稳定性问题。而在预定航向上发现障碍物或者其他船舶时，必须及时改变航向和航速，这就是船舶的机动性问题。航向稳定性和机动性是衡量一艘船舶操纵性的标志。

实际航行的船舶经常受到海浪、海风和海流等海洋环境的扰动，不可能完全按直线航行。设有A、B两艘船，它们在海上的实际航迹如图4－1所示。其中航向稳定性较好的A船，通过很少的操舵即能维持航向，并且航迹也较接近于预定的直线航线。航向稳定性较差的B船则要频繁地进行操纵以纠正航向偏离，并且经过一个曲折得多的航迹。实际航迹的曲折，一方面增加了航程，另一方面由于校正航向偏差而增加了操纵机械和推进机械的功率消耗。通常由于上述原因而增加的功率消耗占主机功率的2%～3%，而对于航向稳定性较差的船这一消耗甚至高达20%。由此可见，船舶的操纵性对经济性有重要影响。

如图4－2所示，机动性较好的A船，经过较短的时间和在较小的范围内就能改变航向；而机动性较差的B船，则要经过较长的时间和在相对A船大得多的水域才能完成转向。机动性差的B船在狭窄、曲折的航道和船舶较多的水域航行时，会增加碰撞危险。

作战舰艇的操纵性，对于武器射击的命中率、占据有利阵位和规避敌舰攻击等具有更重要意义。我们希望船舶既有良好的航向保持功能又有灵敏的机动性。但是在船舶设计中船舶的航向稳定性和机动性往往是矛盾的。一般来说，航向稳定性好的船舶其机动性就差。船舶航向控制装置可以较好地解决这一矛盾。目前，最常用的船舶航向控制装置是船舶自动驾舵仪，也称船舶自动舵。

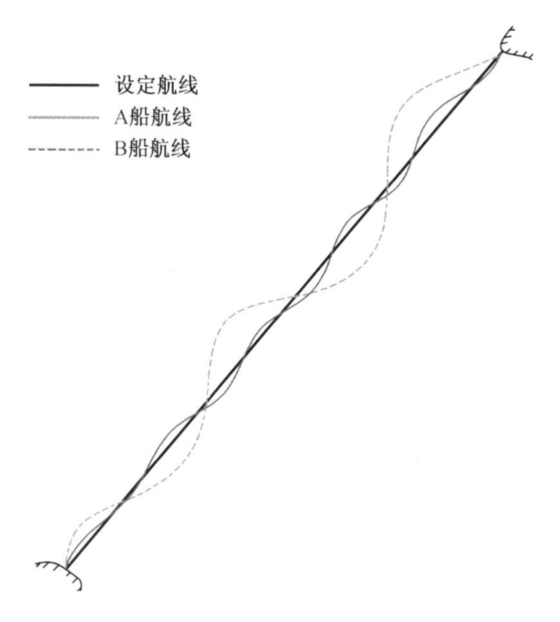

图 4－1　航向稳定性不同的船舶在海上的实际航迹

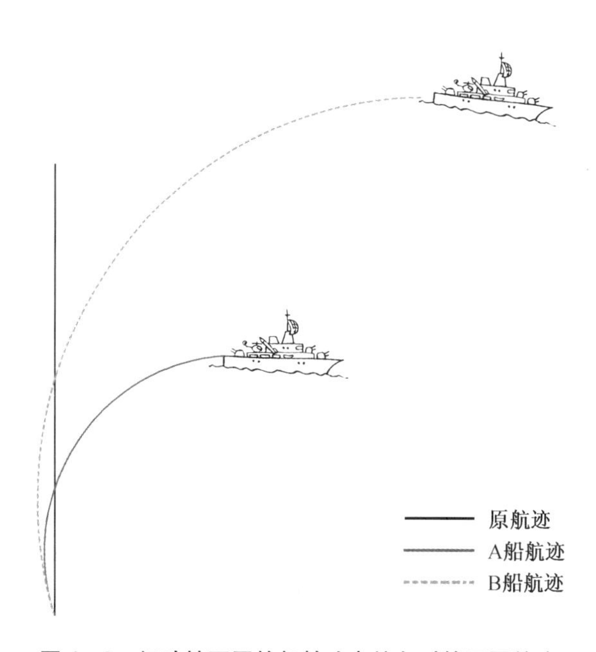

图 4－2　机动性不同的船舶改变航向时的不同航迹

船舶有两种航行状态，即随时改变航向的机动航行状态及保持给定航向的定向航行状态。船舶在大海中远航时需要长期处于定向航行状态；舰艇在准备攻击时，也需要定向航行；潜艇在水下，不但需要定向航行，而且还要定深航行，这些定向、定深航行状态都要靠操舵来实现。但保持定向航行并不是一件很容易的事情，海浪、海风和海流的作用，船舶的惯性及船舶本身的不对称（如船舶制造时不对称、载重不对称和双螺旋桨推力不对称等），都会使船舶随时偏离给定的航向。要使船舶保持给定的航向，就必须经常操舵。

4.1.2 操舵改变航向的原理

操舵过程中，通过舵和船舶的一系列水动力作用，就可以改变船舶航向。一艘左右舷形状对称的船舶，舵位于中间位置时，如果沿纵剖面方向直线航行，由于流体的对称性，船舶将不会受到侧向力作用，如图4－3(a)所示。当舵偏转一个角度δ时，就改变了水流的对称性，这时首先在舵上产生一个侧向力Y_p，Y_p的作用点距船舶重心G的距离为L_p时，同时也产生一个绕船舶重心的力矩N_p，$N_p = Y_p \cdot L_p$。在力矩N_p的作用下，船体相对于水流发生偏转，船体纵剖面与水流速度方向形成一漂角β，船体也产生一绕重心G的角速度r，这就进一步改变了水流的对称性，从而产生一个作用于船体的侧向力Y_s和绕重心G的力矩N_s，如图4－3(b)所示。Y_s和N_s都与β和r有关。因为船体的尺度比舵大得多，Y_s和N_s也比Y_p和N_p大得多，所以此后，船舶就主要在Y_s和N_s的作用下继续转向和做横移运动。这就是利用转舵来改变船舶航向的水动力过程。

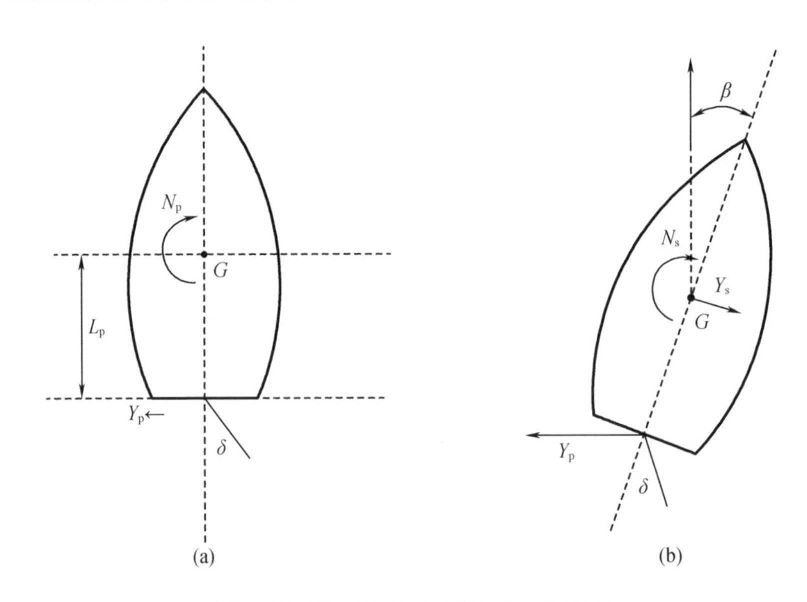

图4－3　舵－船系统的水动力作用情况

由此可见，转舵是引起船舶转向的原因，但在整个转向过程中起决定作用的是船体本身所受的水动力及力矩。船舶操纵性与舵的大小、形状和安装位置等有关，而且和船体的形状等因素也有密切的关系。

4.1.3 船舶操纵性能分析

船舶操纵性指船舶按照驾驶员的意图保持或改变航速和航向的性能。船舶操纵性对船舶航行安全和经济效能都有重要影响。船舶操纵性是驾驶员通过操作操纵装置实现的，船上的操纵装置有舵和螺旋桨等。有些船舶还采用侧推器、方位推进器等提高船舶的操纵性。

船舶操纵性能主要包括船舶的回转性能、航向稳定性、改向性及保向性以及船舶的变速运动性能等。

1. 船舶直航稳定性

船舶直航运动的四种稳定性如图 4－4 所示。

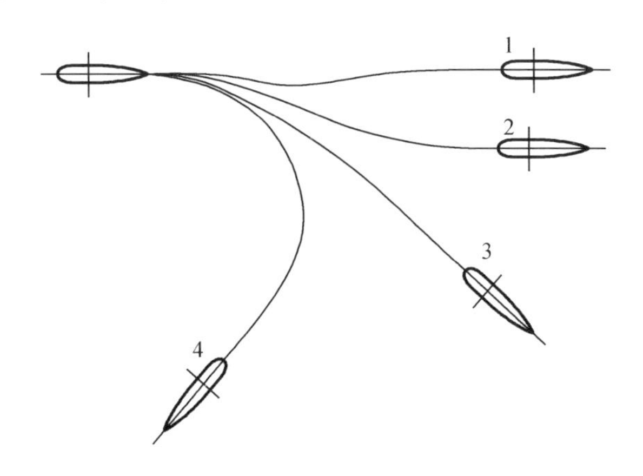

图 4－4　船舶直航运动的四种稳定性

物体的运动稳定性是相对于不同的运动参数而言的。因此要讨论船舶的运动稳定性，就必须指明是针对哪些运动参数，如角速度 r、扰动角 α、艏向角 ψ 或横向位置 y_{1G} 等。船舶受到扰动后的四种可能运动情况如下：

①船舶受到扰动，且在扰动消失后，其重心轨迹最终恢复为原来的航线（角速度为 0，原艏向角 ψ_0，原横向位置 y_{1G0}），称其具有航迹稳定性，因为当 $t\to\infty$时，对于 r、ψ、y_{1G} 三个参数来说，都有

$$t\to\infty, r\to 0, \psi\to\psi_0, y_{1G}\to y_{1G0}$$

②船舶受到扰动，且在扰动消失后，其重心轨迹最终恢复为与原来的航线平行的另一直线，称其具有航向稳定性，对于此种情况有

$$t\to\infty, r\to 0, \psi\to\psi_0, y_{1G}\neq y_{1G0}$$

③船舶受到扰动，且在扰动消失后，其重心轨迹最终恢复为一条直线，但航向发生了变化（$\Delta\psi$），称其具有直线稳定性，对于此种情况有

$$t\to\infty, r\to 0, \psi=\psi_0+\Delta\psi\neq\psi_0, y_{1G}\neq y_{1G0}$$

④船舶受到扰动，且在扰动消失后，其重心轨迹最终沿扰动传播方向，这时船舶不具有航向可控性，对于此种情况有

$$t\to\infty, r\to 0, \psi\to\alpha, y_{1G}\neq y_{1G0}$$

自动回到原来的航向，称为航向自动稳定性；通过操舵回到原来的航向，称为控制稳定性。自动稳定性是船舶的自身属性，或称为船舶的固有稳定性。然而，对于实际的船舶，一般都只具有直线自动稳定性，不具有航向和航迹的自动稳定性，只能通过操舵来实现航向与航迹的稳定性。

2. 船舶回转性能

当船舶以一定航速航行在水面上时，给其一个舵角指令，在转舵机构的带动下，舵转至某一固定舵角，则操舵后船舶即开始在水平面做回转运动，其重心轨迹如图 4－5 所示。船舶开始操舵时，其重心的瞬时位置看作回转运动的起始点，也称之为执行操舵点，随终船舶的运动状态将经过一系列的动态变换，最终进入定常回转。

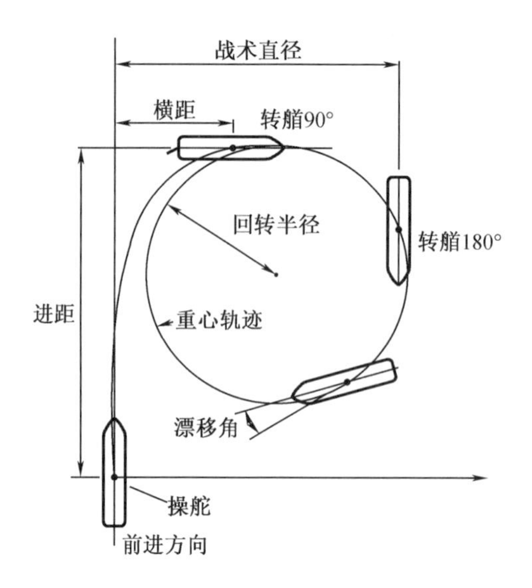

图 4 – 5　回转圈及回转圈要素

回转圈的主要特征参数包括以下几个：

①横距。横距指船首转过 90°时，船舶重心所在位置与船舶原航行方向之间的垂直距离。该值越小，回转性越好。

②进距。进距也称纵距，指船首转向 90°时，船舶在原航行方向上所前进的直线距离。该数值越大，表示船舶对初始时刻的操舵反应越迟钝，即应舵较慢，船舶操纵性较差。

③战术直径。战术直径指船首转向 180°时，船中纵剖面与船舶的原航行方向之间的距离。该值越小回转性越好。

④回转直径。回转直径指定常回转阶段船舶重心轨迹回转圈的直径。通常采用相对回转直径来评价船舶回转性能的优劣。

3. 船舶回转运动的三个阶段

船舶回转运动可以分为三个阶段：转舵阶段、过渡阶段和定常回转阶段。

(1)转舵阶段

船舶从开始转舵起转到规定舵角止，称为转舵阶段或初始回转阶段，如图 4 – 6 所示。在该阶段中，船速开始下降但幅度甚微；漂角出现但数值较小；回转角速度不大，但回转角加速度最大。由于船舶运动惯性的原因，船舶重心 G 基本沿原航向滑进，在舵力转船力矩 $\boldsymbol{M}_{\delta}$ 的作用下，船首有向操舵一侧回转的趋势，重心则有向操舵相反方向微量横移的趋势，与此同时，船舶因舵力位置比重心位置低而出现少量内倾。

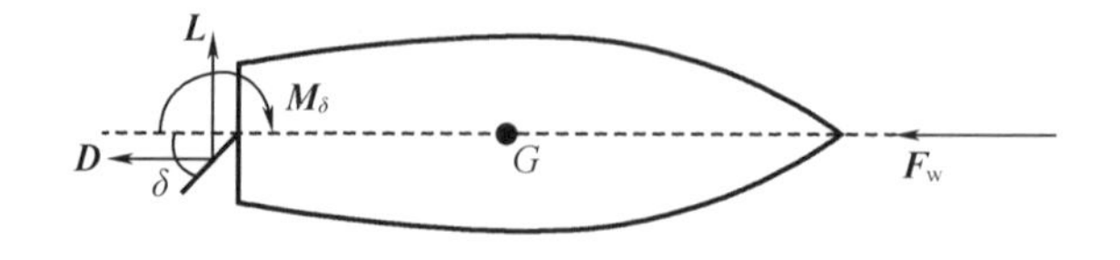

图 4 – 6　船舶回转的转舵阶段

(2)过渡阶段

船舶从转舵完成开始至进入定常回转的阶段,称为过渡阶段,如图4－7所示。操舵后,由于船舶向与操舵方向相反一侧横移而使其运动方向发生改变,形成了漂角β。越来越明显的斜航运动使船舶进入加速回转阶段,同时伴有明显的降速。在该阶段中,船舶的回转角速度、横移速度和漂角均逐步增大,水动力$\boldsymbol{F}_{\mathrm{w}}$的作用方向由第一阶段来自正前方,逐渐改变为来自船首外舷方向。由于水动力$\boldsymbol{F}_{\mathrm{w}}$作用点较重心更靠近船首,因而产生水动力转船力矩$\boldsymbol{M}_{\beta}$,其方向与舵力转船力矩$\boldsymbol{M}_{\delta}$一致,并使船舶加速回转;与此同时,随着回转角速度不断提高,又会产生不断增大的船舶回转阻矩,从而使回转角加速度不断降低,这时角速度的增加受到限制。

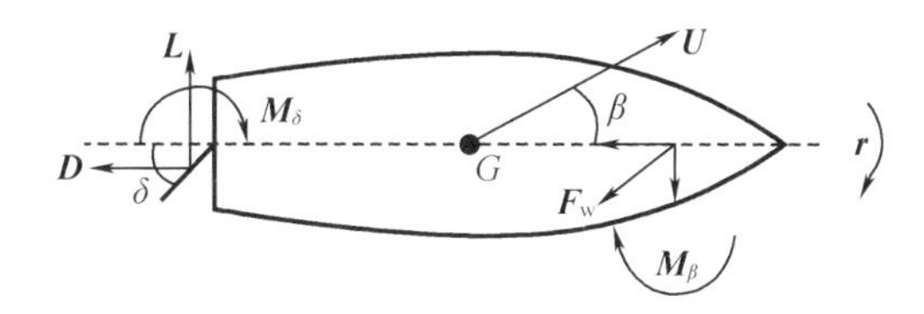

图4－7　船舶回转的过渡阶段

(3)定常回转阶段

船舶的运动状态经过过渡阶段的发展,作用力和力矩达到新的平衡阶段,称为定常回转阶段,如图4－8所示。随着回转的不断发展,一方面,舵力的下降使舵力转船力矩$\boldsymbol{M}_{\delta}$减小,水动力$\boldsymbol{F}_{\mathrm{w}}$的作用点$W$随着漂角的增大而不断后移,水动力转船力矩$\boldsymbol{M}_{\beta}$减小;另一方面,随着船舶回转角速度的增加,由阻止船舶回转的转艏、转舵阻尼所构成的水动力转船力矩$\boldsymbol{M}_{f}$、$\boldsymbol{M}_{a}$也同时增大。当漂角β增加到一定值时,作用于船舶的力和力矩达到平衡,即船舶进入定常回转阶段。在该阶段中,船体所受合力矩为零,船舶回转角加速度为零,转艏角速度达到最大并稳定于该值,船舶降速达到最大值,外倾角、横移速度也趋于定常;船舶以稳定的线速度、角速度做回转运动。故又称这一阶段为稳定回转运动阶段。不同载况的船舶进入定常回转状态的时间也各不相同。空载船舶在转首60°左右,满载船在转首100°～120°后进入定常回转阶段。

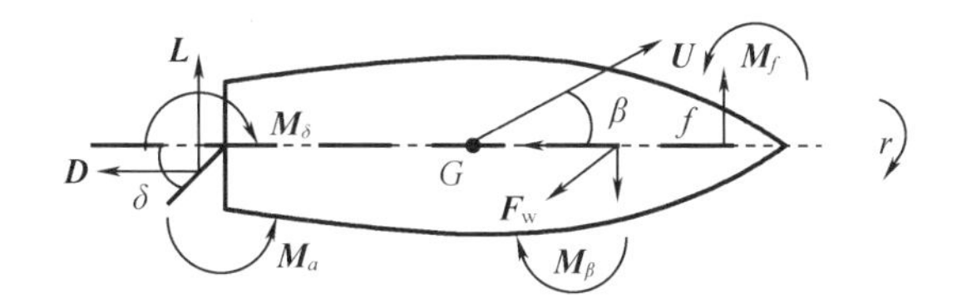

图4－8　船舶定常回转阶段

当船舶的舵转过某一固定舵角后,船舶各运动参数随时间的变化趋势如图4－9所示。

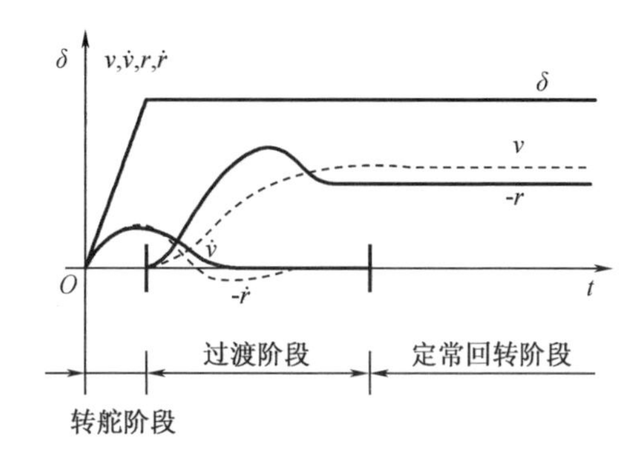

图4－9　船舶回转过程各运动参数变化趋势

影响回转直径的因素，亦即影响定常回转直径的因素如下。

①船形。回转性与航向稳定性对船形的要求是相互矛盾的，船形肥满、减少艏部侧投影面积，将使回转性变好但稳定性变差。

②纵倾。船首纵倾使回转性变好，稳定性变差。

③舵。增大舵面积，合理地选择舵的形状，可以提高舵的升力系数；将舵布置在螺旋桨的尾流中，其受到螺旋桨尾流速度的影响；将舵布置在船尾远离重心处，可增加力臂值。这些都可以改善船舶的回转性。

④航速。由于航行时产生船体下沉、纵倾和航行兴波，船舶所受的水动力发生变化，使回转半径随弗劳德数的增大而迅速增大。

⑤回转中的横倾角。集装箱船、滚装船和高速舰船回转时会产生较大的横倾角，使水线以下的船形改变，引起水动力参数变化，从而使回转半径减小。

4. 船舶操纵性试验

(1)回转试验

回转试验是指在试验船速直航条件下，操左舵角35°和右舵角35°或设计最大舵角并保持，使船舶进行左、右旋回运动的试验。

①试验方法。

a. 保持船舶直线定常航速；

b. 在开始回转前约1个船长的航程范围内，记录初始船速、航向角及推进器转速等；

c. 发令，迅速转舵到指定的舵角，并维持该舵角；

d. 随着船舶的转向，每隔不超过20 s的时间间隔，记录轨迹、航速、横倾角及螺旋桨转数等数据。

e. 在整个船舶回转过程中，保持各种控制不变，直至船舶回转360°以上，可结束1次试验。

②回转圈及特征参数。

在回转试验中，船舶重心所经过的轨迹称为回转圈。回转圈是衡量船舶回转性能的重要指标，回转圈越小，回转性能越好。

(2)Z 形操纵试验

Z 形操纵试验是一种评价船舶偏转抑制性能的试验,同时,可通过 Z 形操纵试验结果求取操纵性指数 K、T。

①试验方法。

以 10°/10°(分子表示舵角,分母表示进行反向操舵时的航向角)Z 形操纵试验为例,试验方法简述如下:

a. 保持船舶直线定常航速,发令之前记录初始航速、航向角及推进器转速等;

b. 发令,迅速转右舵到指定的舵角(10°),并维持该舵角;

c. 船舶开始右转,当船舶航向改变量与所操舵角相等时,迅速转左舵到指定的舵角(10°),并维持该舵角;

d. 当船舶向左航向改变量与所操左舵角相等时,迅速转右舵到指定的舵角(10°或20°),并维持该舵角;

e. 如此反复进行,操舵达 5 次时,可结束 1 次试验。

②特征参数。

Z 形操纵试验结果可以图 4-10 的形式表示。其纵坐标为航向角或舵角,横坐标为时间。

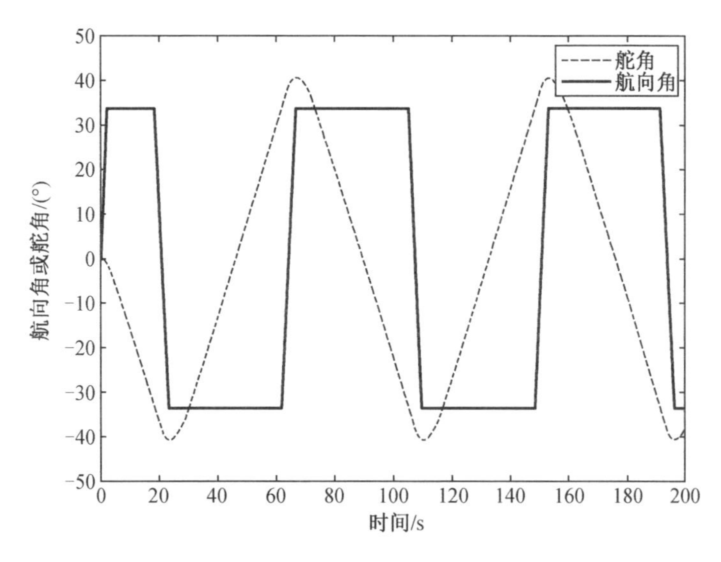

图 4-10　Z 形操纵试验结果

从图 4-10 中可直接给出下列特征参数。

a. 航向超越角(overshoot angle)。航向超越角指每次进行反向操舵后,船首向与操舵方向相反的一侧继续转动的增加值。航向超越角是一种从航向变化量方面对船舶转动惯性的度量。超越角越大,船舶转动惯性越大。一般用第一超越角和第二超越角作为衡量船舶转动惯性的参数。

b. 航向超越时间(overshoot time)。航向超越时间指每次进行反向操舵时刻起至船首开始向操舵方向一侧转动的时刻止的时间间隔。航向超越时间是一种从时间方面对船舶转动惯性的度量。航向超越时间越长,船舶转动惯性越大。一般用第一超越时间和第二超越时间作为衡量船舶转动惯性的参数。

(3)螺旋试验

船舶在海上不断遇到各种因素的干扰,因此不能用直接试验方法测定船舶的航向稳定性和旋回运动稳定性,必须用间接的试验方法,即螺旋试验。它是由迪德在20世纪40年代提出的,其目的是评价船舶的航向稳定性和旋回稳定性。

①试验方法。

a. 保持船舶直线定常航速,操舵开始前,记录初始航速、航向角及推进器转速等;

b. 发令,迅速转舵到一舷指定的舵角,并保持,使船舶进入旋回状态;

c. 待旋回角速度达到定常值时,记录相应的角速度 r 和舵角 δ;

d. 将舵角改变一个规定的角度,再重复测量角速度 r 和舵角 δ。以15°舵角为例,依次改变舵角从右15°→右10°→右5°→右3°→右1°→0°→左1°→左3°→左5°→左10°→左15°→左10°→左5°→左3°→左1°→0°→右1°→右3°→右5°→右10°→右15°,舵角变化一周,回到初始值时,可结束1次试验。

②特征参数。

舵角相当于一种干扰,干扰逐渐减小或消失后,把定常旋回角速度作为舵角的函数,得到的试验结果如图4－11和图4－12所示。

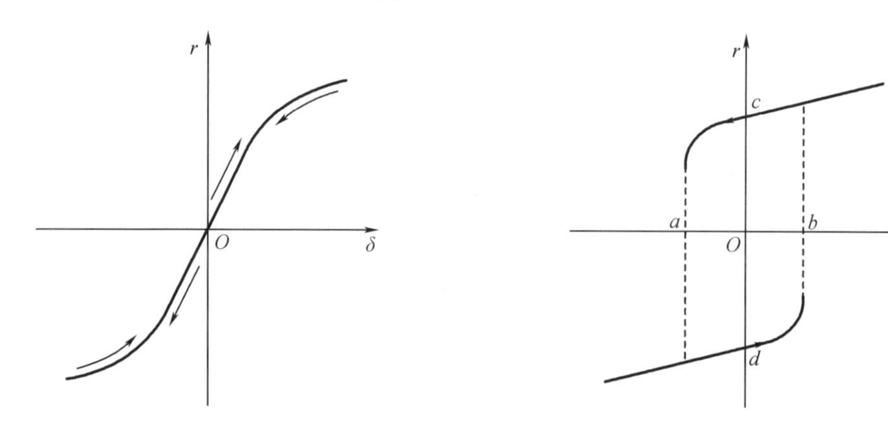

图4－11　具有航向稳定性的船舶螺旋试验曲线　　**图4－12　不具有航向稳定性的船舶螺旋试验曲线**

图4－11中 r 与 δ 具有单值关系,则船舶具有航向稳定性。图4－12中 r 与 δ 不具有单值关系。在舵角处于 a、b 之间时,角速度约在 c、d 之间,r 与 δ 关系构成一个回环,通常称该回环为螺旋试验的滞后环。

在滞后环范围内,舵角由右舵变化到0°时,对应的角速度不等于0,而为 c 点之值,船舶仍然向右转动。而当舵角变为左舵时,只要 $\delta < a$,船舶仍然具有右转的角速度,这就是常说的反操现象。直到 δ 达到 a 时,船舶突然开始向左转向,其后进入正常的左舵左转状态。反之,船舶从左向右变化时,又重复上述过程。滞后环的宽度和高度是衡量船舶运动稳定性的标志,在滞后环以外,船舶运动是稳定的。

(4)逆螺旋试验

由于螺旋试验具有需平静海面、很大的面积、很长的时间等缺点,伯奇在 1966 年提出了逆螺旋试验的方法。逆螺旋试验中,预先规定一系列回转角速度值,通过操舵使船舶保持该规定的角速度做定常回转,然后测量该回转角速度下的平均舵角。

逆螺旋试验测得的参数与螺旋试验是一样的,故试验结果的表达方式皆相同。对于不具有直线运动稳定性的船舶,逆螺旋试验曲线与螺旋试验曲线略有不同,如图 4－13 所示。

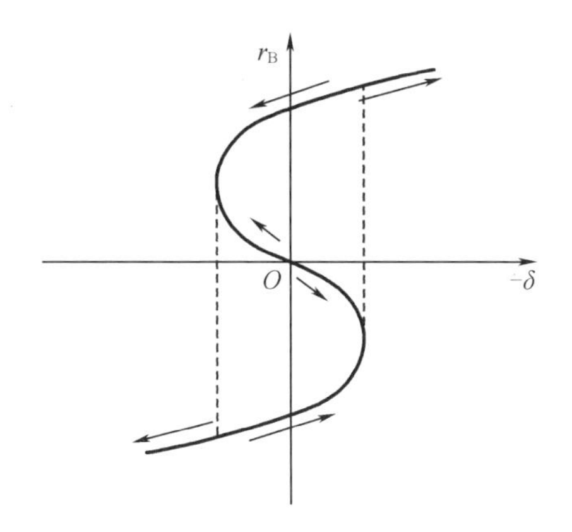

图 4－13　不具有直线稳定性的船舶逆螺旋试验曲线

4.2　船舶航向控制装置

船舶在航行中由于受到海浪、海风和海流等扰动的影响会改变航向,因此需要不断操舵使船舶保持在给定航向。目前,操舵装置有简单操舵系统、随动操舵系统和自动操舵系统三种。简单操舵就是依靠人的经验,不断操纵舵轮或手柄来控制舵机左右偏转以保持航向。随动操舵指操舵人员给出舵角信号,舵机就能够把舵转到给定舵角而自动停下。但是要保持航向,还要靠操舵人员不断发出操舵信号来调整,它属于半自动操舵。自动操舵是用电罗经代替操舵人员发出操舵信号,只要一次给定航向,而不需要人工不断转动舵轮就能使船舶自动保持在给定航向上。

船舶自动舵是一种用来使船舶自动保持在给定航向上的装置,它是一种航向自动控制系统。自动舵可以减轻操舵人员的劳动强度,因为使用电罗经或其他敏感元件可以连续检测航向,并发出操舵信号,从而代替人工在大风大浪中日夜不停地紧张操舵。在给定航向以后,驾驶员只需要监视航向的情况即可,这不但大大减轻了劳动强度,而且提高了效率。自动舵的航向保持精度高,且能够提高实际航速。保持航向时,人工操舵总比自动操舵的舵角大、偏舵次数多(由于人的反应慢和误动作等原因),这样就增加了船舶的阻力,降低了航速;另一方面,人工操舵时,船舶的 S 形航迹幅度大,即航程增大,航行时间延长,相对降低了实际航速。而自动舵的 S 形航迹幅度小,缩短了航行时间,相对提高了实际航速,缩短了船舶的运转周期。对于军舰来说,自动舵可以提高实际航速,节约燃料,这等于提高了续航力。

另外,自动舵与火炮指挥仪协同工作,可提高武器命中率;自动舵与其他导航设备相配合,可以组成自动导航系统。可见,自动舵是实现船舶自动化的基本组成部分,在提高船舶的经济性、使用性和增强军舰的战斗力等方面具有十分重要的意义。因此,国内外远洋船舶和舰艇都广泛地采用自动舵。

和随动舵系统一样,船舶自动舵系统也属于闭环的自动控制系统。自动舵系统也是由敏感元件、航向控制器、比较元件、放大元件、执行机构、舵角反馈和航向反馈所组成的。比较元件、航向控制器、放大元件和反馈元件通常安装在一个专门的仪器里,该仪器称为操舵仪。按照船舶对航向的偏离角度来自动控制船舶航向的自动舵系统方框图如图 4 – 14 所示。

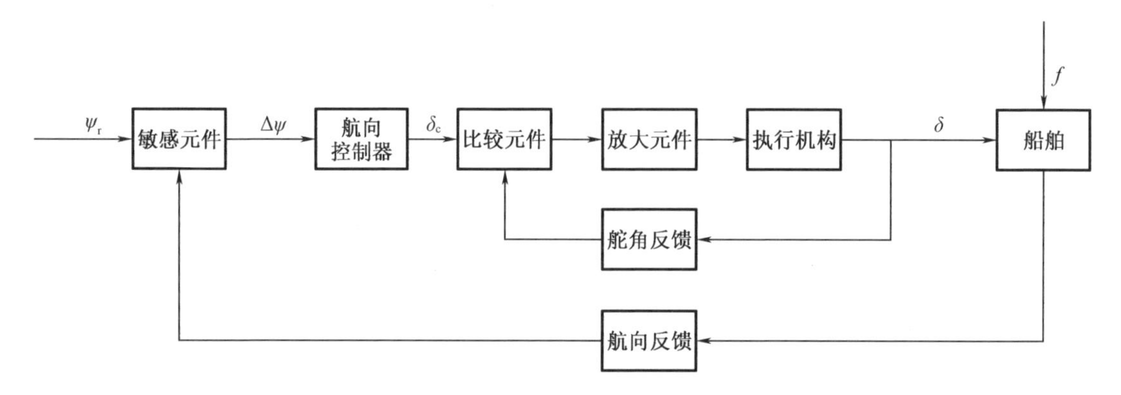

图 4 – 14 自动舵系统方框图

系统中的敏感元件(航向发送器)用来测量船舶航向与给定值的偏差大小,在船舶上通常采用电罗经作为敏感元件。航向控制器用来实现自动舵系统的控制规律,使系统具有良好的控制性能。比较元件用来综合控制信号和反馈信号。依发送器的不同,控制信号和反馈信号可以是机械的(轴的转角)或者是电气的(电流或电压量值)。与此相对应,比较元件也可以是机械的或者是电气的。放大元件用来放大控制信号。执行机构用来完成必要的转舵,现代船舶上基本应用三种转舵装置——电动、电动液压和液压转舵装置。

自动舵系统的工作情况分为五个阶段。

第一阶段:航向偏差为零,系统无控制信号,执行机构不转动,舵在艏艉线上,船舶沿给定航向航行。

第二阶段:船舶受扰动作用偏离航向,系统获得控制信号,电动机开始转动,使舵偏转。

第三阶段:舵角经过反馈元件转换成电压,输入比较元件,抵消控制信号,使舵转动的速度越来越小。当舵角足够大时,完全抵消控制信号,电动机停止转动,此时偏航角达到最大值。

第四阶段:船舶在舵角作用下,开始从最大偏航角向原来的航向转动,此时舵角反馈信号大于控制信号,电动机开始反向转动,舵向艏艉线方向偏转(回舵)。

第五阶段:在船舶回到给定航向时,舵也回到零位,使船舶保持在给定航向上稳定航行。

根据船舶运动规律,自动舵系统应满足如下基本要求。

①具有一定的灵敏度。自动舵系统能够进行工作的最小信号称为灵敏度(灵敏度数值小则灵敏度高)。当船舶偏离航向达到一定角度(一般规定0.2°~0.5°)时,自动舵应能立即动作,并能以一定的速度转舵到一定的舵角,使船舶返回到给定航向。灵敏度反映的偏航角数值越小,系统灵敏度越高;反之,灵敏度越低。

自动舵系统的质量可以从闭环系统的动态特性和稳态特性两方面来衡量。闭环系统的动态特性主要指系统的稳定性和过渡过程品质。闭环系统的稳态特性的主要指标是稳态误差。在自动舵处于自动稳定的工作状态下,由于存在外界干扰,船舶的实际航向和所设定的指令航向之间有一定的差值,即稳态误差,这个误差应尽可能小。另一方面,系统中存在的结构误差,如测量元件的失灵区,放大元件的零漂,执行元件的漏油、摩擦、齿轮传动空隙等,会导致自动舵在小信号时有一个工作盲区。当外界干扰使船舶偏离指令航向角的数值小于灵敏度时,自动舵系统无反应。显然,灵敏度应小于稳态误差。这个要求在不同的海况下是有差别的:在天气良好时,为了提高自动舵系统自动保持航向的准确度,自动舵系统应当有比较小的灵敏度;反之,海况恶劣,航迹有比较大的摆动,为了避免偏舵过于频繁,应允许自动舵系统有比较大的灵敏度。因此灵敏度是可以调节的,灵敏度调节又称为天气调节。

②能产生稳舵角。船舶在舵的作用下,返回给定航向时,船舶由于惯性可能会向另一舷偏转,这是不希望发生的。为了使船舶恰好回到给定航向,而不超过给定航向,就需要当船舶接近返回给定的航向时,舵能向另一舷转过一个小角度,以抵消船舶的惯性,这个舵角称为稳舵角。稳舵角一般由微分环节产生。

③能产生压舵角。由于船舶在航行中受到不对称的外界干扰,如一舷受到风浪,以及双螺旋桨工作不对称、装载不对称等,都会产生一舷持续力矩,船舶将出现不对称偏航。不对称偏航不但加重自动舵的工作负担,而且长期的不对称偏航会使船舶越来越偏离给定的航向。为此,必须设法抵消一舷持续力矩。一般的方法是使舵偏离艏艉线某一个角度,从而产生一个转船力矩以抵消一舷持续力矩,将船舶“压”回给定航向之后,再做定向航行。这个偏舵角称为压舵角。压舵角可以是人为设定的,也可以由积分装置自动产生。

④能方便地改变航向。自动舵系统在自动操舵时,既能使船舶维持在给定航向上,又能按需要随时使船舶在新的航向上航行。

⑤能可靠地转换操舵方式。根据航行的需要,并考虑舵机的可靠性和寿命,自动舵系统除了能自动操舵外,还应具备随动操舵和简单操舵方式,且两者能可靠地互相转换。

⑥能够进行各种调节。

a. 灵敏度调节(又称天气调节)。能使自动舵开始动作的船舶偏航角称为自动舵系统灵敏度。由于船舶航行时海况不同,对灵敏度的要求也不同,如风浪较小时,可以将灵敏度调高些,以提高船舶航行的准确性;当遇到大风浪时,则灵敏度要调低些,以减少偏舵的次数,因为偏舵次数多,不仅加重舵机工作的负担,而且影响航速。

b. 舵角比例调节(又称反馈系数调节)。由船舶偏航而引起自动舵偏舵,对应一个偏航角度,就产生一个偏舵角,偏舵角与航向误差之比即为舵角比例 K。这个比值 K 应保证在任何偏航情况下,都能产生足够大的转船力矩,迫使船舶回到给定航向。因此,对于不同的船舶或同一船舶的不同载重量,在不同航速时,要产生足够的转船力矩,所需要的偏舵角是不同的,即 K 值应随条件变化而进行调节,如对于惯性大、航速低的船舶,K 值应调得大些。

c.稳舵角调节(又称反作用调节)。在舵的作用下,船舶向给定航向回转,当接近给定航向时,舵应能自动地向另一侧转过一个小角度(即稳舵角),以防止船舶由于惯性而向另一舷偏转。惯性不同的船舶对稳舵角的要求也不同,因此稳舵角应是可调的。稳舵角一般由航向的微分环节产生,所以稳舵角调节又称微分调节。

目前在船舶上广泛应用的自动舵系统,其控制原理基本上是20世纪四五十年代奠定的,只是随着元器件的发展,更新了其中的元器件,从而减少了加工难度,提高了系统的性能和可靠性,使操作、维修更为方便。例如,早期的机电式控制器已被电子电路控制器所代替,电子管放大器和磁放大器已被晶体管放大器和集成运算放大器所代替,微型计算机和单片计算机等数字控制系统也在新一代的自动舵系统中得到了应用。对于转舵随动系统,许多性能好、可靠性高的液压件取代了早期的液压件。

国内应用的自动舵系统主要有航舵(HD)系列、红旗(HQ)系列和向阳系列,它们的航向控制器基本如下:

①采用比例-微分(PD)控制规律的控制器;

②采用比例-积分-微分(PID)控制规律的控制器。

转舵随动系统如下:

①采用电液换向阀为电/液信号转换的开关控制系统;

②采用液压伺服阀为电/液信号转换的连续控制系统;

③采用交磁电机放大机或滑差电机等为控制元件的纯电型控制系统。

(1)VAP30型自动操舵仪

VAP30型自动操舵仪(图4-15)是由中电科海洋信息技术研究院有限公司研制的舵控制系统。该自动操舵仪采用了在无人艇多年开发过程中积累的控制算法,不仅具有稳定的航向保持精度,而且可以有效减少舵机磨损,具有较好的燃油经济性。

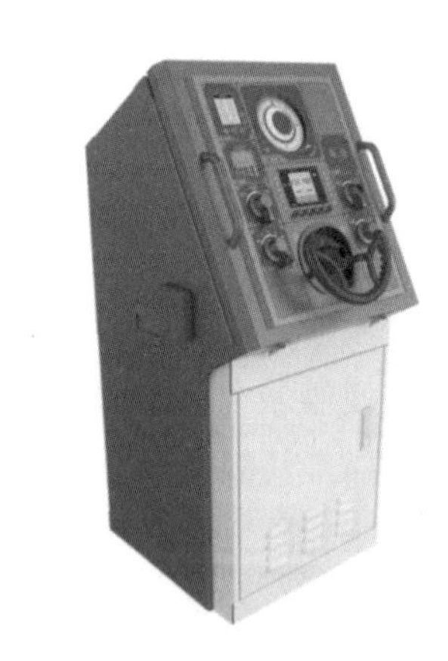

图4-15 VAP30型自动操舵仪

VAP30型自动操舵仪可以实现各种大小船舶航向的自动控制,主要由主控单元、罗经复示单元、随动舵轮单元、手操单元、报警单元等组成;输出方式包括电机、比例电磁阀、开关电磁阀;具有航向自动保持、自动模式中断恢复、无线遥控等功能;特别适用于狭窄水域的舱外操作。

VAP30型自动操舵仪的主要特点和性能指标如下:

①航向控制稳定,航向自动保持,较少舵机系统磨损,较少燃油消耗。

②界面简洁,大屏彩色显示,报警信息可视。

③方便使用,支持压舵、反舵、舵角比、灵敏度、海况等参数的直接调节。

④数字化设计,具有标准NEMA0183接口,信号传输抗干扰性强,维护方便。

⑤模块化设计,根据不同的船舶应用需求进行不同模块的选择及组合。

⑥接口丰富,兼容电罗经、磁罗经、电子罗经、GPS 信号。

⑦支持夜视模式,显示屏和按键面板亮度单独可调。

⑧电源,380 VAC,50 Hz,24 VDC 电源。

⑨支持手动、随动、自动、卫导和远控模式,航向稳定精度小于等于 1°。

⑩自动舵操舵灵敏度小于等于 0.5°;随动操舵灵敏度小于等于 1°。

(2)NAVpilot 自动舵

古野的 NAVpilot 是为各类船舶设计的一款自动舵(图 4-16)。其具有自学功能并应用自适应软件算法,这在航向稳定上起到了关键作用。自动舵根据各种参数,如船速、平衡、吃水、潮流和风效、静区、天气等,动态调整导航所需的必要参数。这些参数存储在系统存储器中,并且持续优化。

该自动舵具有如下特点和性能指标:

①电源,380 VAC,50 Hz;220 VAC,50 Hz;24 VDC。

②操舵方式,随动、手动。

③操舵范围,±40°。

④操舵精度,小于等于 1°。

⑤不灵敏区,0.5°~2.0°可调。

⑥手操方式下可双泵工作。

⑦报警范围,动力电源失电、过载、断相、控制电源失电;油液低液位、油液高温、滤油器堵塞、压力差,均为双路;并具有报警试验功能和消音后自动复位功能。

⑧电磁阀参数,24 VDC,额定电流小于等于 3 A。

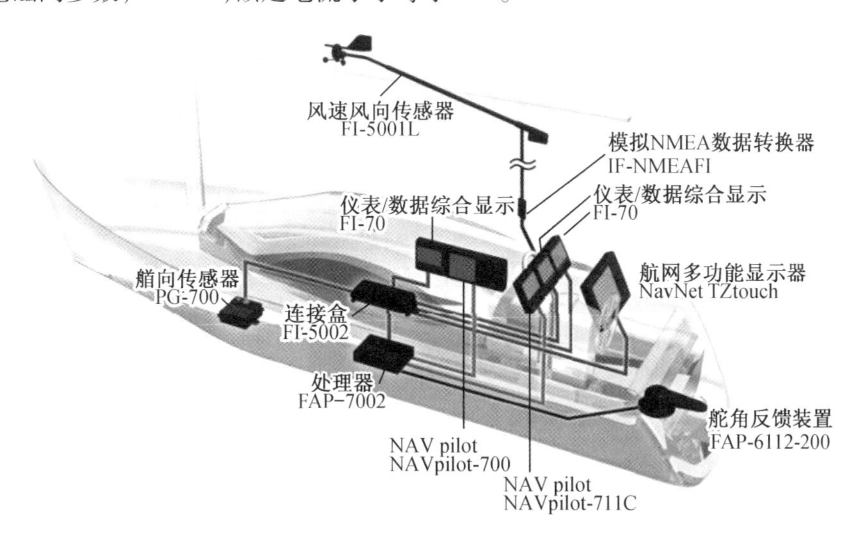

图 4-16　古野的 NAVpilot 自动舵

4.3 航向控制系统建模分析

4.3.1 船舶航向运动模型

自动控制理论中，应用最多的是线性控制理论。因此在分析和设计控制系统时首先应对控制系统进行线性化处理。众所周知，船舶的动力学运动模型是非线性的，为了便于设计自动舵航向控制系统，经常把船舶操纵运动进行线性化处理。

1. Davidson-Schiff 船舶操纵运动线性模型

如果把船体坐标系的原点选在船舶重心 G 处，并考虑船舶的对称性，船舶在平衡位置做小幅运动，则船舶横荡和艏摇的非线性运动方程可以简化成

$$\begin{cases} m(\dot{v}+ur)=Y_\delta\delta+Y_v v+Y_{\dot{v}}\dot{v}+Y_r r+Y_{\dot{r}}\dot{r}+Y_{\mathrm{d}} \\ I_z\dot{r}=N_\delta\delta+N_r r+N_{\dot{r}}\dot{r}+N_v vN_{\dot{v}}\dot{v}+N_{\mathrm{d}} \end{cases} \tag{4.1}$$

式中　Y_{d}、N_{d}——海浪、海风和海流对船舶的横荡扰动力和艏摇扰动力矩；

δ——舵角；

I_z——船舶回转惯性力矩系数。

2. 野本船舶操纵运动模型

野本谦作(Nomoto)根据 Davidson-Schiff 模型，于 1957 年提出了两个简单的线性模型：

$$\begin{cases} (m-Y_{\dot{v}})\dot{v}-Y_v v+(mu-Y_r)r-Y_{\dot{r}}\dot{r}=Y_\delta\delta+Y_{\mathrm{d}} \\ (I_z-N_{\dot{r}})\dot{r}-N_r r-N_v v-N_{\dot{v}}\dot{v}=N_\delta\delta+N_{\mathrm{d}} \end{cases} \tag{4.2}$$

对式(4.2)中的两式进行拉氏变换，得

$$[s(m-Y_{\dot{v}})-Y_v]v(s)+[s(-Y_{\dot{r}})+(mu-Y_r)]r(s)=Y_\delta\delta(s)+Y_{\mathrm{d}}(s) \tag{4.3}$$

$$[s(I_z-N_{\dot{r}})-N_r]r(s)+[s(-N_{\dot{v}})-N_v]v(s)=N_\delta\delta(s)+N_{\mathrm{d}}(s) \tag{4.4}$$

对上两式联立，解出 $v(s)$ 并代入式(4.4)中，得

$$\begin{aligned} &[(I_z-N_{\dot{r}})(m-Y_{\dot{v}})-N_{\dot{v}}Y_r]s^2r(s)+[-(I_z-N_{\dot{r}})Y_v-(m-Y_{\dot{v}})N_r+ \\ &(mu-Y_r)N_{\dot{v}}-Y_{\dot{r}}N_v]sr(s)+[(mu-Y_r)N_r+N_rY_v]r(s) \\ =&(-Y_vN_\delta+N_vY_\delta)\delta(s)+[(m-Y_{\dot{v}})N_\delta+N_{\dot{v}}Y_\delta]s\delta(s)+N_vY_{\mathrm{d}}(s)+N_{\dot{v}}sY_{\mathrm{d}}(s)- \\ &Y_vN_{\mathrm{d}}(s)+(m-Y_{\dot{v}})sN_{\mathrm{d}}(s) \end{aligned} \tag{4.5}$$

定义

$$D_{\mathrm{s}}=(mu-Y_r)N_v+N_rY_v \tag{4.6}$$

式(4.6)在船舶操纵性理论中称为船舶操纵性衡准式，D_{s} 称为稳定性衡准数，它是衡量船舶操纵运动稳定性的一个重要参数。对于水面船舶，原始的定常运动为沿 Ox 轴的匀速直线运动，当它受到一个航向扰动力后，不经过操舵作用，船舶重心的运动轨迹最终将恢复为一条直线，但航向发生了变化。这种情况称船舶具有直线运动稳定性，它表示原本做直线定常航行的船舶在受扰动并在扰动消失后，不经过操舵作用，船舶最终还可以恢复为沿直线的定常运动。

可以利用稳定性衡准数来判别船舶是否具有直线稳定性。当 $D_{\mathrm{s}}>0$ 时，船舶在水平面

内的运动具有直线稳定性;$D_s<0$ 时,则船舶的运动不具有直线稳定性。

把式(4.5)两边同时除以 D_s,并做拉氏反变换,且令

$$\dot{\psi}=r \tag{4.7}$$

于是得二阶野本模型

$$\tau_1\tau_2\dddot{\psi}+(\tau_1+\tau_2)\ddot{\psi}+\dot{\psi}=K_\delta(\delta+\tau_3\dot{\delta})+K_{YD}(Y_d+\tau_4\dot{Y}_d)+K_{ND}(N_d+\tau_5\dot{N}_d) \tag{4.8}$$

式中

$$\tau_1\tau_2=\frac{(m-Y_{\dot{v}})(I_z-N_{\dot{r}})-N_{\dot{r}}Y_{\dot{v}}}{D_s}$$

$$\tau_1+\tau_2=\frac{-Y_v(I_z-N_{\dot{r}})-N_r(m-Y_{\dot{v}})+(mu-Y_r)N_{\dot{v}}-Y_{\dot{r}}N_r}{D_s}$$

$$\tau_3=\frac{N_\delta(m-Y_{\dot{v}})+Y_\delta N_{\dot{v}}}{N_vY_\delta-Y_vN_\delta}$$

$$\tau_4=\frac{N_{\dot{v}}}{N_v}$$

$$\tau_5=-\frac{m-Y_{\dot{v}}}{Y_v}$$

$$K_{YD}=\frac{N_v}{D_s}$$

$$K_{ND}=\frac{Y_v}{D_s}$$

野本认为,船舶在舵作用下的运动基本上是一个质量很大的物体的缓慢的转艏运动,于是用一个惯性环节来代表船舶的艏摇运动方程,也就是著名的一阶野本模型,即

$$I_z\ddot{\psi}+N\dot{\psi}=C\delta+N_d \tag{4.9}$$

式中,N、C 分别为船舶回转中所受阻尼力矩系数和舵产生的回转力矩系数。

注意,艏摇运动方程中没有恢复力矩项,上式可以改写为

$$T\ddot{\psi}+\dot{\psi}=K\delta+\frac{N_d}{N} \tag{4.10}$$

式中　$T=I_z/N=\tau_1+\tau_2-\tau_3$;

$K=C/N$。

由前面章节可知,T 和 K 都具有鲜明的物理意义,它们是被广泛用来评定船舶操纵性的参数,K 称为回转性参数,T 称为稳定性参数。T 和 K 可以通过船舶在海上做 Z 形试验得到。

一阶 K、T 参数表示的野本模型虽然只是对船舶转艏运动的很粗糙的描述,但是对于大型船舶,一阶野本模型还是可以应用于船舶操纵性分析的。

一阶野本模型和二阶野本模型分别如图 4－17 和图 4－18 所示。

前面介绍的线性船舶操纵运动模型只适用于船舶航速为常数、在平衡位置做小偏移运动时的操纵运动。当运动参数比较大时,运动方程是非线性的。这里介绍几种比较简单的船舶操纵运动的非线性模型。

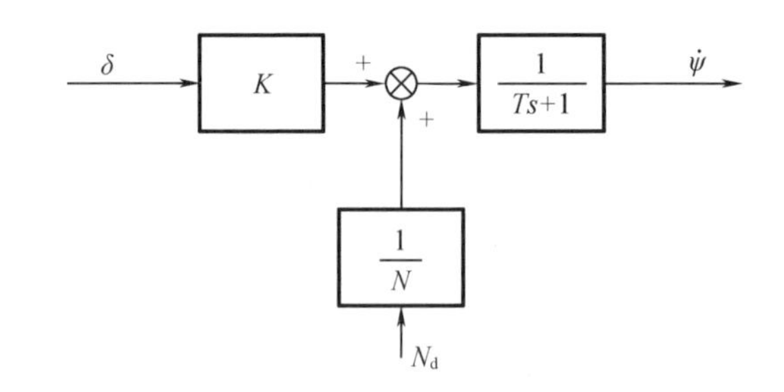

图 4-17　一阶野本模型

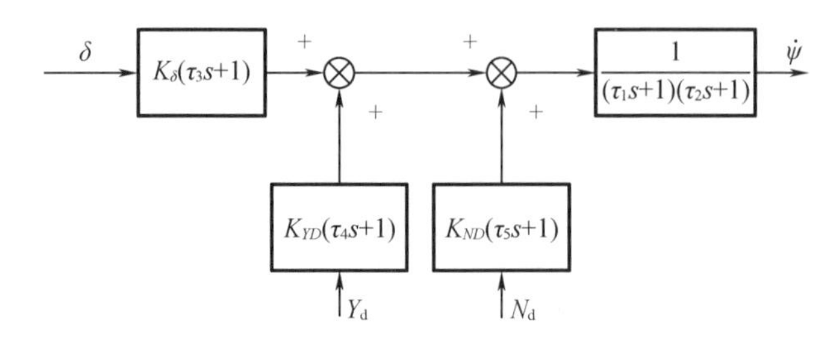

图 4-18　二阶野本模型

野本根据大量的航行试验结果，在二阶线性野本模型的基础上，补充了非线性项，即

$$\tau_1\tau_2\dddot{\psi}+(\tau_1+\tau_2)\ddot{\psi}+\dot{\psi}+\alpha\dot{\psi}^3=K_\delta(\delta+\tau_3\dot{\delta})+K_{YD}(Y_d+\tau_4\dot{Y}_d)+K_{ND}(N_d+\tau_5\dot{N}_d) \tag{4.11}$$

另外，Bech 在二阶线性野本模型的基础上，也提出了一个非线性模型。Bech 认为式(4.11)中的系数 $\tau_1\tau_2$，$(\tau_1+\tau_2)$ 和 K_δ 都和艏摇角速度有关。设有一个非线性函数 $H(\dot{\psi})$，令 $\dot{\psi}=K_\delta H(\dot{\psi})$ 并代入式(4.11)中，可得

$$\dddot{\psi}+\frac{\tau_1+\tau_2}{\tau_1\tau_2}\ddot{\psi}+\frac{K_\delta}{\tau_1\tau_2}H(\dot{\psi})=\frac{K_\delta}{\tau_1\tau_2}(\delta+\tau_3\dot{\delta})+\frac{K_{YD}}{\tau_1\tau_2}(Y_d+\tau_4\dot{Y}_d)+\frac{K_{ND}}{\tau_1\tau_2}(N_d+\tau_5\dot{N}_d) \tag{4.12}$$

当船舶定常回转时，$\dddot{\psi}=\ddot{\psi}=\dot{\delta}=0$，则式(4.12)简化成(此时无风浪等干扰)

$$\delta=H(\dot{\psi}) \tag{4.13}$$

Bech 在大量试验的基础上提出了如下和实际比较接近的 $H(\dot{\psi})$ 的表达式：

$$H(\dot{\psi})=C_3\dot{\psi}^3+C_2\dot{\psi}^2+C_1\dot{\psi}+C_0 \tag{4.14}$$

式中，C_0 是由于船舶的不对称或单螺旋桨对船舶的推进力与 x 轴不重合引起的；对于不具有直线稳定性的船舶，C_1 为负值；C_2、C_3 为需要通过试验确定的系数。

Norrbin 在一阶野本模型基础上，扩充了另一个非线性模型，即

$$\tau\ddot{\psi}+\alpha_1\dot{\psi}+\alpha_3\dot{\psi}^3=K_\delta\delta+K_{YD}N_d+K_{ND}N_d \tag{4.15}$$

当船舶具有直线稳定性时，式(4.15)中的 $\alpha_1=1$，否则 $\alpha_1=-1$。当然上式也可以写成

$$\tau\ddot{\psi}+H(\dot{\psi})=K_\delta\delta+K_{YD}N_d+K_{ND}N_d \tag{4.16}$$

上面讨论的非线性模型中，关键的工作是要确定系数 C_0、C_1、C_2 和 C_3。这些系数可由船

舶逆螺旋试验得到，读者可参阅有关船舶操纵性的著作。逆螺旋试验本质上是确定艏摇角速度$\dot{\psi}$和舵角 δ 之间的函数关系，亦即

$$\delta = f(\dot{\psi}) \tag{4.17}$$

图 4－19 分别给出了具有航向直线稳定性和不具有航向直线稳定性的船舶的逆螺旋试验曲线。从图 4－19 中的曲线可知，用三次函数来近似 $f(\dot{\psi})$ 是合理的。只要选择合适的 C_2、C_3 和 C_0、C_1 的值，可使 $H(\dot{\psi})$ 逼近 $f(\dot{\psi})$。

野本和 Bech 的二阶非线性模型可用图 4－20 来表示，Norrbin 的一阶非线性模型如图 4－21 所示。

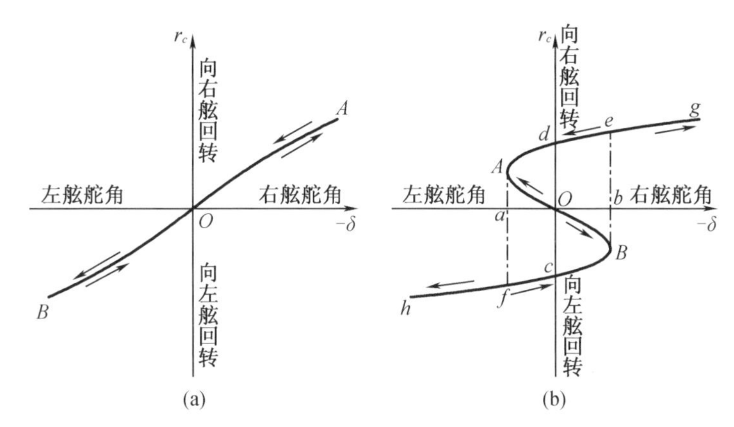

图 4－19　逆螺旋试验结果

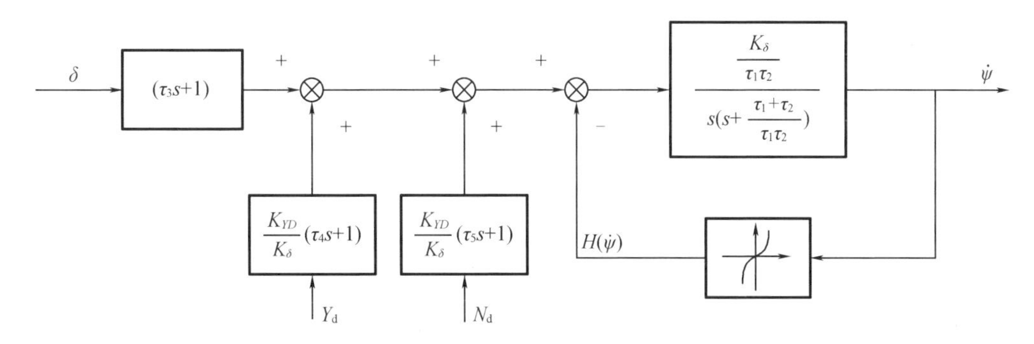

图 4－20　野本和 Bech 的二阶非线性模型

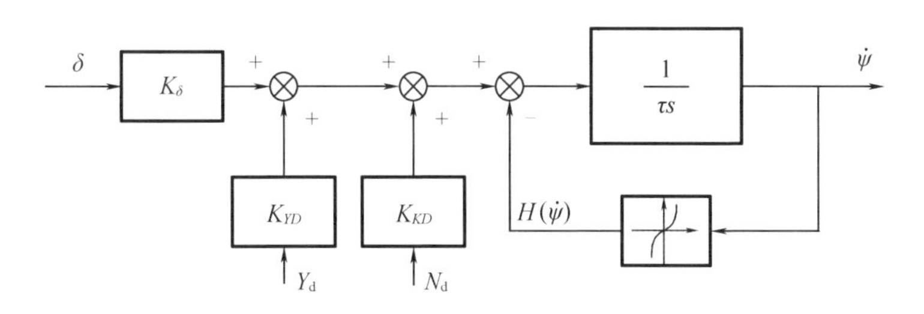

图 4－21　Norrbin 的一阶非线性模型

4.3.2 自动舵控制原理

通过对前面内容的学习，我们对船舶航向控制和自动舵有了基本了解，本节我们将详细介绍自动舵的控制原理。

典型的自动舵原理框图如图4－22所示。

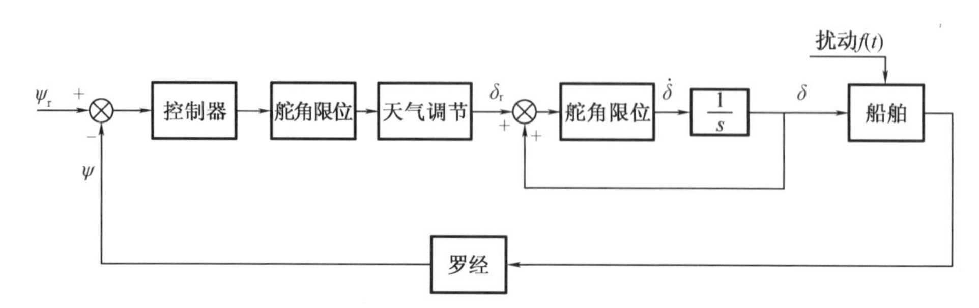

图4－22 典型的自动舵原理框图

当船舶以初始航向 ψ_0 保持直航时重新设定新的航向 ψ_r，自动舵将自动跟踪新航向 ψ_r。这时偏差信号 $\Delta\psi=\psi_r-\psi_0$ 控制舵角偏转，船舶在舵的作用下偏航。偏差减小，舵角也随之减小，直到进入新的航向，$\Delta\psi=0$，舵角归零，船舶即按新的航向 ψ_r 直航。

当然，自动舵舵角并不只是随艏向角偏差而变化，也可以和艏向角的变化率以及艏向角对时间的积分有关。

比例控制则是最简单、最基本的控制方式。单采用比例控制时，舵角恒与艏向角的偏差成比例，而转动方向相反，即如果艏向角有偏差（$\psi>0$），则舵自动左转（$\delta<0$），反之亦然。在分析时为简单起见，取指令航向 $\psi_r=0$，所以比例控制的舵角为

$$\delta(t)=-K_P\psi(t) \tag{4.18}$$

式中，比例系数 $K_P>0$，为控制比。

以下来分析自动操纵系统的闭环特性，并取如下的 $K-T$ 方程作为分析的基础：

$$T\ddot{\psi}+\dot{\psi}=K\delta \tag{4.19}$$

这个简化后的数学模型虽然有局限性，但因其简单，用于自动舵闭环特性的分析有助于从原则上比较清晰地认识一些最基本的特性。

一、自动舵的基本特性

1. 闭环稳定性

线性系统稳定的充要条件是：系统的特征方程全部的根 s 都是负实根或具有负实部。考虑到传递函数的定义，线性系统稳定的充要条件也可以换个说法，即系统的传递函数的全部极点都分布在复平面 s 上的虚轴左侧。

如果舵机的反应足够快，舵机环节可用比例环节来代替。对于具有舵角比例控制的闭环系统，它的闭环传递函数为

$$W(s)=\frac{K_PK}{Ts^2+s+K_PK} \tag{4.20}$$

根据胡维兹判据，$W(s)$ 的极点落在 s 平面虚轴左侧所应满足的条件是

$$T>0, K_{P}K>0 \tag{4.21}$$

在前面分析开环相应特性时已经知道，时间常数 T 和舵效指数 K 均为正数，所以上述条件表明的要求是：采用比例控制的自动舵只要构成反馈闭环系统，就能保证艏向角具有稳定性（若以包含高阶时间常数 T_2、T_3 的运动方程来分析，闭环稳定条件将对控制比例系数 K_P 提出一定的限制条件，因此如果控制比取得过大，系统也可能不稳定）。船舶水平面运动作为开环系统时不具有方向稳定性，它可能具有的唯一的稳定性是直线稳定性；在使用了自动舵后，就获得了方向稳定性，使运动稳定性在质的方面有一个跃进。物理上原因是简单的，因为在开环系统中，对于艏向角 ψ 而言本没有恢复力，有了比例控制的自动舵（$\delta=-K_P\psi$），相当于赋予系统以 ψ 的恢复力。

如果船舶开环系统原是不稳定的，选用具有适当控制比例系数的自动舵也能使之变成稳定的。

2. 过渡特征

单单要求系统稳定是不够的，还应当使受扰动后的自由运动具有较好的过渡品质，即衰减要快且没有过大的超调和振荡。对于自动舵的运动过程，也同样有这样的要求。

在 s 复平面上闭环传递函数 $W(s)$ 的极点分布情况，不仅决定了系统是否稳定，也决定了系统的过渡品质。闭环传递函数式(4.20)的极点是

$$s_{1,2}=-\frac{1}{2T}\pm\frac{1}{2T}\sqrt{1-4K_{P}KT} \tag{4.22}$$

若记

$$\sqrt{\frac{K_{P}K}{T}}=\omega_{n}, \frac{1}{2\sqrt{K_{P}KT}}=\zeta \tag{4.23}$$

式中，ω_n、ζ 分别为固有频率和阻尼比，则极点又可写作

$$s_{1,2}=-\zeta\omega_{n}\pm\sqrt{\zeta^{2}-4\omega_{n}} \tag{4.24}$$

图 4－23 是以 K_P 为参数的极点变化的根轨迹与过渡过程。当 $K_P=0$ 时，$s_1=0$，$s_2=-1/T$；当 K_P 从零增加到 $1/(4KT)$ 时，极点在实轴上从两侧向 $\left(-\frac{1}{2T}\right)$ 点移动。这时极点均位于实轴上，相当于过阻尼（$\zeta>1$），系统的过渡过程为渐近衰减过程，衰减时间常数 $T_1=-1/s_1$，$T_2=-1/s_2$（$T_1>T_2$），所以 K_P 越大衰减越快。当 $K_P=1/(4KT)$ 时（$\zeta=1$），两个极点重合，$s_1=s_2=-1/(2T)$，这相当于临界阻尼。当 K_P 从 $1/(4KT)$ 继续增大时，极点从实轴分离开来变成复数：

$$s_{1,2}=-\frac{1}{2T}\pm j\sqrt{\frac{4K_{P}KT-1}{2T}}=-\zeta\omega_{n}\pm j\omega_{n}\sqrt{1-\zeta^{2}} \tag{4.25}$$

由于极点的实部与 K_P 无关，所以极点轨迹是 $s=-1/(2T)$，为直线。因此，$K_P>1/(4KT)$ 时（$\zeta<1$）系统为欠阻尼，过渡过程是衰减振荡。

由根轨迹可知，采用比例控制自动舵，无论是用自动舵保持既有航向，还是在直航中重新设定航向指令控制船舶自动转向新的航向，加大控制比都能缩短过渡过程的持续时间，但可能引起振荡。当然，在发生振荡后，如再加大控制比，只会加剧振荡而不再缩短衰减时间。因此，控制比要取得合适，不宜取得很大，也不易取太小。过小的控制比过渡过程时间太长，而过大的控制比又会引起振荡。

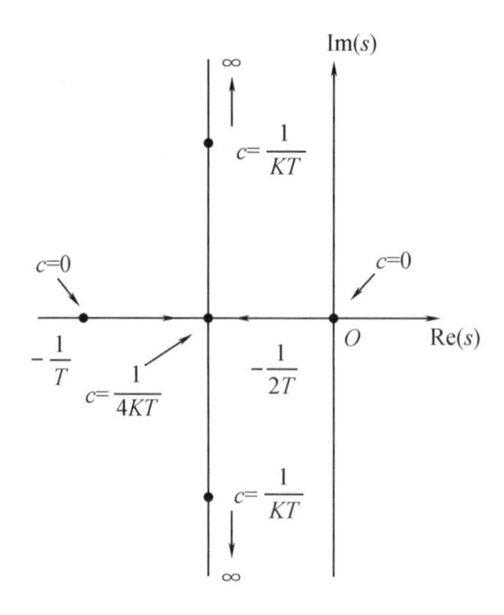

图 4-23　根轨迹与过渡过程

3. 稳态误差

船舶在航行中不可避免地受到一些扰动,分析闭环特性时应当把扰动的影响考虑进去。考虑扰动作用的闭环函数为

$$W(s)=\frac{\psi(s)}{F(s)}=\frac{K}{Ts^2+s+K_PK} \tag{4.26}$$

如果扰动不是偶然的瞬间作用,而是长期的固定扰动,如两舷螺旋桨的不均匀转速、螺旋桨斜流所引起的侧推力等,可设扰动函数 $f(t)=f_0$(常数),将它的拉氏变换 $F(s)=L[f_0]=f_0/s_0$ 代入式(4.26)中解出:

$$\psi(s)=\frac{KF_0}{(Ts^2+s+K_PK)s} \tag{4.27}$$

闭环系统在固定扰动作用下的最终稳态响应可由终值定理求得

$$\lim_{t\to\infty}\psi(t)=\lim_{s\to 0}\psi(s)\cdot s=f_0/K_P \tag{4.28}$$

此结果表明,由于存在扰动 f_0,即使使用了比例控制的自动舵也不可能使船舶的航向和预先设定的航向完全一致,两者之差叫作稳态误差。显然,为了减小稳态误差,应当将 K_P 控制得尽可能大。

4. 时滞影响

由于测量、传送、执行等机构总存在惯性、空隙等,用比例控制舵角来纠正航向偏差时,舵角的实际动作总是滞后于航向的偏差。在偏差 ψ 出现后往往要经过 Δt 时刻舵角才能偏转到 $\delta=-K_P\psi$ 值,而 t 时刻的舵动作则取决于 $t-\Delta t$ 时刻船舶的航向偏差,即

$$\delta(t)=-K_P\psi(t-\Delta t) \tag{4.29}$$

时间的滞后对闭环特性有一定的影响。对式(4.29)两端各取拉氏变换,得

$$\Delta(s)=-K_Pe^{-\Delta ts}\psi(s) \tag{4.30}$$

由此得到在负反馈条件下自动舵环节的传递函数为

$$W_2(s)=-\frac{\Delta(s)}{\psi(s)}=K_Pe^{-\Delta ts}=K_P\left[1-\Delta ts+\frac{(\Delta t)^2}{2}s^2+\cdots\right]\approx K_P(1-\Delta ts) \tag{4.31}$$

系统的闭环传递函数为

$$W(s)=\frac{W_1W_2}{1+W_1W_2}=\frac{K_PK(1-\Delta ts)}{Ts^2+(1-K_PK\Delta t)s+K_PK} \tag{4.32}$$

对比式(4.20)可知,自控系统中的时滞相当于减弱了系统的阻尼。时滞加大到一定程度将导致振荡,甚至不稳定。在有时滞的条件下,稳定性的充要条件是

$$1-K_PK\Delta t>0,K_PK>0 \tag{4.33}$$

这就表明,由于时滞,要求控制比所满足的附加条件是

$$0<K_P<\frac{1}{K\Delta t} \tag{4.34}$$

时滞的存在,使得控制比的选择范围受到了相当的限制。

二、校正环节和控制系数的选择

1. 校正环节

综合上述情况,自动舵的控制比对于闭环系统的稳定性、稳态误差和瞬态特性都有重大的影响。不过,几方面的性能对控制比 K_P 的要求是互相矛盾的。稳态误差要求 K_P 值尽可能地大,具有时滞效应的稳定性却限制 K_P 值不能很大,而瞬态特性则要求 K_P 值既不宜太大也不宜太小,因此仅仅用选择控制比的办法很难同时满足几方面性能的要求。这一结论是基于水平面一阶 $K-T$ 方程的分析得出来的。实际上,对于考虑了高阶时间常数 T_2 和 T_3 的二阶运动方程,上述结论也是适用的。

为了解决这个矛盾,必须改善舵角的控制方案。一般的做法是在比例控制的基础上再增加校正环节——微分控制和积分控制,即

$$\delta(t)=-K_P\psi-K_D\frac{d\psi}{dt}-K_I\int\psi dt \tag{4.35}$$

增加微分控制可以改善瞬态特性。有了 ψ 的速度信号后,舵角的偏转不仅依赖于航向偏离的大小,还要取决于偏离的变化趋势。我们用图 4-24 进行说明。

假定航向偏差 $\psi(t)$ 如图 4-24 中(a)所示。设舵只按比例控制 $\delta_1=-K_P\psi$ 而动作,那么,当 $\psi>0$ 时($\overset{\frown}{OAB}$段),舵所转过的角度 δ_1 总是负的,这个负舵角使得正的偏差 ψ 减小。但是,只有当艏向角已经达到指定的航向,即 $\psi=0$ 时,舵角才能同时归零,如图 4-24(b)所示。由于船舶的惯性很大,船舶必将越过预定航向偏到另一侧($\overset{\frown}{BC}$段)。这时舵才改变偏转方向来纠正又出现的负偏差。这样就容易使 ψ 发生振荡。如果引入微分信号 $\delta_2=-K_D\frac{d\psi}{dt}$,如图 4-24(c)所示,那么,当偏差增大时($\overset{\frown}{OA}$段),由于导数$\frac{d\psi}{dt}$和偏差 ψ 本身同号而相加,在这一过程中增强了舵对于纠正偏差的作用。在偏差减小的过程中($\overset{\frown}{AB}$段),导数与偏差反号,两个信号相减,这是有益的。因为此时 δ 不是在 B 点而是在 B 点以前,即当 ψ 还是正值时,δ 已经成为负舵角,从而提前削弱了偏差转到负方向的势头,这有可能抑制 ψ 的振荡,得到渐近过渡过程。这种控制正像有经验的舵手能够判断船舶的运动趋势而提前转舵一样。事实上,微分控制自动舵对于偏差速度的敏感性往往要胜过人工。

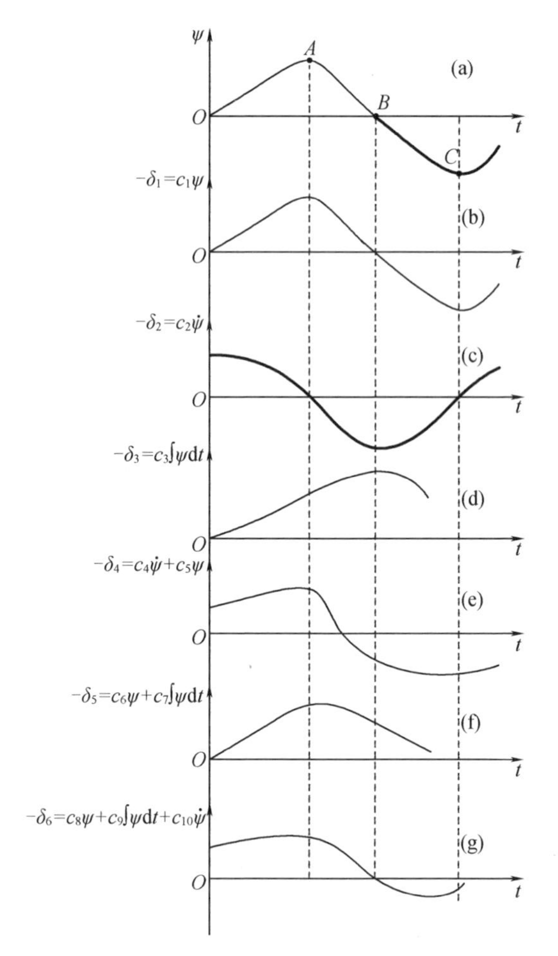

(a)舵角;(b)比例控制信号;(c)微分控制信号;(d)积分控制信号;

(e)比例 - 微分控制信号;(f)比例 - 积分控制信号;(g)比例 - 积分 - 微分控制信号。

图4-24　航向误差与自动舵校正环节

用传递函数进行分析。设舵角控制方式为

$$\delta = -K_{\mathrm{P}}\psi - K_{\mathrm{D}}\frac{\mathrm{d}\psi}{\mathrm{d}t} \tag{4.36}$$

式中,常数 K_{P}、K_{D} 分别为控制比和微分系数。

这时,自动舵环节的传递函数为 $W_2(s) = K_{\mathrm{P}} + K_{\mathrm{D}}s$。整个系统的闭环传递函数为

$$W_2(s) = \frac{K(K_{\mathrm{P}} + K_{\mathrm{D}}s)}{Ts^2 + (1 + K_{\mathrm{D}}K)s + K_{\mathrm{P}}K} \tag{4.37}$$

特征方程的阻尼比和固有频率为

$$\zeta = (1 + K_{\mathrm{D}}K)/2\sqrt{K_{\mathrm{P}}KT},\omega_n = \sqrt{K_{\mathrm{P}}K/T} \tag{4.38}$$

式(4.38)与式(4.23)比较,固有频率未变,阻尼比因有了 K_{D} 而增大,同时调节 K_{P} 和 K_{D} 值,可以很方便地调节系统的过渡过程品质。例如,在欠阻尼情况下,振荡衰减时间常数为

$$T_0 = 1/\zeta\omega_n = 2T/(1 + K_{\mathrm{D}}K) \tag{4.39}$$

振荡频率为

$$\omega_d = \sqrt{1-\zeta^2}\,\omega_n = \frac{1}{2T}\sqrt{4K_PKT-(1+K_DK)^2} \tag{4.40}$$

适当增加 K_P 而又用增加 K_D 来补偿,可以减小 T_0 和降低 ω_d 以获得比较平缓的过渡过程,从而改善动态特性。当然,微分信号不宜过强,否则意味着过阻尼,大时间常数不利于瞬态特性。

增加舵角的积分控制可以消除稳态误差。固定扰动 f_0 的效应相当于在船舶上受含有固定的附加偏航力矩 ΔN 和横向力 ΔY 的作用。在只有比例控制的系统中,当航向到达指定航向时,因偏差 $\psi\to 0$ 而同时有舵角 $\delta\to 0$。但是,舵角虽已归零而 ΔN 仍在起作用,ΔN 使艏向角继续变化,所以艏向角不可能以零舵角保持在指定航向上,这就造成稳态误差。为了消除稳态误差使船舶能在 $\psi=0$ 的航向上直航,必须在 $\psi=0$ 的条件下仍能保持一定的舵角来消除 ΔN 的作用。引入舵角积分控制 $-K_I\int\psi\mathrm{d}t$ 就能做到这一点。当船舶进入指定航向时,虽然比例信号 $\delta_1=-K_P\psi$ 已等于零,但积分信号随时间而积累,产生了一定的舵角 δ_3,如图 4-24(d)所示,可由 δ_3 所提供的力矩去抵消 ΔN,消除稳态误差。

数学上的分析如下:

设舵角的控制方式为

$$\delta = -K_P\psi - K_I\int\psi\mathrm{d}t \tag{4.41}$$

式中,常数 K_I 为积分常数。自动舵环节传递函数为

$$W_2 = K_P + K_I/s \tag{4.42}$$

在扰动 f_0 作用下的闭环传递函数为

$$W(s) = \frac{\psi(s)}{F(s)}\,\frac{W_1}{1+W_1W_2} = \frac{Ks}{Ts^2+s^2+K_PKs+K_IK} \tag{4.43}$$

而 $F(s)=f_0/s$。由拉普拉斯变换的中值定理易知

$$\lim_{t\to\infty}\psi(t) = \lim_{s\to 0}\psi(s)\cdot s = 0 \tag{4.44}$$

具有这种控制方式的自动舵尚不能制止附加横向力 ΔY 所造成的横漂。尽管如此,舵手在航行中只须注意纠正横漂而不必考虑偏航,从而也免除了频繁的人工操舵。不过也需要指出,引入积分信号也有不利的地方。从图 4-24(d)来看,δ_3 不仅在$\overset{\frown}{AO}$段内随偏差 ψ 增加而加大,起了抑制 ψ 的作用,而且在 ψ 减小的$\overset{\frown}{AB}$段内,δ_3 还进一步加大,起到了加速 ψ 减小的作用,这就大大增加了 ψ 的振荡倾向,甚至还可能导致系统的不稳定。所以在引入积分信号时,积分系数 K_I 必须予以限制,这可以从系统传递函数式(4.43)中导出的稳定性充要条件清楚地看到这一点。再考虑到系统中实际存在的时滞和种种非线性影响,实际选择 K_I 值要比上述条件严格得多,并且要对整个闭环系统的动态品质进行仔细分析。一般要求:

$$K_I < K_P/T \tag{4.45}$$

2. 控制系数的初步选择

以下我们只简单介绍初步选择参数 K_P、K_D 和 K_I 的一种方法。

(1)控制比的初步选择

K_P 受到稳定性要求、振荡要求和灵敏度要求等多方面的制约,一般可以从灵敏度的要求来初步选定,再用其他要求来校核。前面已经说到,由于系统结构误差的原因,造成了舵

机的输出盲区(舵叶的空回角)。把输出端的盲区折算到输入端,即为系统的灵敏度。若舵机盲区为 $\bar{\delta}$,系统要求的灵敏度为 $\bar{\psi}$,则 K_P 的值应满足不等式

$$K_P \geqslant \bar{\delta}/\bar{\psi} \tag{4.46}$$

航海经验证明,按照灵敏度连续可调的要求,K_P 大致的范围是 $K_P \approx 1 \sim 3$。

(2)微分系数 K_D 的初步选择

微分信号的引入,可以在不降低 K_P 的条件下大大增加系统的阻尼,改善过渡过程品质,由式

$$\zeta = (1 + K_D K)/2\sqrt{K_P K T} \tag{4.47}$$

取阻尼比 $\zeta = 0.7$,此时系统的调节时间较短而超调量较小,K、T 值是由开环特性决定的,K_P 已经初步选定,所以可以由式(4.47)确定 K_D 的值。

(3)积分系数 K_I 的初步选择

设舵角控制方式为

$$\delta = -\left(K_P\psi + K_D\frac{\mathrm{d}\psi}{\mathrm{d}t} + K_I\int\psi\mathrm{d}t\right) \tag{4.48}$$

则闭环系统的特征方程为

$$Ts^3 + (1 + K_D K)s^2 + K_P K s + K_I K = 0 \tag{4.49}$$

按照胡维兹判据,系统稳定的充要条件是

$$T > 0, K_P > 0, K_I > 0, K_P(1 + K_D K) > K_I T \tag{4.50}$$

当然,这些不等式不足以确定各系数的具体值,还要全面分析这些系数的值对于系统动态特性的影响。方法之一是采用维什聂格拉斯基图(维氏图,图 4-25),为此,引入广义参数

$$A = (1 + K_D K)/\sqrt[3]{K_I K T}, B = K_P K/\sqrt[3]{(K_I K T)^2} \tag{4.51}$$

将特征方程(4.49)化为关于 $s_1 = s/\sqrt[3]{K_I K T}$ 的方程:

$$s_1^3 + A s_1^2 + B s_1 + 1 = 0 \tag{4.52}$$

于是,胡维兹判据变换为如下形式:

$$A > 0, B > 0, AB > 1 \tag{4.53}$$

在 $A-B$ 坐标平面上作出双曲线 $AB = 1$,即为系统的动稳定边界线。双曲线左下方($AB < 1$)是不稳定域,右上方的稳定域又被曲线 CD、CE、CF 分割为三个子域,图 4-25 中曲线 CD 对应的方程为

$$2A^3 - 9AB + 27 = 0 \quad (A < 3) \tag{4.54}$$

曲线 CE 和 CF 对应的方程为

$$A^2B^2 - 4(A^3 + B^3) + 18AB - 27 \quad (A > 3) \tag{4.55}$$

三支曲线交汇于 C 点($A = B = 3$)。落在 AB 和 DCF 之间的系统,其过渡过程是振荡衰减型的;在 DCE 之内为非振荡衰减型;在 ECF 之内为非周期衰减型。

若要系统是稳定的,并且既能够较快地衰减,又不引起明显的振荡,则在维氏图上所计算出来的 A、B 点应当位于稍小于 C 点的区域内。为此可系列改变 K_I 的值和已经初步选定的 K_P、K_D 值,作出 $A-B$ 平面中的曲线族,从中选择合适的 K_I 值。当然也可以再变动 K_P 或 K_I 值,作类似的曲线族以挑选出 K_P、K_D 和 K_I 的最佳组合值。

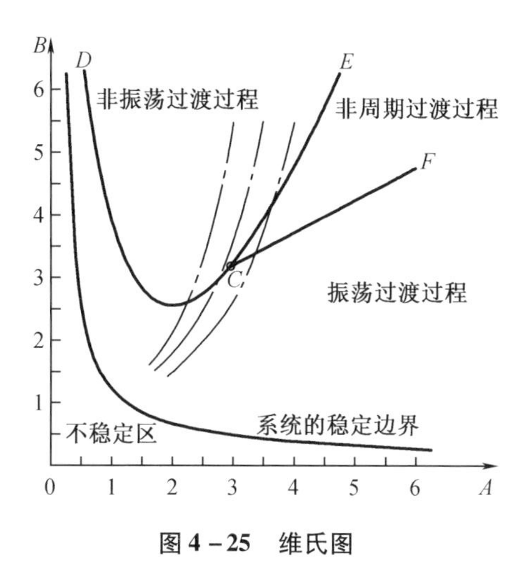

图 4-25　维氏图

由以上分析可以看出，自动舵的控制系数 K_P、K_D 和 K_I 对于闭环系统的许多特性都具有各自的影响。确定这些系数的值，应当综合考虑它们的各种影响，作出最佳的选择，这是一个涉及自动舵设计的专门问题。

(4)经验公式

航速直接影响到船舶的操纵运动，所以它对自动舵性能亦有较大影响。航速可以从船舶上的计程仪获得，也可以根据推进螺旋桨的转速来估计。一般来说，航速增加时，作用在舵上的水动力增加，这时只需要较小的舵角就可以获得所需的舵力矩。减小舵角可以利用减小控制系统放大环节的增益来实现。对于只有比例控制和微分控制的自动舵系统有

$$K_P = \frac{\omega_n^2 \cdot T^*}{K^*}\left(\frac{L}{u}\right)^2 \tag{4.56}$$

$$K_D = \frac{2\zeta\sqrt{K_P K^* T^*} - 1}{K^*} \cdot \frac{L}{u} \tag{4.57}$$

式中　L、u——船长和航速；

ω_n、ζ——自动舵作用下的艏摇运动的自然频率和阻尼系数，它们随着船舶的航速的改变而改变；

K^*、T^*——一阶野本模型中的 K、T 值的无因次量：

$$K^* = K \cdot L/u \tag{4.58}$$

$$T^* = \tau \cdot L/u \tag{4.59}$$

为了充分利用低速舵角，舵角限位不应太小。但是航速增加后，如果舵角太大，则作用于舵上的水动力增加。过大的舵角将要求舵机有过大的驱动功率和足够大的机械强度，因此船舶高速行驶时，舵角限位应减小。舵角限位可以由下式确定：

$$\delta_{max} = \frac{2r_{max} \cdot L}{K^* \cdot u} \tag{4.60}$$

式中，r_{max} 为设计自动舵时的船舶的最大艏摇角速度。

对于航向保持状态下的自动舵控制系统，舵角工作在零的附近，此时最大工作舵角可以限于

$$\delta_{max} = L/u \tag{4.61}$$

4.4 自动舵控制系统设计

1. 自动舵控制系统设计中性能指标的确定

(1)稳定性指标

自动舵控制系统必须是稳定的,也就是当船舶在给定航向上航行时,会受到干扰而偏离航向,而在自动舵控制下船舶能回到给定航向。当船舶改变航向时,在自动舵作用下船舶可以改变到新的给定航向保持航行。故设计自动舵控制系统时,可以应用控制理论中的稳定性分析方法,如利用频率法确定系统应有多少幅度稳定储备和相稳定储备。

(2)静态指标

静态指标有两个,一个是自动舵的灵敏度,另一个是航向保持精度。

灵敏度是系统能进行航向控制的最小航向偏差信号。当航向偏差小于灵敏度时,系统不工作。灵敏度是可以调节的,它可以根据不同的海情进行调整。当海情较高时,为了使舵的动作不过于频繁,以减小舵机功率消耗、降低机械磨损和减小航行阻力,应降低系统灵敏度。

航向保持精度是衡量船舶在自动舵作用下偏离给定航向大小的一个指标,它一般用平均偏航角来度量。

(3)动态指标

在实际设计中,可以利用舵的阶跃响应作为自动舵控制系统的动态指标,指定过渡过程时间、超调量和振荡次数。在自动舵的调试中,经常利用 $-35^\circ \sim +35^\circ$舵角的转舵时间作为系统动态指标。

2. 线性自动舵控制系统的设计

严格地说,自动舵控制系统是一个非线性控制系统,这是因为系统灵敏度的设置、舵机的静摩擦等可以引起系统的不灵敏区,舵机的功率和最大转速等因素又可引起系统饱和非线性。为了应用线性控制系统理论来设计自动舵系统,这些非线性因素被忽略。当然,在利用线性控制理论设计自动舵后,可以用仿真技术来仿真系统性能,此时可以把非线性影响加进去,根据仿真结果适当调整参数。

下面以一个典型的自动舵控制系统为例(图4-26),介绍系统设计的一般方法。

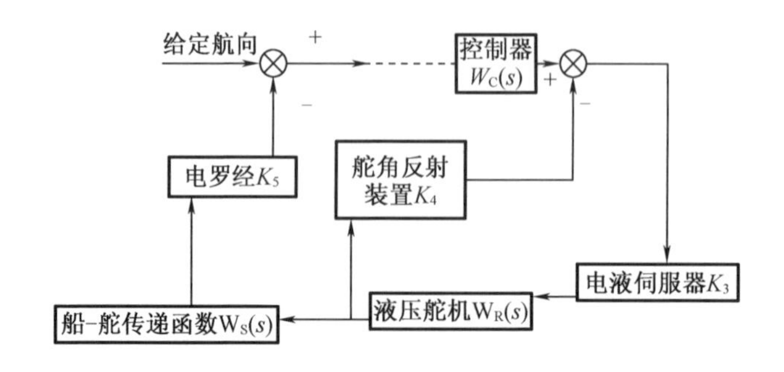

图4-26 自动舵传递函数系统框图

控制系统中各环节传递函数如下。

(1)船 - 舵系统传递函数

根据上节介绍,船 - 舵系统的传递函数可由一阶野本模型表示,即

$$W_s(s)=\frac{\psi(s)}{\delta(s)}\approx\frac{K}{s(Ts+1)} \tag{4.62}$$

式中,K 与式(4.58)中的相同,且 $T=T_1+T_2+T_3$。这里取 $K=0.05$,$T=10$。

(2)电罗经

电罗经的响应比液压系统和船 - 舵系统响应快得多,故做比例环节处理,不妨设:

$$K_5=1 \tag{4.63}$$

(3)航向发送器

航向发送器由航向接收自整角机、信号发送自整角机和传动齿轮组成,设其为比例环节:

$$K_1=0.94 \tag{4.64}$$

(4)相敏整流器

设其为比例环节:

$$K_2=0.415 \tag{4.65}$$

(5)滤波器

相敏整流后的信号需要进行滤波。设滤波器的传递函数为

$$W_F(s)=K_F/(T_Fs+1) \tag{4.66}$$

这里取 $K_F=0.625$,$T_F=0.227$。

(6)PID 控制器

PID 控制器传递函数需要在系统综合时确定,设其形式为

$$W_C(s)=\frac{U(s)}{E(s)}=K_P+\frac{K_I}{s}+K_Ds \tag{4.67}$$

式中 K_P——比例系数;

K_I——积分系数;

K_D——微分系数。

(7)电液伺服阀和液压舵机

电液伺服阀可以近似为比例环节,设其为

$$K_3=140 \tag{4.68}$$

液压舵机的传递函数为

$$W_R(s)=K_R/s(T_Rs^2+2T_R\xi_Rs+1) \tag{4.69}$$

式中 $K_R=2.45\times10^{-2}$;

$T_R=1.33\times10^{-3}$;

$2T_R\xi_R=1.53\times10^{-3}$。

可以看出,和滤波器及船 - 舵系统比较,液压舵机响应要快得多,所以在初步设计时,式(4.69)可进一步简化为

$$W_R(s)=K_R/s \tag{4.70}$$

(8)舵角反馈装置

舵角反馈装置无论用自整角机还是用电位器,都可以认为是一个比例环节,设为

$$K_4=0.625 \tag{4.71}$$

由式(4.62)~式(4.69)可以得到不包括 PID 控制器的系统开环传递函数为

$$W_O(s)=K_1K_2W_P(s)\frac{K_3W_R(s)}{1+K_3W_R(s)K_4}W_s(s)K_5=\frac{0.0195}{s(0.227s+1)(0.47s+1)(10s+1)} \tag{4.72}$$

由式(4.72)可知,该自动舵控制系统为一个一阶无差系统,无静态误差。也就是如果给定了航向 ψ_r,则经过一定时间后,在自动舵控制下,船舶航向 ψ 回到 ψ_r,且 $\psi=\psi_r$。实际上,由于存在天气调节等不灵敏区,实际航向总与给定航向之间有误差。

自动舵进行自动航行工况定向航行,船舶运动轨迹接近正弦运动时,为了确定自动舵控制系统的正弦运动航向跟踪误差,假定在角频率为 $\omega_n=0.314$(周期 20 s)时跟踪误差 $e_m\leqslant 0.2°$,平均偏航角不大于 0.5°。这时可以求出平均偏航角的幅值为 $0.5\times\pi/2=0.785°$。最大偏航角速度为 $0.785°\omega_n$,最大偏航角加速度为 $0.785°\omega_n^2$。

自动舵开环频率特性和 PID 控制闭环系统幅频特性如图 4.27 和 4.28 所示。

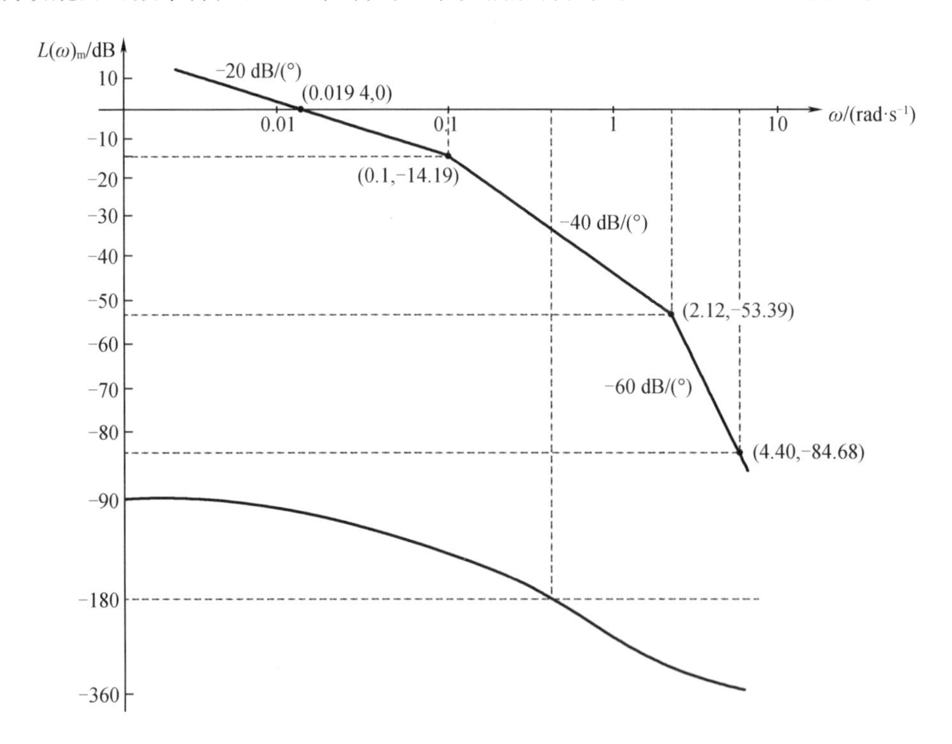

图 4-27　自动舵开环频率特性

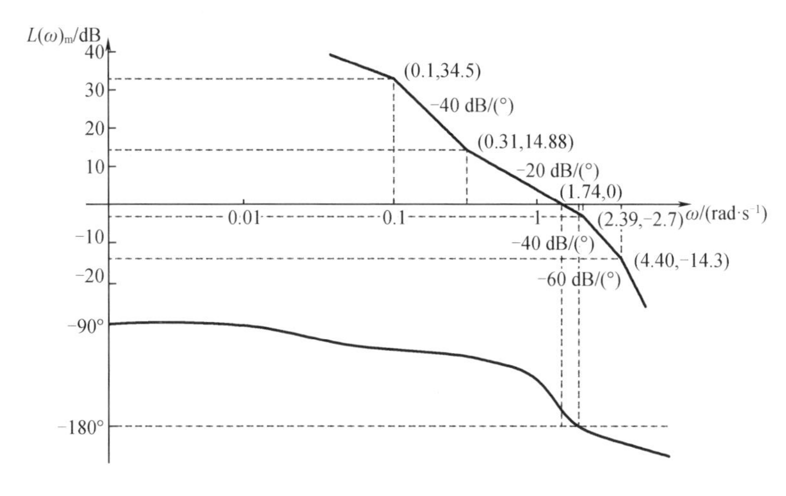

图 4－28　PID 控制闭环系统幅频特性

如图 4－29 所示，由控制系统理论可以确定自动舵控制系统的开环希望对数幅频特性低频段精度点的坐标 A 为 $(\omega_n, 20\lg 0.785/e_m)$，即(0.314,11.9)。当频率小于 ω_n 时，该点左边幅频特性曲线以 －40 dB/(°) 衰减，而频率大于 ω_n 时，该点右边幅频特性曲线以 －20 dB/(°) 衰减。这条幅频特性曲线可以作为此自动舵系统的中频段区的希望幅频特性曲线。如果系统开环幅频特性曲线在此希望曲线上方，则系统的正弦跟踪航向误差不大于 0.2°，平均偏航角不大于 0.5°。当然这仅仅是原理性误差，实际误差还要受天气调节等不灵敏区的影响，要比原理性误差大。图中 L_M 为频段希望频率特性曲线低频点纵坐标，L_m 为高频点纵坐标，h 为高、低频率的横坐标跨度，$\angle L_R$ 为希望的相频特性，$\angle L_0$ 为系统开环相频特性。

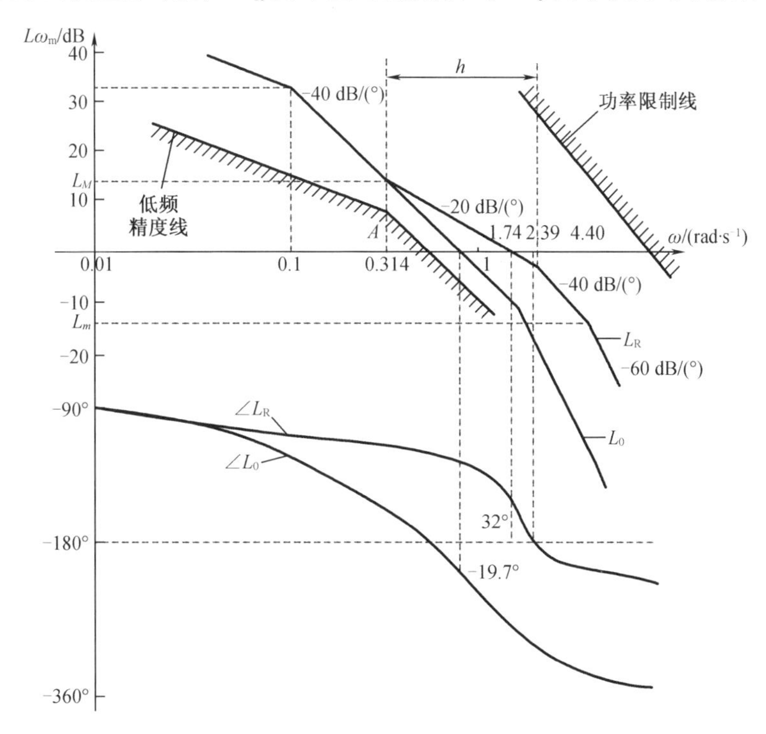

图 4－29　自动舵 PID 控制系统希望幅频特性

系统在中频段的希望频率特性确定如下：首先由控制系统的阶跃响应的超调量 σ，找出对应的系统振荡指标 M。对于二阶系统，M 和 σ 的关系为

$$\sigma = \exp[-\pi(M - \sqrt{M^2 - 1})] \times 100\% \tag{4.73}$$

对于高阶系统，当 $1.2 \leqslant M \leqslant 1.7$ 时，有

$$\sigma = [0.16 + 0.4(M - 1)] \times 100\% \tag{4.74}$$

令中频段希望幅频特性与 0 dB 线相交部分的曲线斜率为 −20 dB/(°)，而沿纵坐标与横坐标的跨度为

$$L_{\mathrm{M}} = 20\lg(M/M - 1) \tag{4.75}$$

$$L_{\mathrm{m}} = 20\lg(M/M + 1) \tag{4.76}$$

$$h = (M + 1)/(M - 1) \tag{4.77}$$

式中，L_{M}、L_{m} 和 h 分别为中频段希望频率特性曲线低频点纵坐标、高频点纵坐标和高、低频率的横坐标跨度，如图 4－29 所示。对于式(4.78)的自动舵系统，如果只考虑主极点影响，则可近似为一个二阶振荡环节。

如果在自动舵作用下，船舶从原给定航向变到新的给定航向时，允许超调量为 20%，则由式(4.73)，得 $M = 1.23$，于是可求得 $L_{\mathrm{M}} = 14.6$ dB，$L_{\mathrm{m}} = -5.17$ dB，$h = 9.7$。此时，中频段的希望频率特性也在图 4－29 中给出。

对于式(4.72)，在 $\omega_{\mathrm{n}} = 0.314$ 时，$20\lg|W_0(s)| = -34.8$ dB，所以应增大 $|W_0(s)|_{s=0.314\mathrm{j}}$ 的幅值，使 $W_0(s)$ 的幅频特性曲线符合希望坐标点 A 的幅值。由此可知，$W_0(s)$ 的幅值最少增加 −34.8 dB + 11.9 dB = 46.7 dB，为了留有余量，假定增加 49 dB，则此时 $W_0(s)$ 的增益应增加 281 倍，所以 $W_0(s)$ 变为

$$263 \times W_0(s) = \frac{5.1286}{s(10s + 1)(0.47s + 1)(0.227s + 1)} \tag{4.78}$$

当系统振荡指标在 $1.1 \leqslant M \leqslant 1.8$ 时，系统阶跃响应的过渡过程时间 t_s 由下式确定：

$$t_s = [2 + 1.5(M - 1) + 2.5(M - 1)^2]\pi/\omega_{\mathrm{c}} \tag{4.79}$$

式中，ω_{c} 为系统开环频率特性曲线的穿越频率。

希望频率特性曲线的高频段是根据舵机所给出的最大功率来确定的。如果知道了舵机在某一舵角 δ 时最大的跟踪角速度为 ω_k，如果 ω_k 再增加，则舵机功率饱和。如果舵机可用一个二阶振荡环节近似，则在图 4－29 中，过 ω_k 处作一条斜率为 −40 dB/(°)的直线，只要系统的开环幅频特性曲线在此直线下，则舵机功率不会饱和。这就是舵机功率限制线。

由图 4－29，我们得到了式(4.78)的系统开环频率特性 L_0 和相频特性 $\angle L_0$，也得到了希望的频率特性 L_{R} 和相频特性 $\angle L_{\mathrm{R}}$。由图中可知，如果不经过 PID 控制器校正，那么开环系统的相稳定储备为 −19.7°，系统是不稳定的。如果要让 L_0 经 PID 控制器校正到希望频率特性 L_{R}，假设 PID 的形式如下：

$$W_{\mathrm{c}}(s) = \frac{(T_1 s + 1)(T_2 s + 1)}{T_3 s + 1}$$

由希望幅频曲线的中频段在 A 点右边且在 A 点满足超调量时的 $L_M = 14.6$ dB 可知,在 A 点应有一转折点 $\omega_n = 0.314$ rad/s,即加入一个一阶微分环节,使其右侧变为中频段,故

$$T_1 = \frac{1}{\omega_n} = 3.18 \quad (\mathrm{s})$$

通过公式

$$\frac{L_M - 0}{\lg \omega_n - \lg \omega_c} = -20 \quad [\mathrm{dB}/(^\circ)]$$

可求得 $\omega_c = 1.74$ rad/s。中频段宽度 $h = 9.7$,则中频段的另一个转折点的横坐标为 $\omega_1 = \frac{2h}{h+1}\omega_c = 3.06$ rad/s,$T_3 = 0.32$ s。

除此之外,原开环系统在中频段区域有转折点 $\omega_2 = 2.1$ rad/s,使中频段的斜率更大,会降低系统的动态性能。因此需要增加一个一阶微分环节来抵消,即 $T_2 = 0.47$ s。那么我们选如下的 PID 控制器:

$$\begin{aligned} W_c(s) &= (0.47s+1)(3.18s+1)/(0.32s+1) \\ &= \frac{13.09}{s+3.125} + 4.67s - 3.19 \end{aligned} \tag{4.80}$$

式中　$K_P = -3.19$;

$K_I = 4.19$;

$K_D = 4.67$。

实际上考虑到系统的可实现性,$K_P = -3.19$ 时系统不可实现,故应选择合适的参数使系统能够实现。这里选择调节 T_3,因为增大 T_3 相当于增大带宽,对减小超调量有一定的作用。故选择 $T_3 = 0.417$ s。

那么选如下的 PID 控制器:

$$\begin{aligned} W_c(s) &= (0.47s+1)(3.18s+1)/(0.42s+1) \\ &= \frac{2.022}{s+2.40} + 3.59s + 0.16 \end{aligned} \tag{4.81}$$

式中　$K_P = 0.16$;

$K_I = 0.842\ 5$;

$K_D = 3.59$。

此时,系统不但可以满足低频段的精度要求、中频段的动态指标和高频段的功率限制,还有大约 $+32^\circ$ 的相稳定储备。PID 控制环节幅频特性如图 4 – 30 所示。

以上仅给出了线性自动舵控制系统设计的一般方法。如果考虑天气调节等非线性影响和其他工程设计的因素,则应进一步对系统进行研究。

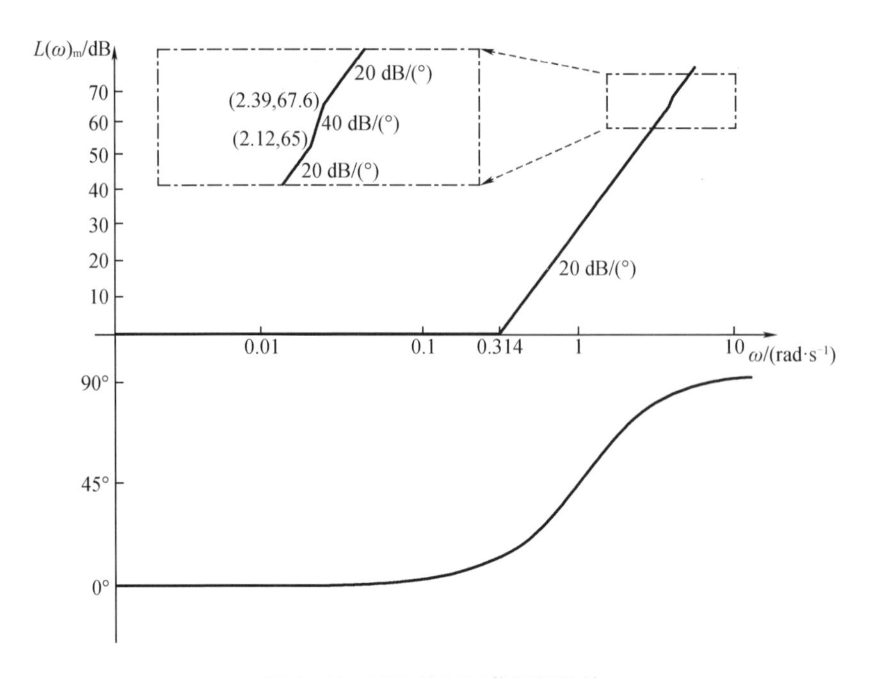

图 4－30　PID 控制环节幅频特性

第5章　船舶减摇控制及减摇装置

5.1　船舶横摇的危害

船舶横摇时会产生如下危害：

①横摇时船舶过分倾斜而使船舶倾覆(图5－1)；

②摇摆时产生的附加应力的作用而使船体和船上个别建筑物损坏(图5－2)；

③船舶在摇摆时的倾斜会产生额外惯性力而使固定不良的或散装的货物移动；

④船舷或船端淹没在波面下而使甲板浸水；

⑤摇摆时发生动力负荷的影响而使船上装置的工作遭到破坏；

⑥摇摆时水阻力的增加和推进器工作条件的恶化而使船舶的航速减小；

⑦引起晕船,降低船员的工作效率(图5－3)；

⑧影响军舰上武器的性能以及直升机的起落。

图5－1　船舶倾覆

图5－2　船舶损坏

图5－3　船员晕船

5.2 船舶横摇减摇装置及其评价

人们对船舶摇摆问题的科学研究始于18世纪中叶,但自19世纪中叶开始,造船业从木帆船发展为机动船后,船舶横摇阻尼大大减小,使舰船在海上航行、作业或战斗时,产生相当大的横摇运动。因此,人们相继提出了各种设想的减摇装置来减小船舶的横摇运动。

船舶横摇减摇根据减摇装置的减摇原理可分为调谐减摇、阻尼减摇和平衡减摇。调谐减摇采用改变系统的固有频率的方法,避开共振点,减少共振现象的发生。阻尼减摇增加系统的阻尼,从而减小共振峰值,如舭龙骨。平衡减摇在船上施加一个大小相等、方向相反的作用力,使船舶回到平衡状态,如减摇鳍、减摇水舱、移动重物等。

减摇装置可以按以下几个方面进行分类:

①按照稳定力和力矩的力学性质;

②按照控制方式,即用或不用人工控制;

③按照直接提供稳定力或力矩的工作机构形式;

④按照稳定力或力矩所实施的范围;

⑤按照改变船对扰动的感受性。

图5-4所示为船舶减摇装置按控制方式分类的示意图。

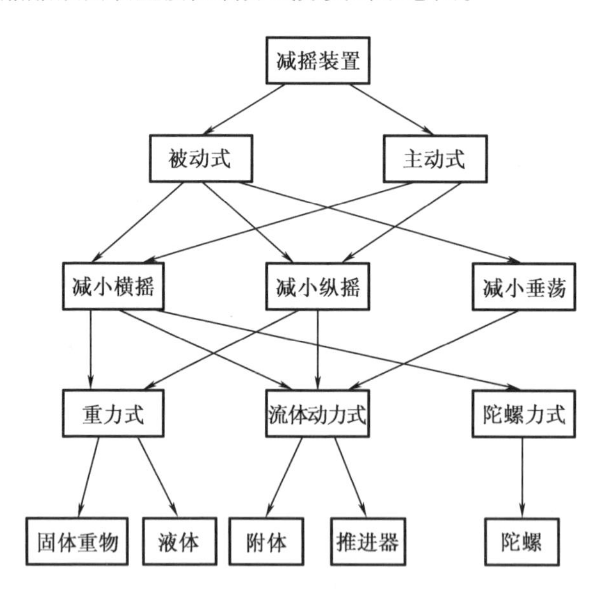

图5-4 船舶减摇装置按控制方式分类的示意图

5.2.1 减摇装置介绍

1. 舭龙骨

如图5-5所示,舭龙骨是目前应用最广泛,也是最简单的减摇装置。舭龙骨,顾名思义安装在船体舭部。舭龙骨早在19世纪初的帆船时代就已经被用来减小横摇。它沿着船长方向安装在船的舭部,在横摇时扰动船体周围的流场,使船产生附加阻尼,并借以增加横摇阻尼从而达到减摇的目的。它在任何情况下都有效,在近似共振状态下减摇效果最明显。与其他减摇方式相比较,舭龙骨的显著优点是没有运动部件,且除了通常所做的清除船体表面的维护外无须其他维护。装上舭龙骨的唯一的缺点是会使船舶阻力略有增加。另外,由于它具有简单、建造成本低、对航速影响小,且有一定的减摇效果(一般可减小横摇30%左右)等优点,目前几乎所有海船都毫无例外地装有舭龙骨,它已成为海船船体的一部分。因此,在一般情况下所谓减摇装置系指舭龙骨以外的减摇部分。

舭龙骨的结构形式主要有两种,即单板舭龙骨和双层板空心舭龙骨(又称三角式舭龙骨)。对减摇效果有影响的另一个因素是舭龙骨的尺寸。首先,舭龙骨的宽度对其减摇效果有影响。因为舭龙骨引起的附加阻尼随宽度增加而增大。其次是舭龙骨的长度对减摇效果的影响。通常舭龙骨的长度约为$L/4 \sim L/2$(L为船长),但因各类船型不同,其长度存在一有效值,当超过有效值时再增加其长度,舭龙骨效能变化不大,因为靠船首尾的舭龙骨处在舭部曲率减小的位置,故阻尼力矩很小。

图5-5　舭龙骨

2.减摇水舱

减摇水舱是依据双共振原理设计的,即水舱内水的固有振荡频率与船舶的固有横摇频率相等,这样,当相同频率的波浪作用于船舶时,舱内的水将沿船舶横向振荡,总是使其向上运动的水舱内的水达到最高水位,这种状态叫共振。

如图5-6所示,双摆的长度AB和BC长度相同,故其固有周期相等,船舶质量M为水舱质量m的10倍左右。水舱阻尼的模拟可以在C点处设置一卡纸板进行。

通过前面的分析可知,水舱的作用是将水周期性地聚积于水舱一边,即舱内水的重心沿横轴往复振荡,通过水的重力的作用,产生一个施加于船上的力矩,该力矩与船舶横摇角速度方向相反。这意味着船舶横摇和水舱中的水连续振荡,水舱产生的与船舶横摇角速度方向相反的力矩实际上是增加了船舶横摇阻尼,从而大大地减小了船舶横摇运动幅值。减摇水舱具体原理将在后面章节详细介绍,其水舱概念图如图5-7所示。

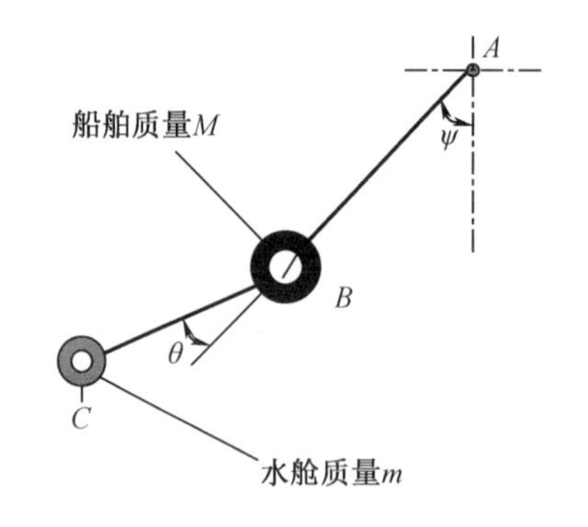

图 5-6　水舱阻尼模拟

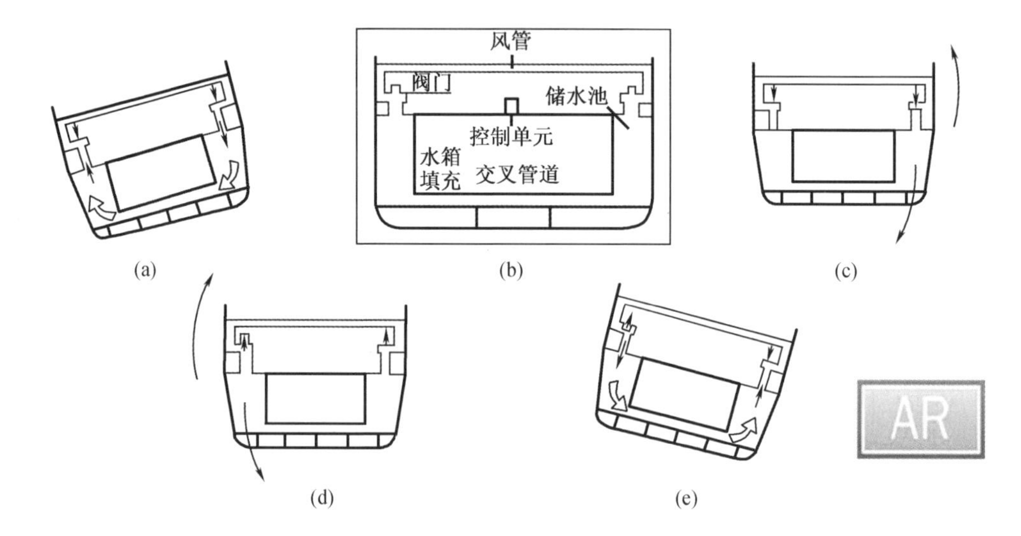

图 5-7　减摇水舱概念图

减摇水舱和减摇鳍是现阶段船舶减摇技术中最常用的减摇设备,减摇鳍在低航速行以及系泊状态下不能有效地减摇,而减摇水舱能够弥补这一方面的缺陷。

减摇水舱是一种在各种航速下都能有效减摇的船舶减摇装置,具有结构简单、造价低廉、便于维护保养等特点。它特别适用于滚装船、车客轮渡、集装箱船、钻探船和科学测量船等经常工作于零航速或低航速的船舶减摇,不仅可以减横摇和抗横倾,而且可以提高装卸效率,减少运输成本。对于科学测量考察船,减摇水舱还具有破冰功能。减摇水舱的分类如下:

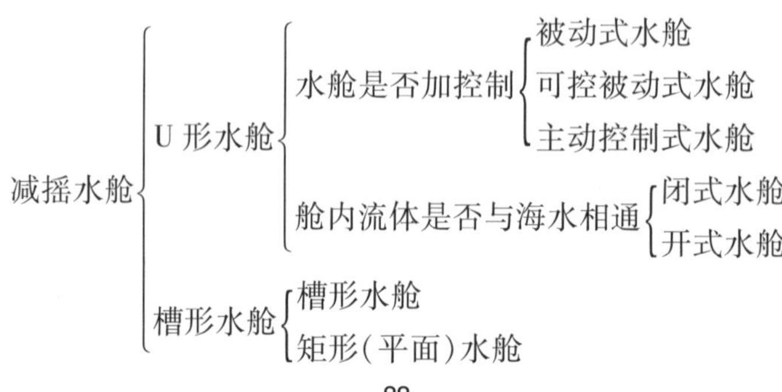

可控被动 U 形减摇水舱应用时间长，技术相对成熟，加上成本低、功率非常小等优势，得到了普遍应用，是除减摇鳍以外应用最多的减摇装置。最近一二十年国外对减摇水舱的研究和试验相当深入，研究的重点主要侧重于减摇水舱的控制算法及水舱功能的拓展。另外，国外一直都未放弃过对主动式减摇水舱的研究。

3. 减摇鳍

减摇鳍是目前效果最好的减摇装置，装于船中两舷舭部，剖面为机翼形，又称侧舵。通过操纵机构转动减摇鳍，使水流在减摇鳍上产生作用力，从而形成减摇力矩，减小摇摆，从而减少船体横摇。减摇鳍是一种减小船舶在风浪中横摇的自动控制装置，其构造主要包括机翼形的鳍（至少一对）、转鳍的传动装置和电气控制装置。通过鳍的运动减少船舶横摇运动，可提高船用设备的使用效率，改善船员的工作条件和船舶的适航性。在二级以下海情，减摇鳍的生摇功能可以用来进行船舶的适航性和船员操作训练；在系泊状态下，用于对系统的检查、维修和调试。如图 5－8 所示为装有减摇鳍的船舶。

图 5－8　装有减摇鳍的船舶

减摇鳍的类型依据安装船舶的要求而定，常见的类型有固定式减摇鳍用的小展弦比鳍和收放式减摇鳍用的开襟式大展弦比鳍，如图 5－9 所示。固定式减摇鳍，安装于鳍轴上的鳍只能绕鳍轴旋转，不能收进船体，这种鳍结构简单、质量小、成本较低，但是当船舶在静水中航行时会增加航行阻力，另外鳍的展弦比不能太大，这限制了减摇能力。收放式减摇鳍的展弦比大，故鳍面积较大，减摇效果比较好，由于减摇鳍不工作时可收进船体内，故它基本上不增加船体静水航行阻力，且鳍不易被碰坏。但是它的质量大、机械结构复杂、占用船体内部空间大、制造成本高。

减摇鳍是一种主动式减摇装置。通常航速在 10 ~ 15 km/h 的减摇效果最好，减摇鳍减摇效率可达 90%。例如，1985 年英国“玛丽皇后”号在大风浪条件下进行了减摇性能实验。当减摇鳍工作时，船的横摇角平均在 2° 左右；而减摇鳍不工作时，横摇角达 25°。S. Surendran、S. K. Lee 和 S. Y. Kim 又对装有主动式减摇鳍（采用 PID 控制）的驱逐型战舰在各种海况下的运动状况进行仿真分析，仿真结果证明了这种减摇鳍在任意海况下都具有较好的减摇效果。

图5-9 收放式和固定式减摇鳍

减摇鳍的最早专利是在1889年由约翰·桑尼克罗夫特获得的。1923年日本的元良信太郎设计了第一套实用的减摇鳍,经装船实验得到了良好的减摇效果。1935年英国的布朗兄弟公司设计的减摇鳍成功应用到一艘2 200 t的海峡渡轮上,从此减摇鳍得到了广泛的应用。目前许多国家海军的中高速大型船舶、许多商船和其他船舶都装有减摇鳍。

国内对主动式减摇鳍的研究从20世纪60年代开始,哈尔滨工程大学和上海船舶设备研究所等单位进行了大量的主动式减摇鳍研究设计工作,并在各类船舶上得到了成功的使用。减摇鳍是减摇效果最好的主动式减摇装置,但是其结构复杂、价格较高,需要经常维修保养,并且需要动力和控制系统。同时,传统减摇鳍还有一个缺点,船舶航速较高时减摇鳍才可以有效地减摇,而船舶在低航速或零航速情况下,传统减摇鳍几乎不能进行减摇。这主要跟减摇鳍的基本工作原理有关,即减摇鳍的工作需要有水流流过鳍的速度。当水流速度很小或为零时,鳍上的升力也变得很小,在零速时升力也同时消失了。

为弥补传统减摇鳍的不足,近年来出现了一种新的方法,即采用特殊鳍形的减摇鳍来对零速或系泊状态下的船舶进行减摇。减摇鳍零速减摇的概念是在1998年由M. Boadicea提出的,装备的减摇鳍可以在漂流或系泊下进行减摇。在零速模式下,上述系统中的减摇鳍以另外一种工作方式进行减摇,并且在航行模式下这种系统仍然可以满足期望的减摇效果。目前,已经有几十只船安装或更换了这种零速减摇系统。零速减摇系统应用划桨原理进行减摇,用鳍来代替桨。与普通鳍的形状和对称性不同,这种鳍的对称性很低,并且增加了弦长,使其能扫过最大的面积。这种形状的鳍可以在减摇鳍尾缘附近和大片集水面积处使鳍获得较大的升力。

4. 舵减摇

由于作用在舵上的水动力的作用中心与船重心之间存在一定的高度差,转舵时不仅会产生改变航向的艏摇力矩,同时还会产生横摇力矩。另外,由于船体绕艏摇轴的质量惯性矩比船体绕横摇轴的质量惯性矩大得多,一般为几倍甚至数十倍,因此横摇的自摇周期比艏摇周期小,这种差异表现为横摇对操舵的响应比艏摇快。舵减摇的原理正是基于这两点差异,在航向控制舵(低频)上叠加横摇减摇操舵(高频),正确地利用舵产生的横摇力矩部分抵消波浪产生的横摇扰动力矩,从而在控制航向的同时减小横摇,如图5-10所示。

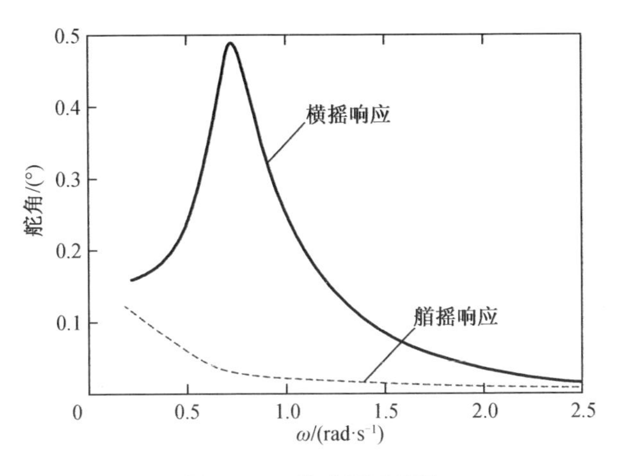

图 5－10　舵减摇原理图

5. 移动重物

移动重物减摇装置是通过移动重物来改变船体重心的位置,从而保证船舶的平稳性,如图 5－11 和图 5－12 所示。这种减摇装置在船上布置难度很大,且功率较大,现在很少有船舶选择安装移动重物减摇装置。

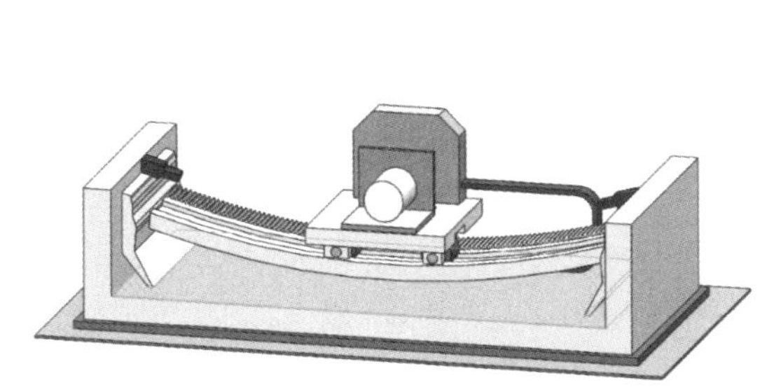

图 5－11　移动重物减摇装置

图 5－12　移动重物减摇装置俯视图

6. 减摇陀螺

减摇陀螺利用陀螺转子产生阻摇的稳定力矩使舰艇减少摇摆。陀螺的旋转力(旋转力矩)与船舶的横向摇摆呈相反方向,从而起到抑制摇摆的效果。减摇陀螺的减摇效果一般为 33% ～47% 。减摇陀螺因安装方便、噪声低,且无舷外部件而多在小型游艇上应用。世界上减摇陀螺主要厂商有美国的 Seakeeper 公司、澳大利亚的 Halcyon 公司、日本的三菱重工和澳大利亚的 SEA GYRO 公司。

最近几年,Seakeeper 等公司在减摇陀螺上进行了大量的研发投入,使得减摇陀螺技术取得了进步,单台设备能够提供的稳定力矩越来越大。Seakeeper 公司的减摇陀螺减摇效果最高达 80% ,几乎可以与减摇鳍媲美,但其消耗功率却比减摇鳍小,安装比减摇鳍方便,且其减摇能力跟航速无关,在豪华游艇、巡逻艇等小型船市场上发展前景广阔。该公司研制成功并投入市场的 M26000 型减摇陀螺(图 5－13)提供的稳定力矩比老款提高了 25% ,消耗功率只有 3 kW,单台设备可满足排水量达 110 t 船舶的减摇需求,而通过多台减摇陀螺联合作用,可以对大吨位的船舶实现减摇。世界上致力于减摇陀螺设计的公司有增多的趋势。在需要全航速(包括零航速)减摇的小型军舰对减摇陀螺也有较大的潜在需求,美国海军就曾于 1992 年在 UUS Worden 驱逐舰上安装了陀螺减摇装置。另外,减摇陀螺已经有大型化趋势,如意大利就在排水量为 41 700 t 的豪华班轮“康特迪 · 萨沃亚”号上安装了一套主动陀螺减摇装置。

图 5 – 13　美国 Seakeeper 公司的减摇陀螺

7. 新型减摇装置

常规减摇鳍、减摇水舱作为人们最为接受,同时也是应用最为广泛的船舶减摇装置,在最近的二十年里,其技术得到了充分的发展,并克服自身某些方面的不足,越来越受到用户欢迎。预计今后相当长的时间里,以上两种减摇装置还会在船舶减摇领域占有重要地位。虽然颠覆性的技术变革不太可能发生,但局部性能的改善与提高还是会不断出现,使得产品更加完善。

虽然在大部分情况下,船舶的减摇需求可通过前面所述的几种减摇装置来满足,但随着船舶技术的发展,更多的新船型被开发出来,以上这些传统的减摇装置就难以胜任很多新船型的减摇任务及安全性、适航性、耐波性要求。所以,伴随着新船型的出现,在最近的二十年的时间里,诸多新式减摇装置被开发出来,有的甚至成为一些新型船舶的必不可少的设备之一。

(1)全航速减摇设备

前面介绍过的舵鳍联合减摇就是这样的设备,舵鳍联合减摇不仅可在系泊和航行两种状态下减摇,且减小了减摇鳍尺寸,提高了减摇效果。虽然减摇水舱能够让在系泊状态下的船舶减摇,但毕竟其减摇效果较低,占用空间太大,在小船或性能要求极高的船上难以被接受。近年来刚刚投放到市场的零航速减摇鳍是目前最有发展潜力的减摇装置。该装置除了具有在系泊和航行时都能减摇这一优势外,更重要的是,理论上它在零航速时可以达到较好的减摇效果。自从 1998 年 Quantum 公司推出了世界第一款零航速减摇鳍以来,已经有多家公司陆续成功研制了零航速减摇鳍,具有代表性的有 Rolls-Royce 公司、Blohm + Voss industries 公司、Rodiquez 公司、Arcturus Marine 公司和 Krosys 公司等。

图 5－14 为美国某公司开发的 Maglift 型 Magnus 效应回转轴减摇装置，其利用马格纳斯效应（图 5－15），即令装置的旋转方向与水流或气流同向，则会在装置的一侧产生低压继而产生力矩。该装置适合于低航速下减摇，工作时旋转轴方向和转速不断根据船舶横摇情况进行调整来达到减摇要求。该装置停机时，回转轴自动沿水流方向贴在船壳板上，减少阻力。目前该公司开发出的产品已形成系列，可满足 25～160 m 长的中小型低速船舶（2～16 kn）的需要。

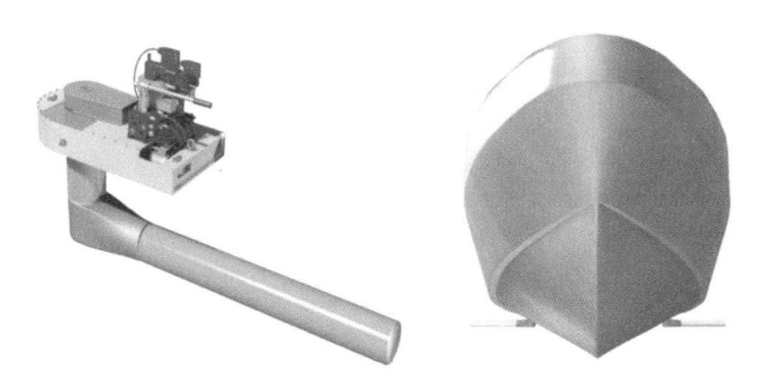

图 5－14　Magnus 效应回转轴减摇装置

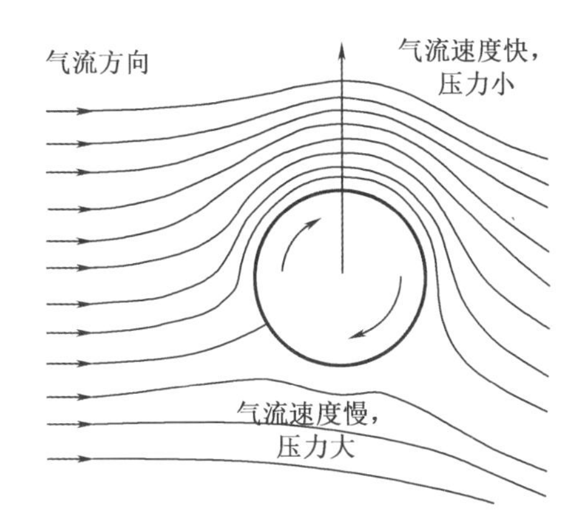

图 5－15　马格纳斯效应示意图

（2）减纵摇设备

纵摇也会给船舶带来不利影响，而激烈的纵摇会造成螺旋桨露出水面，发生飞车现象，显然这对主机的正常工作是有害的；还会使船底露出水面，产生砰击，出现船体砰击应力及局部流体冲击力，这些对船体的结构可能是危险的；激烈摇摆形成的甲板掩湿，使得在甲板上的正常战斗操作难以完成或是设备、货物受到损害。因此某种意义上来说，减纵摇更具迫切性。早在 1879 年，英国亨特船厂的德鲁西特就在一艘汽轮上装了一对艏鳍以减小纵摇。1955 年至 1990 年美国、英国、苏联等国均对减纵摇进行了研究和实船试验，结果表明，船舶纵摇是可以抑制的，加装艏鳍的减摇效果可达 30%～40%。国内哈尔滨工程大学也从 20 世纪 90 年代后开始研究减纵摇技术，并于 2002 年在一条 400 t 的船上进行了耐波性试验，迎浪下减摇效果为 29%～40%。

但实际上，因常规排水型船舶的纵摇惯性矩和纵摇阻尼要远大于横摇阻尼，使得船的纵摇响应要比横摇小，对船舶安全性的影响远小于横摇，也使得减纵摇的代价和难度远远高于减横摇。因此，常规船的用户对减纵摇的需求并不太强烈，这客观上也导致了减纵摇实船安装的案例很少见。上述试验船的吨位也都不大，很少有超过 1 000 t 的。

但纵摇和纵倾问题在高速小船上是一个影响安全性的严重的因素。进入 21 世纪后，高速艇和游艇等高性能船舶市场快速增长，船舶减纵摇技术又受到了前所未有的重视。随着现代控制技术及其他相关学科技术的发展，减纵摇技术已经不局限于安装艏鳍这一种方法，且在减纵摇的同时，往往还能实现减横摇、减少垂荡、控制横倾和纵倾，见图 5－16。

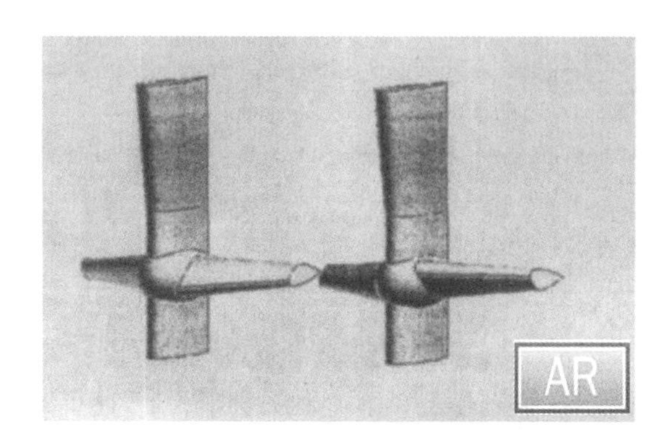

图 5－16　十字形抗纵摇舵

(3)新船型的姿态稳定与控制

为突破常规船舶性能和适应特殊环境的要求，人们提出了各种各样具有某些特殊性能的船舶，如图 5－17 所示。进入 21 世纪以后，随着世界海洋经济的发展，高性能的新船型过去还处于概念设计和理论研究，如今很多已变成了现实，被开发出来并成功应用到军舰、海洋执法、海上交通运输、高档游艇等领域。这些新船型包括气垫船、可控水翼艇、穿浪双体船、多体船、高航速船、地效应船、冲翼艇、飞翼艇等。这些船在实现自己的高性能的同时，往往在耐波性或航行和飞行姿态方面存在问题，这就要求减摇装置在实现传统的减少横摇的幅值外，还要帮助解决这些问题。以小水线面双体(SWATH)船为例，该船耐波性好、操纵性好、甲板面积大，优点非常多，但却存在纵向运动稳定性问题，如设计不好，航行时纵向运动易导致船失稳甚至倾覆。但通过对安装在潜体内侧的四只鳍进行控制，则可很好地解决这个问题，并可同时减横摇、纵摇、垂荡，还可使 SWATH 船运行在随波模式，避免恶劣海况下，波浪对跨桥的砰击和甲板上浪，姿态稳定与控制效果非常明显。

综合上述，根据传统减摇装置的发展现状以及新开发出的减摇装置的技术特点，可以对减摇装置未来的发展方向作出判断。预计常规减摇鳍、零航速减摇鳍、舵减摇、减摇水舱、Maglift 型减摇装置等现有的减摇装置在今后相当长的一段时间内将会继续应用下去，但可以肯定，这些产品一定会被不断改进与创新，越来越受到用户欢迎。

(a)气垫船　(b)可控水翼艇

(c)穿浪双体船　(d)多体船

(e)高航速船　(f)地效应船

(g)冲翼艇　(h)飞翼艇

图 5－17　新船型

减摇装置的发展方向不外乎以下四个方面。

(1)结构更加简单集成,设备成本更低,船上安装更加方便

包括 Maglift 型减摇装置等原理完全不同的诸多新型减摇装置的出现,以及减摇鳍装置自身的改进,将使得今后的减摇装置比当前的产品更加简单,设备更加集成,在船上安装将会变得更加快捷方便,安装难度大大降低,并使得设备占舱空间和设备质量进一步减小,设

备的材料成本、制造成本、安装成本、维护维修成本大幅降低。

(2)设备噪声更低,航行阻力更小,性能更加可靠

液压驱动的低噪声设计甚至电驱的应用,将会使设备的噪声显著降低,更加符合人类对舒适度的要求,也符合军舰声隐身要求。而具有良好流体动力性能的新型鳍翼的应用,除了降低水下噪声以外,还降低了流体阻力。随着可靠性理论在船舶减摇装置上的成功应用,设备的可靠性也会达到前所未有的水平。

(3)功能更加全面,实现船舶姿态控制

单一减横摇的减摇装置的应用将会越来越少,而能同时减横摇、纵摇和垂荡,控制船舶横倾和纵倾的综合减摇装置或船舶姿态控制系统将会取而代之。姿态控制系统既可以是一种设备,又可以是多种设备的联合控制系统,也包括减摇装置与舵同时控制船舶姿态和航向的情况。联合减摇装置,除了实现船舶航行时的减摇,在船舶低航速或系泊状态同样可以实现减摇。

(4)控制系统更加智能,减摇效果更好

未来的减摇装置,将一改目前的减摇效果受波浪和船舶参数的变化影响的现状,变得更加智能,能够自动识别外界参数的变化并做出相应调整,始终保持最佳的减摇效果,且对于各种故障均能作出准确详细的指示,甚至能够在一定程度上进行自我恢复。

另外,预计不远的将来,以下几种新型减摇装置会被开发出来,并受到市场欢迎。

(1)磁流体减摇装置

磁流体用于船舶推进的历史已有近三十年。1992 年日本率先研制成功世界第一台磁流体推进器实物,安装在“大和 - 1”号船上并试航成功。这标志着磁流体推进研究进入了一个新阶段。目前许多造船大国纷纷对此技术进行详细研究。据预测,此种推进方式将是 20 世纪最具发展前景的船舶推进方式之一。图 5 - 18 所示为螺旋通道磁流体推进器。

图 5 - 18 螺旋通道磁流体推进器

磁流体推进是利用海水中电流和磁场间的相互作用力使海水运动产生推进的一种方法。磁流体推进是把海水作为导电体,利用磁体在通道内建立磁场,通过电极向海水供电,此时载流海水就会在与它相垂直的磁场中受到电磁力(洛伦兹力)的作用,其受力方向按左手定则确定。海水受力时沿电磁力方向运动,其反作用力(即推力)推进船舶运动。在磁场一定的情况下,电流大、电磁力大、推力也大,船运动的速度就快;反之,电流小、电磁力小、推

力也小,船运动的速度也慢。当电流方向改变时,电极的极性会改变,电磁力和推力的方向也改变,船舶运动的方向也随之改变。这样就可以利用调节电流大小的方法来控制船的速度,利用改变电极的极性来操纵方向。

磁流体推进器还有相当多的问题需要解决,如产生超大磁场的超导磁体技术、能在海水中长期工作的电极材料、超导低温容器技术等,这些技术的实现距离在船上长期应用还有相当大的差距。但据资料,这些技术目前已在美国、日本以及中国(中科院)不断地取得进步,相信在船舶上全面应用指日可待。

几乎可以肯定,只要在船舶推进上应用没问题,这项技术就会很快应用于船舶减摇。早在 2004 年、2005 年国内就已有大学提出了磁流体减摇专利。与用于船舶推进类似,磁流体用于减摇也有诸多优势:与航速、海况和船况无关,振动小,噪声低,舱外无运动部件,可靠性高(不考虑元件自身可靠性)。且若推进器本身用的是磁流体,则用磁流体减摇的成本将会非常低。

(2)喷水舭龙骨减摇装置

舭龙骨是出现最早、应用最广泛也是最简单的减横摇装置,但长期以来,由于其对横摇的减少相当有限,只有 30% 左右,人们谈到减摇装置时很少会提起它。但如果将喷水推进技术与舭龙骨减摇结合,形成喷水舭龙骨减摇装置,则将会有广阔的应用前景。

具体来说,就是改进传统舭龙骨结构,内部设计成水流通道,高压水通过舭龙骨下面的沿船长方向排列的水口喷到舷外。与喷水推进类似,喷水产生的反作用力形成了横摇稳定力矩,两舷的喷水启停和喷水压力由控制系统根据船舶摇摆方向来控制,即可实现减摇。这种减摇方式,也与航速、浪向及船具体情况有关,在小型船舶,特别是在安装了喷水推进装置的船上,将会受到欢迎。

(3)船用局部减摇装置

局部减摇是指对船上局部而非整船的摇荡的幅值进行控制,如船员休息室、床铺、手术工作台、吊机底座等,这些局部减摇装置可安装在没有安装整船减摇装置的船上,如仅仅在船员休息室设置减摇设备,这可降低设备成本,又可满足最低限度的减摇需求。当然这些局部减摇装置还可安装在已经装有减摇鳍等一级减摇装置的船上,充当二级减摇装置,进一步减少摇荡幅值,实现"纹丝不动"。这在一些特殊场合极有必要,如医院船的减摇手术台,还有一些豪华游艇的减摇房间、减摇床等。

5.2.2　船舶横摇减摇装置的性能评价

为了评价减摇装置的性能,必须提出一个衡量减摇效果的指标。目前流行的评价减摇效果的指标很多,其中常用的有以下几种。

在进行减摇装置模型试验时,试验水池经常采用规则波;另外减摇装置在进行台架试验时,往往也采用规则波。此时,可采用谐摇时横摇幅值减少量作为衡量减摇装置的减摇效果,也就是

$$\gamma_{s_1} = \varphi_u / \varphi_s \tag{5.1}$$

式中,φ_u 和 φ_s 分别为不减摇和减摇时的横摇角幅值。式(5.1)表示的减摇效果比实际减摇

效果要高。

船舶在不规则波中的减摇装置的减摇效果用不减摇和减摇的有义横摇角的比值来确定,即

$$\gamma_{s_2} = \varphi_{1/3,u}/\varphi_{1/3,s} \tag{5.2}$$

式中 $\varphi_{1/3,u}$和$\varphi_{1/3,s}$——船舶不减摇时和减摇时的横摇角有义值;

γ_{s_2}——减摇倍数。

减摇倍数有时也用不减摇和减摇时的横摇角均方根值之比来定义,即

$$\gamma_{s_3} = \sigma_u/\sigma_s \tag{5.3}$$

式中,σ_u 和 σ_s 分别为不减摇和减摇时的横摇角均方根值。

在实际应用中,还可以用不减摇和减摇时横摇角平均值之比来衡量减摇装置的减摇倍数,即

$$\gamma_{s_4} = \overline{\varphi}_u/\overline{\varphi}_s \tag{5.4}$$

式中,$\overline{\varphi}_u$ 和 $\overline{\varphi}_s$ 分别表示不减摇和减摇时的横摇角平均值。我国生产的 NJ3 和 NJ4 系列减摇鳍即采用这种方式进行减摇效果测量。

减摇效果除了用不减摇和减摇时横摇角的比值来确定外,还可以用百分比来表示,它和上面定义的减摇倍数有如下关系:

$$\gamma_s = (1 - 1/\gamma_s) \tag{5.5}$$

这里 γ_s 为式(5.2)中的 γ_{s_2}与式(5.5)中的 γ_s的值。

使用上述的减摇效果来评价减摇装置的减摇能力比较直观,使用方便、容易理解。但是同一个减摇装置,当海况不同、航向和航速不同时减摇效果不同,所以很难确定用哪一个 γ_s 值来评价装置的减摇能力,在实际使用中,往往引起一些混乱。另外这种评价方法不能分辨出减摇和不减摇时横摇角的大小。

下面提出的评价减摇装置的减摇效果的方法可以克服上述缺点。这个方法是以船舶在不减摇时和减摇时的横摇角超过某给定值的概率比来表示减摇效果。船舶横摇角幅值服从瑞利分布,横摇角超过某一给定值 φ^* 的超越概率为

$$p(\varphi > \varphi^*) = \exp(-\varphi^{*2}/2\sigma^2) \tag{5.6}$$

φ^* 是根据船舶所承担的使命选定的,这是减摇装置设计的重要指标。于是,可以定义一个评价减摇装置效果的值:

$$\gamma_{sp} = p_s(\varphi_s > \varphi^*)/p_u(\varphi_u > \varphi^*) \tag{5.7}$$

式中

$$p_s(\varphi_s > \varphi^*) = \exp(-\varphi^{*2}/2\sigma_s^{\ 2})$$

$$p_u(\varphi_u > \varphi^*) = \exp(-\varphi^{*2}/2\sigma_u^{\ 2})$$

利用 γ_{s_3}的形式,γ_{sp}可以表示为

$$\gamma_{sp} = \exp\left[\frac{\varphi^{*2}}{2\sigma_u^2}(1 - \gamma_{s_3}^{\ 2})\right] \tag{5.8}$$

剩余摇摆角也是评价减摇装置减摇能力的一种方法。由于它可以应用于不同航向和航速并且还可以知道船舶减摇后的横摇情况,所以它的应用越来越广泛。目前我国的许多减

摇鳍利用它来作为减摇指标，如 NJ5 系列减摇鳍在设计海况中的剩余横摇角的平均值小于 3°。剩余摇摆角的定义是：当减摇装置工作后，在规定的船舶工况下（设计航速、设计海况下），船舶的残余横摇角有义值（或平均值、均方根）不大于 φ^*。其中 φ^* 亦为一个根据船舶实际需要而选定的值。

5.2.3　船舶横摇减摇装置的选择

选择何种减摇装置，应考虑船舶的减摇要求、船舶的工作情况、船舶的结构和制造成本等诸多因素，通常下列因素在选择减摇装置时应予以考虑。

(1) 减摇效果

一般来说，减摇鳍的减摇效果最好，可控被动式减摇水舱其次，而被动水舱最差。但是减摇鳍一般用于高速或中速船舶，而对于低航速船舶和某些特殊用途的经常在零航速下工作的船舶，减摇鳍就没有多少减摇效果。但减摇水舱在各种航速下都有减摇效果。

(2) 占用船内空间

减摇鳍占用船内空间较小，特别是不可收放式减摇鳍，它占用船内空间最小，而且除了鳍及鳍机械组合体对安装位置有一定要求外，减摇鳍的其余部分可以灵活地安装于船内合适的地方。减摇水舱占用船内很大空间，而且占用的空间是船内相当重要的部分。

(3) 对船舶性能的影响

由于不可收放式减摇鳍的鳍始终位于船体外，所以会增加船舶静水航行阻力；收放式减摇鳍不使用时，鳍收进船体内的鳍箱，但因船体开口及附近船体加强等附加物对船舶静水航速有些影响。一般来说，不可收放式减摇鳍的静水航速损失不应大于 0.5 kn。减摇水舱布置在船内，不增加船体航行阻力，但是减摇水舱质量一般较减摇鳍大，所以质量的增加也会影响船舶航速。另外，减摇水舱对船舶的初稳性会有一些不利影响，而减摇鳍基本不影响初稳性。

(4) 所需动力

被动式减摇水舱不需动力，可控式被动水舱仅需很少的动力，而主动式减摇水舱要很大的动力，故它的应用受到了限制。减摇鳍需要较大的动力。

(5) 经济性

减摇鳍的造价较高，特别是收放式减摇鳍的造价更高，这也是减摇鳍不能广泛应用于民船的一个重要因素。减摇水舱的造价很低，并且维修保养简单，所需费用也低。减摇鳍维修保养比较复杂，并且船体外的鳍须定期更换，相应的维修费用也较高。

对于各种常用的减摇装置的性能的综合比较见表 5-1，表中也列出了舭龙骨的性能。

表 5-1　常用减摇装置的比较

型式	收放式减摇鳍	不可收放式减摇鳍	主动式减摇水舱	被动式减摇水舱	舭龙骨
减摇百分数/%	90	70~90	60	50	35
低航速有效性	无	无	有	有	有
占排水量比例/%	1	<1	1~4	1~2	几乎没有

表 5-1(续)

型式	收放式减摇鳍	不可收放式减摇鳍	主动式减摇水舱	被动式减摇水舱	舭龙骨
对初稳性影响	无	无	有	有	无
静水航行阻力	较小	较大	无	无	小
动力	小	小	大	无	无
船内空间	一般	少	一般	一般	无
横向贯穿船体	无	无	通常有	有	无
损伤可能性	收进时无	有	无	无	有
造价	比较高	一般	一般	低	极低
维修费	较高	一般	一般	低	低

5.3 船舶横摇运动数学模型

5.3.1 船舶线性横摇运动数学模型

如果船舶的横摇运动角度较小,则可以应用线性横摇理论来分析船舶的横摇运动。依照 Conolly 的理论,船舶线性横摇可以表示为

$$(I_x+\Delta I_x)\ddot{\varphi}+2N_u\dot{\varphi}+Dh\varphi=-(\Delta I_x\ddot{\alpha}_2+2N_u\dot{\alpha}_2+Dh\alpha_1) \tag{5.9}$$

式中 I_x、ΔI_x——相对于通过船舶重心的纵轴的惯量和附加惯量;

$2N_u$——每单位横摇角速度的船舶阻尼力矩;

D——船舶排水量;

h——横稳心高;

$$\alpha_1=\alpha_{01}\sin\omega_e t=k\zeta_a e^{-kT}\sin\mu_e D\sin\omega_e t \tag{5.10}$$

$$\alpha_2=\alpha_{02}\sin\omega_e t=k\zeta_a e^{-kT}\sin\mu_e C\sin\omega_e t \tag{5.11}$$

式(5.9)可以写成

$$\ddot{\varphi}+2\omega_\varphi n_u\dot{\varphi}+\omega_\varphi^2\varphi=-(q\ddot{\alpha}_2+2\omega_\varphi n_u\dot{\alpha}_2+\omega_\varphi{}^2\alpha_1) \tag{5.12}$$

式中

$$\omega_\varphi=\sqrt{(Dh/(I_x+\Delta I_x))}\quad(s^{-1}) \tag{5.13}$$

$$n_u=v/\omega_\varphi=N_u/\omega_\varphi(I_x+\Delta I_x) \tag{5.14}$$

$$v=N_u/(I_x+\Delta I_x)\quad(s^{-1}) \tag{5.15}$$

$$q=\Delta I_x/(I_x+\Delta I_x) \tag{5.16}$$

其中 ω_φ——船舶的横摇固有频率,它是表征横摇的重要参数,相当于假设船舶不受阻尼作用时在静水中的横摇频率,对于确定状态的船舶它是一个固定的数值;

v——船舶的横摇衰减系数,它表征阻尼和惯性对横摇衰减的影响;

n_u——无因次衰减系数，它表征阻尼、惯性和复原力矩对横摇的影响，是表征横摇的重要参数；

q——附加惯量和总惯量之比，对于瘦型船舶，可由下式估计：

$$\Delta I_x/I_x = -0.186 + 1.179C_B - 0.615C_B^2 (\text{没有舭龙骨船})$$

$$\Delta I_x/I_x = -0.002 + 0.814C_B - 0.316C_B^2 (\text{有中等大小的舭龙骨船})$$

其中，C_B 为船舶的方形系数。

实验证明，在式(5.9)中，等号右边三项横摇力矩中的 $\Delta I_x \ddot{\alpha}_2$ 和 $2N_u \dot{\alpha}_2$ 项数值比 $Dh\alpha_1$ 项要小得多，所以在一般应用中，仅考虑对船舶横摇的作用，于是式(5.9)可写成

$$(I_x + \Delta I_x)\ddot{\varphi} + 2N_u \dot{\varphi} + Dh\varphi = -Dh\alpha_1 \tag{5.17}$$

对式(5.17)进行拉氏变换，并计初始条件 $\varphi(0) = \dot{\varphi}(0) = \ddot{\varphi}(0) = 0$，得船舶横摇传递函数为

$$W_\varphi(s) = \frac{\varphi(s)}{\alpha_1(s)} = \frac{1}{T_\varphi^2 s^2 + 2T_\varphi n_u s + 1} \tag{5.18}$$

式中，T_φ 为船舶的固有横摇周期：

$$T_\varphi = 2\pi/\omega_\varphi \tag{5.19}$$

当波浪力矩的频率等于 ω_φ 时，扰动力矩在整个周期内和横摇方向一致，波浪对船做功最多，横摇幅值最大，这种情况就是谐摇。在谐摇时船舶不仅横摇很大，而且当波浪频率在 ω_φ 附近时，船舶横摇也相当大。

设 $\Lambda = \frac{\omega_\varphi}{n_u}$ 为调谐因数，通常称 $0.7 < \Lambda < 1.3$ 为谐摇区。

增大 n_u 对减小船舶横摇最为有效，尤其在谐摇点，横摇幅度与阻尼系数成反比。利用增大横摇阻尼来减小船舶横摇也是船舶减摇装置设计中的主导思想。

横摇幅频特性为

$$|W_\varphi(j\omega)| = |\varphi_u/\alpha_{e0}| = \frac{1}{\sqrt{(1-\Lambda^2)^2 + 4n_u^2\Lambda^2}} \tag{5.20}$$

式中，α_{e0} 为最大有义波倾角。

5.3.2　船舶在长峰波海浪中的线性横摇

设长峰波海浪为一个零均值的、具有各态历经的正态平稳随机过程。它作用于船舶后使船舶产生横摇。假定船舶的横摇模型为如式(5.17)所示的线性模型，则船舶横摇亦是一个零均值、具有各态历经的正态平稳随机过程。

根据随机过程理论，横摇角 $\varphi(t)$ 的谱密度为

$$S_\varphi(\omega) = |W_\varphi(j\omega)|_\zeta^2 S_\zeta(\omega) \tag{5.21}$$

式中　$S_\zeta(\omega)$——波高谱密度；

$|W_\varphi(j\omega)|_\zeta$——横摇角对波高的幅频特性。

把式(5.20)代入式(5.21)，则有

$$S_{\varphi}(\omega)=\frac{1}{(1-\Lambda^{2})^{2}+4n_{u}^{2}\Lambda^{2}}\cdot\frac{\omega_{e}^{4}}{g^{2}}\cdot S_{\zeta}(\omega)\tag{5.22}$$

$$S_{\varphi}(\omega)=\frac{1}{(1-\Lambda^{2})^{2}+4n_{u}^{2}\Lambda^{2}}S_{\alpha\omega}(\omega)\tag{5.23}$$

式中,$S_{\alpha\omega}(\omega)$为长峰波海浪的波倾角谱。

船舶的横摇运动剧烈程度可以用横摇角方差来描述,它可以写成

$$m_{\varphi}=\int_{0}^{\infty}S_{\varphi}(\omega)\mathrm{d}\omega\tag{5.24}$$

当船舶斜航于长峰波海浪时,船舶和海浪的遭遇频率和波倾角变为

$$\omega_{e}=\omega\left(1+\frac{\omega V}{g}\cos\mu_{e}\right)\tag{5.25}$$

$$\alpha_{1}=\alpha_{e}\sin\mu_{e}\sin\omega_{e}t\tag{5.26}$$

于是船舶在斜浪中的频率特性为

$$|W_{\varphi}(\mathrm{j}\omega_{e})|_{\alpha}^{2}=\left|\frac{\varphi_{u}}{\alpha_{e0}}\right|^{2}=\frac{\sin^{2}\mu_{e}}{(1-\Lambda^{2})^{2}+4n_{u}^{2}\Lambda^{2}}\tag{5.27}$$

或

$$|W_{\varphi}(\mathrm{j}\omega_{e})|_{\zeta}^{2}=\left|\frac{\varphi_{u}}{\zeta_{a}}\right|^{2}=\frac{\omega^{4}}{g^{2}}\cdot\frac{\sin^{2}\mu_{e}}{(1-\Lambda^{2})^{2}+4n_{u}^{2}\Lambda^{2}}\tag{5.28}$$

遭遇波谱$S_{\zeta}(\omega_{e})$可以由波谱$S_{\zeta}(\omega)$转换,其转换原则是:$S_{\zeta}(\omega_{e})$曲线下的面积应等于自然波谱曲线下的面积。这是因为波谱表示各频率范围子波的能量,谱曲线下面积表示单位面积海面的波能。只要浪级一定,波能就是一定的,不因船舶的航向、航速不同而改变,因此有下式:

$$\int_{0}^{\infty}S_{\zeta}(\omega)\mathrm{d}\omega=\int_{0}^{\infty}S_{\zeta}(\omega_{e})\mathrm{d}\omega_{e}\tag{5.29}$$

或

$$S_{\zeta}(\omega)\mathrm{d}\omega=S_{\zeta}(\omega_{e})\mathrm{d}\omega_{e}\tag{5.30}$$

对式(5.25)进行微分,得

$$\mathrm{d}\omega_{e}=\left(1+\frac{2\omega V}{g}\cos\mu_{e}\right)\mathrm{d}\omega\tag{5.31}$$

式中,V为船速。把式(5.31)代入式(5.30)中,得

$$S_{\zeta}(\omega_{e})=\frac{S_{\zeta}(\omega)}{1+\frac{2\omega V}{g}\cos\mu_{e}}\tag{5.32}$$

斜航船舶的横摇谱密度为

$$S_{\varphi}(\omega_{e})=|W_{\varphi}(\mathrm{j}\omega_{e})|_{\zeta}^{2}S_{\zeta}(\omega_{e})\tag{5.33}$$

把式(5.28)和式(5.32)代入式(5.33)得

$$S_{\varphi}(\omega_{e})=\frac{\omega^{4}}{g^{2}}\cdot\frac{\sin^{2}\mu_{e}}{(1-\Lambda^{2})^{2}+4n_{u}^{2}\Lambda^{2}}\cdot\frac{S_{\zeta}(\omega)}{1+\frac{2\omega V}{g}\cos\mu_{e}}\tag{5.34}$$

同样也可以计算斜航时船舶横摇的方差。在计算方差时,不需要计算式(5.32)的波能

转换,而直接采用式(5.35)进行计算:

$$m_{\varphi} = \int_{0}^{\infty} |W(j\omega_e)|_{\zeta}^{2} S_{\zeta}(\omega)d\omega \tag{5.35}$$

总之,船舶在长峰波中的线性横摇运动是一个零均值的平稳随机过程,横摇角服从正态分布,横摇角幅值服从瑞利分布。下面是一些常用的统计值:

平均横摇角为

$$\bar{\varphi} = 1.25\sqrt{m_{\varphi}} \tag{5.36}$$

有义横摇角为

$$\bar{\varphi}_{1/3} = 2.0\sqrt{m_{\varphi}} \tag{5.37}$$

3%保证率横摇角为

$$\bar{\varphi}_{3\%} = 2.64\sqrt{m_{\varphi}} \tag{5.38}$$

5.3.3　船舶非线性横摇运动数学模型

上面介绍的船舶线性横摇运动数学模型在船舶横摇角度较小时(如小于8°)能较好地描述船舶的横摇运动,但是对于大角度横摇,许多非线性因素就变得突出了,以至于利用线性横摇模型不能很好地反映船舶的横摇特性。

引起非线性横摇首先是由于横摇恢复力矩的非线性。横摇角和横摇恢复力矩在小角度时具有线性关系,即为 $Dh\varphi$,但是随着横摇角的增大,它们之间就出现了非线性关系。

非线性横摇恢复力矩可以表示为

$$K_s = -C_1\varphi - C_3\varphi^3 - C_5\varphi^5 \tag{5.39}$$

式中,C_1、C_3 和 C_5 为常数,$C_1 = Dh$。

其次随着横摇角度的增大,横摇阻尼力矩也呈现出了非线性特征。在小角度时,非线性部分占的比例较小,允许进行线性处理。非线性阻尼力矩可表示为

$$K_{H_2}(\dot{\varphi}) = -B_1\dot{\varphi} - B_2|\dot{\varphi}|\dot{\varphi} \tag{5.40}$$

平方项写成$|\dot{\varphi}|\dot{\varphi}$是为了保证阻尼力矩与$\dot{\varphi}$方向相反。

由上面分析可以得到船舶的非线性横摇运动模型为

$$(I_x + \Delta I_x)\ddot{\varphi} + B_1\dot{\varphi}| + B_2|\dot{\varphi}|\dot{\varphi} + C_1\varphi + C_3\varphi^3 + C_5\varphi^5 = -Dh\alpha_1 \tag{5.41}$$

在实际应用中,船舶的非线性横摇运动模型常分两种非线性情况。

1. 非线性阻尼——线性恢复力矩的横摇非线性方程

此时,式(5.41)中 $C_3 = C_5 = 0$,C_1 为常数,即有

$$(I_x + \Delta I_x)\varphi + B_1\dot{\varphi} + B_2|\dot{\varphi}|\dot{\varphi} + C_1\varphi = -Dh\alpha_1 \tag{5.42}$$

在处理式(5.42)时,可以求一等效线性阻尼:

$$-K_{H_2}(\dot{\varphi}) = 2N_e\dot{\varphi} \tag{5.43}$$

取代式(5.42)中的 $B_1\dot{\varphi} + B_2|\dot{\varphi}|\dot{\varphi}$。取代原则可以是在横摇过程中,在相同时间内两者消耗的能量相等,也就是由式(5.40)表示的横摇阻尼力矩和由式(5.43)表示的横摇阻尼力矩在此时间内做相等的功。这样,两者在横摇过程中所起的效果近似相同。$2N_e\dot{\varphi}$称为$B_1\dot{\varphi} + B_2|\dot{\varphi}|\dot{\varphi}$的等效线性化阻尼力矩,$N_e$ 为等效线性化阻尼系数。

N_e 可以由下面方法求得：

设稳定的非线性横摇运动近似为正弦运动，横摇角为

$$\varphi = \varphi_u \sin \omega_e t$$

根据能量相等原则，有

$$\int_t 2N_e \dot{\varphi} \mathrm{d}\varphi = \int_t (B_1 \dot{\varphi} + B_2 |\dot{\varphi}| \dot{\varphi}) \mathrm{d}\varphi \tag{5.44}$$

取 1/4 周期为积分范围，则式(5.44)左边为

$$\begin{aligned}
\int_0^{\frac{\pi}{2}} 2N_e \dot{\varphi} \mathrm{d}\varphi &= 2N_e \int_0^{\frac{\pi}{2}} \omega_e \varphi_u \cos \omega_e t \mathrm{d}[\varphi_u \cos \omega_e t \mathrm{d}(\omega_e t)] \\
&= 2N_e \int_0^{\frac{\pi}{2}} \varphi_u^2 \omega_e \cos \omega_e t \mathrm{d}(\omega_e t) \\
&= \frac{\pi}{4} \cdot 2N_e \varphi_u^2 \omega_e
\end{aligned} \tag{5.45}$$

式(5.45)右边积分为

$$\int_0^{\frac{\pi}{2}} (B_1 \dot{\varphi} + B_2 |\dot{\varphi}| \dot{\varphi}) \mathrm{d}\varphi = \int_0^{\frac{\pi}{2}} B_1 \dot{\varphi} \mathrm{d}\varphi + \int_0^{\frac{\pi}{2}} B_2 \dot{\varphi}^2 \mathrm{d}\varphi \tag{5.46}$$

式(5.46)右边第一项积分结果为$\frac{\pi}{4} B_1 \varphi_u^2 \omega_e$，第二项积分结果为$\frac{\pi}{4} \times \frac{8}{3} B_2 \varphi_u^2 \omega_e^2$，于是

$$\int_0^{\frac{\pi}{2}} (B_1 \dot{\varphi} | + B_2 |\dot{\varphi}| \dot{\varphi}) \mathrm{d}\varphi = \frac{\pi}{4} \varphi_u^2 \omega_e \left(B_1 + \frac{8}{3\pi} \varphi_u \omega_e B_2 \right) \tag{5.47}$$

比较式(5.46)和式(5.47)，得

$$2N_e = B_1 + \frac{8}{3\pi} \varphi_u \omega_e B_2 \tag{5.48}$$

把式(5.48)的等效线性阻尼代入式(5.41)中，则可以得到非线性阻尼横摇运动数学模型的等效线性横摇运动模型，即

$$(I_x + \Delta I_x) \ddot{\varphi} + 2N_e \dot{\varphi} + Dh\varphi = -Dh\alpha_1 \tag{5.49}$$

2. 线性阻尼——非线性恢复力矩的横摇非线性方程

在式(5.41)中，取 $B_2 = 0$，则阻尼力矩为线性。非线性恢复力矩如用三次函数来逼近恢复力矩曲线 $K_s(\varphi)$，则 $C_5 = 0$。于是有如下的线性阻尼——非线性恢复力矩横摇非线性模型：

$$(I_x + \Delta I_x) \ddot{\varphi} + 2N_u \dot{\varphi} + C_1 \varphi + C_3 \varphi^3 = -Dh\alpha_1 \tag{5.50}$$

恢复力矩与阻尼力矩性质不同，后者在横摇过程中要消耗船体的能量，而前者在一个周期内做功为零，其间只有能量转换，因此处理恢复力矩不能像处理阻尼力矩那样利用等能量线性化。恢复力矩的线性化如下所述：

设微分方程(5.50)的线性解为

$$\varphi = \varphi_u \sin(\omega_e t - \varepsilon_\varphi) \tag{5.51}$$

则恢复力矩为

$$-K_{H_2}(\varphi) = C_1 \varphi_u \sin(\omega_e t - \varepsilon_\varphi) + C_3 \varphi_u^3 \sin^3(\omega_e t - \varepsilon_\varphi)$$

$$
\begin{aligned}
&= C_1\varphi_u\sin(\omega_e t-\varepsilon_\varphi)+C_3\varphi_u^3\left\langle\frac{3}{4}\sin(\omega_e t-\varepsilon_\varphi)-\frac{1}{4}\sin 3(\omega_e t-\varepsilon_\varphi)\right\rangle\\
&\approx C_1\varphi_u\sin(\omega_e t-\varepsilon_\varphi)+\frac{3}{4}C_3\varphi_u^3\sin(\omega_e t-\varepsilon_\varphi)\\
&=\left(C_1+\frac{3}{4}C_3\varphi_u^2\right)\varphi_u\sin(\omega_e t-\varepsilon_\varphi)\\
&=C_e\varphi
\end{aligned}
\tag{5.52}
$$

式中

$$C_e=C_1+\frac{3}{4}C_3\varphi_u^2 \tag{5.53}$$

其中,C_e 称为线性化横摇恢复力矩系数。于是式(5.50)线性化为

$$(I_x+\Delta I_x)\ddot{\varphi}+2N_u\dot{\varphi}+C_e\varphi=-Dh\alpha_1 \tag{5.54}$$

式(5.54)即为具有恢复力矩非线性的船舶横摇运动的线性化模型。

5.4　横摇减摇的原理与控制规律

已知船舶受到海浪作用后的线性横摇可由式(5.17)表示,式中等号右边是海浪扰动力矩。如果有一个横摇减摇装置,在它的作用下,产生对抗海浪力短的控制力矩 K_c,则式(5.17)可以写成

$$(I_x+\Delta I_x)\ddot{\varphi}+2N_u\dot{\varphi}+Dh\varphi=-Dh\alpha_1-K_c \tag{5.55}$$

如果使 $K_c=-Dh\alpha_1$,则上式右边为零,于是船舶就会停止横摇。横摇减摇装置所产生的控制力矩是如何选择的?它符合什么样的控制规律才能使减摇效果最好?这是本节所要讨论的问题。

由式(5.55)可知,船舶横摇时,有三种力矩[恢复力矩 $Dh\varphi$,阻尼力矩 $2N_u\dot{\varphi}$ 和惯性力矩 $(I_x+\Delta I_x)\ddot{\varphi}$]和外加力矩(海浪扰动力矩 $Dh\alpha_1$ 和控制力矩 K_c)平衡。于是可知,如果要抵消海浪扰动力矩 $Dh\alpha_1$,则控制力矩也必须包括:

①与 φ 成比例的控制力矩 $A\varphi$;

②与 $\dot{\varphi}$ 成比例的控制力矩 $B\dot{\varphi}$;

③与 $\ddot{\varphi}$ 成比例的控制力矩 $C\ddot{\varphi}$。

下面讨论在以上三种控制力矩单独作用下及各力矩综合作用下的减摇性能。

5.4.1　以横摇角速度 $\dot{\varphi}$ 控制

以横摇角速度控制时使减摇装置产生一个正比于横摇角速度的控制力矩,即

$$K_c=B\dot{\varphi} \tag{5.56}$$

并使 K_c 和波浪力矩 $-Dh\alpha_1$ 反相,于是式(5.55)变为

$$(I_x+\Delta I_x)\ddot{\varphi}+2N_u\dot{\varphi}+Dh\varphi=-Dh\alpha_1-B\dot{\varphi} \tag{5.57}$$

即有

$$(I_x+\Delta I_x)\ddot{\varphi}+(2N_u+B)\dot{\varphi}+Dh\varphi=-Dh\alpha_1 \tag{5.58}$$

从上式可见,横摇角速度控制的减摇原理是增加船舶横摇阻尼来减小船舶横摇的。横摇阻尼的增加可大大减小船舶在谐摇区内的横摇;但横摇角速度不能有效地减小远离谐摇区的横摇,所以这种控制方式对涌的减摇效果较差。

由式(5.55),在谐摇时,没有减摇装置的船舶的横摇角幅值为

$$\varphi_u=\alpha_{e0}/2n_u \tag{5.59}$$

具有横摇角速度控制的横摇角幅值为

$$\varphi_s=\frac{\omega_\varphi^2\alpha_{e0}}{\sqrt{(\omega_\varphi^2-\omega_e^2)^2+4v_{s1}\omega_e^2}} \tag{5.60}$$

式中,v_{s1}为有横摇角速度控制的船舶的横摇衰减系数:

$$v_{s1}=v+B\omega_\varphi^2/2Dh \tag{5.61}$$

在谐摇时有角速度控制的减摇装置的船舶横摇角幅值为

$$\varphi_{s1}=\alpha_{e0}/(2n_u+B\omega_\varphi/Dh) \tag{5.62}$$

利用式(5.1)定义减摇倍数,则此时的减摇倍数为

$$\gamma_{s1}=\varphi_{u1}/\varphi_{s1}=1+B\omega_\varphi/2n_uDh \tag{5.63}$$

可见,由于具有横摇角速度控制的减摇装置的作用,减摇倍数增加了 $B\omega_\varphi/2n_uDh$ 倍。

5.4.2 以横摇角度 φ 控制

以横摇角度 φ 控制的减摇装置产生的控制力矩为

$$K_c=A\varphi \tag{5.64}$$

于是有以横摇角度控制的减摇装置的船舶的横摇方程为

$$(I_x+\Delta I_x)\ddot{\varphi}+2N_u\dot{\varphi}+(Dh+A)\varphi=-Dh\alpha_1 \tag{5.65}$$

此时方程的特解为

$$\varphi=\varphi_{u2}\sin(\omega_e t-\varepsilon) \tag{5.66}$$

式中

$$\varphi_{u2}=\frac{\omega_{\varphi1}^2\alpha_{e0}}{\sqrt{(\omega_{\varphi1}^2-\omega_e^2)^2+4v^2\omega_e^2}} \tag{5.67}$$

其中

$$\omega_{\varphi1}=\omega_\varphi\sqrt{1+A/Dh} \tag{5.68}$$

为具有横摇角度控制的减摇装置的船舶的横摇固有频率。

从式(5.68)可知,引入横摇角速度控制的减摇装置后,由于 $A>0$,故使船舶的稳性和横摇固有频率增加。另外只有满足

$$\omega_e<\frac{1}{2}(\omega_\varphi+\omega_{\varphi1}) \tag{5.69}$$

时,具有角度控制的减摇装置才有减摇效果。因此这种减摇控制规律一般不单独使用,但它可以和其他控制方式结合起来使用。

5.4.3　以横摇角加速度$\ddot{\varphi}$控制

以横摇角加速度控制的减摇装置产生的控制力矩为

$$K_c = C\ddot{\varphi}$$

同样此时船舶横摇角幅值为

$$\varphi_{u3} = \frac{\omega_{\varphi 2}^2 \alpha_{e0}}{\sqrt{(\omega_{\varphi 2}^2 - \omega_e^2)^2 + 4v_{s2}^2\omega_e^2}} \tag{5.70}$$

式中

$$\omega_{\varphi 2} = \omega_\varphi \sqrt{\frac{I_x + \Delta I_x}{I_x + \Delta I_x + C}} \tag{5.71}$$

$$v_{s2} = v\frac{I_x + \Delta I_x}{I_x + \Delta I_x + C} \tag{5.72}$$

可见,以横摇角加速度控制的减摇装置对船舶的作用是改变了船舶的转动惯量,因此单纯以横摇角加速度控制的减摇装置的减摇效果不佳。和以横摇角度控制情况一样,它应和其他控制结合起来使用,以达到理想的减摇效果。

5.4.4　以横摇角度 φ、角速度$\dot{\varphi}$和角加速度$\ddot{\varphi}$的综合控制

以横摇角度 φ、角速度$\dot{\varphi}$和角加速度$\ddot{\varphi}$的综合控制亦称按力矩控制,也叫对抗控制。此时减摇装置产生的控制力矩为

$$K_c = A\varphi + B\dot{\varphi} + C\ddot{\varphi} \tag{5.73}$$

船舶的横摇方程为

$$(I_x + \Delta I_x + C)\ddot{\varphi} + (2N_u + B)\dot{\varphi} + (Dh + A)\varphi = -Dh\alpha_1 \tag{5.74}$$

船舶的横摇运动角幅值为

$$\varphi_{u4} = \frac{\omega_{\varphi 3}^2 \alpha_{e0}}{\sqrt{(\omega_{\varphi 3}^2 - \omega_e^2)^2 + 4v_{s3}^2\omega_e^2}} \tag{5.75}$$

式中

$$\omega_{\varphi 3} = \sqrt{\frac{Dh + A}{I_x + \Delta I_x + C}}\,\omega_\varphi \tag{5.76}$$

$$v_{s3} = \frac{2N_u + B}{2(I_x + \Delta I_x + C)} \tag{5.77}$$

按力矩控制的减摇装置的作用是相当于增大了转动惯量(由 $I_x + \Delta I_x$ 增加到 $I_x + \Delta I_x + C$)和增大了阻尼(由 $2N_u$ 增大到 $2N_u + B$),增大了船舶的稳性(由 Dh 增大到 $Dh + A$)。只要合理地选择 A、B 和 C 三个参数,就可以使减摇装置达到最佳的减摇状态。

如果所选的参数 A、B 和 C 满足下式:

$$\frac{A}{Dh} = \frac{B}{2N_u} = \frac{C}{I_x + \Delta I_x} = F \tag{5.78}$$

式中,F 为常数,则式(5.73)变为

$$(I_x+\Delta I_x)(1+F)\ddot{\varphi}+2N_u(1+F)\dot{\varphi}+Dh(1+F)\varphi=-Dh\alpha_1$$

即

$$(I_x+\Delta I_x)\ddot{\varphi}+2N_u\dot{\varphi}+Dh\varphi=-Dh\alpha_1/(1+F) \tag{5.79}$$

比较式(5.79)与式(5.17),可知按力矩控制的减摇装置的作用是相当于把海浪扰动力矩 $Dh\alpha_1$ 减小了$(1+F)$倍,于是船舶在各个遭遇频率 ω_e 下横摇角都减小了$(1+F)$倍。

按力矩控制是一种很好的减摇装置控制规律,目前减摇鳍控制系统大多采用这种控制。

5.5 减摇鳍控制系统原理

减摇鳍是目前效果最好的减摇装置,装于船中两舷舭部,剖面为机翼形,又称侧舵。通过操纵机构转动减摇鳍,使水流在其上产生作用力,从而形成减摇力矩,减小摇摆,以减少船体横摇。该设备结构复杂、造价较高,且效果取决于航速,航速越高,效果越好,故多用于高速船舶。它有收放式减摇鳍和非收放式减摇鳍两大系列。配备减摇鳍装置的船舶只能够提高船舶的安全性,改善船舶的适航性;改善船上工作条件,提高船员工作效率;避免货物碰撞及损伤;提高船舶在风浪中的航速,节省燃料,延长其他船舶设备的使用寿命;保证特殊作业,如直升机起降、观测仪器准确使用等。

5.5.1 减摇鳍控制系统的组成

减摇鳍控制系统大体上可以分为四部分:测量元件、控制器、随动系统、辅助部分。减摇鳍控制系统原理图如图 5-19 所示。

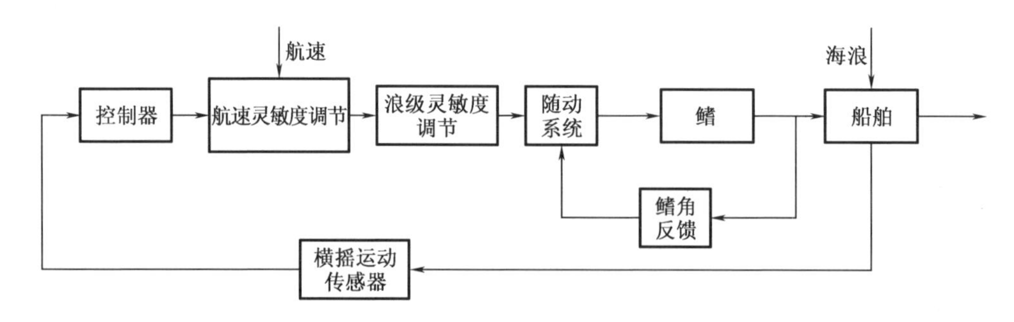

图 5-19 减摇鳍控制系统原理图

1. 测量元件

测量元件亦称敏感元件。减摇鳍控制系统一般应用角速度陀螺仪测量船舶的横摇角速度,并将其作为控制信号。有的减摇鳍系统中,除了角速度陀螺仪外,还有角度陀螺仪用以测量船舶横摇角。控制系统的控制信号由横摇角速度和横摇角度合成。在最近出现的减摇鳍控制系统中,也有应用加速度计来测量船舶的横摇角加速度,再经积分得到横摇角速度,再积分得横摇角度信号,然后以此三个信号作为控制系统的控制信号。由于加速度计性能优良、寿命长、体积小,所以它会更广泛地应用于减摇鳍控制系统。

除了测量船舶横摇运动的测量元件外，减摇鳍控制系统还把船舶航速作为辅助控制信号，完成减摇鳍系统的航速灵敏度调节。航速信号由计程仪提供。有的减摇鳍不但能减小船舶横摇，还可以修正船舶因风压、海流和装载不平衡等因素引起的横倾。于是在减摇鳍控制系统中，也有测量船舶横倾角测量元件，如用液体摆来测量船舶的横倾。

2. 控制器

减摇鳍的控制器用来实现减摇鳍控制系统的控制规律，它的性能直接影响减摇效果。控制器由电子电路构成，目前大部分为模拟电路控制器。随着计算机、特别是微型计算机和单片计算机的发展，控制器也逐渐向数字化发展。目前大多数的减摇鳍控制器的控制规律为比例－积分－微分控制律，即PID控制律，也有以现代控制技术为基础的最优控制器和自适应控制器。

3. 随动系统

随动系统接收控制器信号，完成信号的功率放大，驱动器跟随控制信号运动。随动系统应能快速、准确、稳定地工作，使鳍角尽可能准确地跟踪控制信号。目前大多数的减摇鳍的随动系统都是电－液随动系统。一般每个鳍有一个独立的随动系统驱动，如装有一对鳍的减摇鳍装置有两个随动系统，它们分别驱动左舷的鳍和右舷的鳍。

4. 辅助部分

辅助部分包括减摇鳍控制系统中的电源、操纵电路、显示电路等辅助部分，是减摇鳍系统中不可缺少的部分。

5.5.2　减摇鳍在生摇状态下的工作原理及使用条件

1. 工作原理

当减摇鳍系统处于由操纵箱设定的生摇状态时，角速度传感器同电源断开而无输出，控制箱内的信号发生器发出周期为7 s的正弦信号输给系统，于是两鳍便以同样的周期转动。当船舶以一定的速度航行时，两鳍的升力使船舶以同样的周期做横摇运动。

2. 生摇状态的使用条件

(1)码头检查

当船舶停靠码头时，将备件箱里的检测线束的插头插到控制箱或随动箱相应的检测插座上，可在生摇状态下启动减摇鳍系统，检查其工作是否正常。

(2)生摇航行

为了检查减摇鳍的能力或者为了训练船员适应船舶的横摇，可以在航行中进行生摇，使船舶按照7 s的周期进行横摇，这时海面必须平静。

5.5.3　航速灵敏度调节和浪级灵敏度调节

减摇鳍控制系统中，除了一般控制系统所具有的控制规律外，还有航速灵敏度调节和浪级灵敏度调节这两个减摇鳍控制系统特有的控制规律。

1. 航速灵敏度调节

由前述内容可知，作用于鳍上的升力是和船舶的航速平方成正比的。当船舶航速变化

时,稳定力矩为

$$K_f = l_f \cos \varepsilon_f \cdot \rho A_F C_L V^2(t) \alpha \tag{5.80}$$

式中 l_f——鳍中心至穿过船舶重心的纵轴垂线的长度;

ε_f——鳍轴轴线与鳍中心至穿过船舶重心的纵轴垂线之间的夹角;

ρ——海水密度;

A_F——鳍在水平面的投影面积;

C_L——升力系数;

$V(t)$——来流速度。

航速变化会对减摇鳍控制系统产生如下的问题。

①当航速增加时,K_f 随航速的平方增长,这样也就引起了减摇鳍控制系统开环放大倍数增大。开环放大倍数增大固然可以提高减摇效果,但是有可能引起系统不稳定。

②鳍上升力随航速的平方而增加可以引起作用于鳍轴和其他传动机构和支承机构的力的增加,有可能损坏机械机构或降低使用寿命。

③由于作用于鳍上的升力增加,作用于鳍轴上的转鳍力矩增大,这有可能使随动系统的转鳍功率在高航速时不够大,以致不能驱动鳍运动。

④当航速低于设计航速时,可引起开环放大倍数下降,减摇效果降低。

解决上述问题的办法是设置航速灵敏度调节。减摇鳍工作时,把航速信号送到减摇鳍控制器中,用它作为一个变量参与控制,使在各种航速下(一般是在设计航速以上)减摇鳍的静特征数保持不变,亦即控制系统的开环放大倍数不变,这样就达到了减摇鳍在高于设计航速时,其有恒定的最大稳定力矩:

$$K_{fmax} = l_f \cos \varepsilon_f \cdot \rho \cdot A_F \cdot C_L \alpha_m(t, V) \tag{5.81}$$

可见只要最大鳍角 $\alpha_m(t,V)$ 随着航速平方的倒数变化,就可以使 K_{fmax} 保持不变。于是鳍角 $\alpha_m(t,V)$ 应为

$$\alpha_m(t, V) = K_H / V^2 \tag{5.82}$$

式中,K_H 为航速灵敏度调节的比例系数。当航速 $V = V_{sg}$(V_{sg} 为设计航速)时设计航速下的最大鳍角 α_{msg} 为

$$\alpha_{msg} = K_H \frac{1}{V_{sg}^2} \tag{5.83}$$

用式(5.82)除以式(5.83),得

$$\alpha_m(t, V) = \alpha_{msg} \frac{V_{sg}^2}{V^2} \tag{5.84}$$

航速灵敏度调节一般放在控制器的输出回路里,它的原理框图如图 5-20 所示,设所用的控制器为 PID 控制器,其输出电压为

$$u_{PID} = K_P \dot{\varphi} + K_I \varphi + K_D \ddot{\varphi} \tag{5.85}$$

式中,K_P、K_I 和 K_D 分别为 PID 控制器的比例器增益、积分器增益和微分器增益。

u_{PID} 经航速灵敏度调节器的乘法器输出。而乘法器的另一路输入是由反平方器输出的与船速平方成反比的信号。于是航速灵敏度调节器的输出信号为

$$u_{\mathrm{H}}=K_{\mathrm{H}}\frac{1}{V^{2}}u_{\mathrm{PID}} \tag{5.86}$$

可见 u_{H} 不但与船舶的横摇情况 φ、$\dot{\varphi}$ 和 $\ddot{\varphi}$ 有关，而且与航速平方是反比关系，因此实现了航速灵敏度调节。

在实际使用中，常使用式(5.87)的航速灵敏度调节规律，具体见图 5-21：

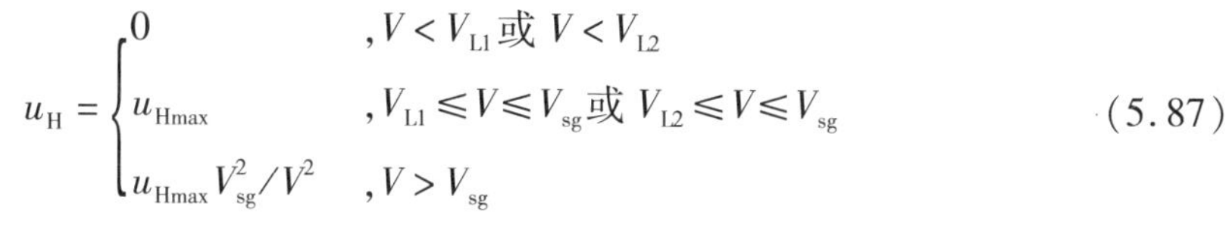

$$u_{\mathrm{H}}=\begin{cases}0 & ,V<V_{\mathrm{L1}}\text{ 或 }V<V_{\mathrm{L2}}\\ u_{\mathrm{Hmax}} & ,V_{\mathrm{L1}}\leqslant V\leqslant V_{\mathrm{sg}}\text{ 或 }V_{\mathrm{L2}}\leqslant V\leqslant V_{\mathrm{sg}}\\ u_{\mathrm{Hmax}}V_{\mathrm{sg}}^{2}/V^{2} & ,V>V_{\mathrm{sg}}\end{cases} \tag{5.87}$$

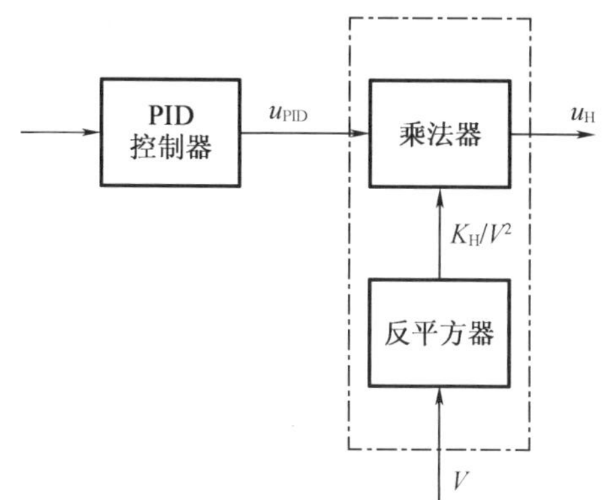

图 5-20　航速灵敏度调节原理框图

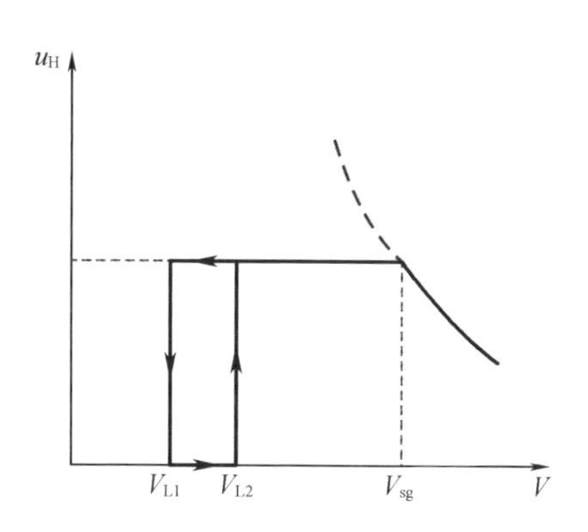

图 5-21　航速灵敏度调节规律

这里 V_{sg} 为减摇鳍的设计航速，为减摇鳍低航速鳍角归零航速。在工程设计中，V_{L} 被设计成具有空回特性，也就是当船舶航速降低到 V_{L1} 时，航速灵敏度调节器输出电压 u_{H} 为零，但当船舶航速增加时，当航速达到 V_{L1} 时，u_{H} 保持为零，只有当 $V>V_{\mathrm{L2}}$ 时，$u_{\mathrm{H}}=u_{\mathrm{Hmax}}$。设计空回特性可避免船舶航速在 V_{L} 附近时，u_{H} 输出时而为零时而为 u_{max}，使减摇鳍系统工作不正常。u_{Hmax} 为最大的航速灵敏度调节电压。理论上分析，当 $V<V_{\mathrm{sg}}$ 时，V_{H} 应随 V 的减小而成平方增加，如图 5-21 中虚线所示，但实际上因为最大工作鳍角有限制，故 u_{H} 也应受到限制。在 NJ 系列的减摇鳍中，V_{L} 选为 6 kn，V_{sg} 为 18 kn。

2. 浪级灵敏度调节

减摇鳍的最大工作鳍角是有一定限度的，但是随着海浪的增大，船舶的横摇就会加剧。当减摇鳍工作在高于设计海况时，鳍角达到最大角度的机会大大增加，减摇鳍控制系统工作于非线性状态。这将使减摇效果下降。另外驱动鳍的随动系统也经常工作在高负荷情况下，使机械装置加剧磨损和加速损坏。

海况增高时，为了使减摇鳍控制系统仍处于线性工况下，则必须设计一个随海况变化的变增益放大器，海况增大时，其增益自动降低，以保证鳍角达到最大工作角度的概率(鳍角饱和率)不超过设计的要求。我国设计的 NJ5 系列减摇鳍具有浪级灵敏度调节功能。图 5-22 给出了 NJ5 型减摇鳍控制器的方框图。

浪级灵敏度调节的设计方法如下：

由于海浪的测试是非常复杂的，所以减摇鳍浪级调节器并不直接利用海浪大小的信息作为控制量,而是间接利用 PID 控制器的输出来估计海况的大小。

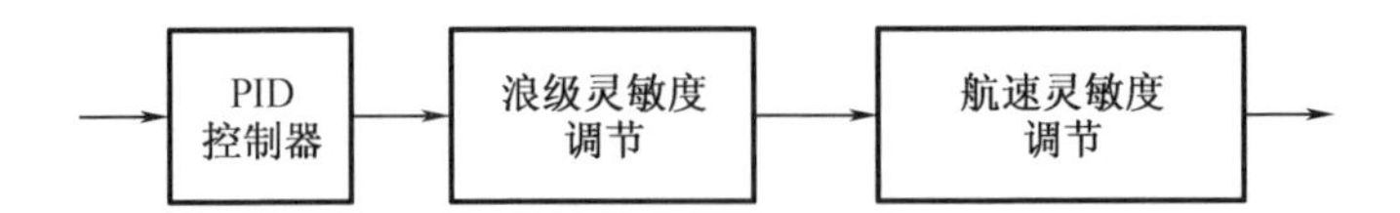

图 5-22　NJ5 型减摇鳍控制器方框图

减摇状态下的船舶的横摇角是一个高斯随机变量,其幅值服从瑞利分布。同样地,环节输出量的分布亦服从高斯分布,幅值分布服从瑞利分布,其幅值的概率密度为

$$W(x_m) = \frac{x_m}{\sigma_x^2} e^{-\frac{x_m^2}{2\sigma_x^2}} \tag{5.88}$$

式中　$W(x_m)$——环节输出 x 的幅值 x_m 的概率密度函数;

σ_x^2——x 的方差。

从式(5.87)可知,x 的幅值大于某一指定幅值 X_m^* 的概率为

$$P(x > X_m^*) = \int_0^{\infty} X_m^* W(X_m^*) \mathrm{d}X_m^* = e^{-\frac{x_m^{*2}}{2\sigma_x^2}} \tag{5.89}$$

方差为

$$\sigma_x^2 = \lim_{T\to\infty} \frac{1}{T} \int_0^T (x - \bar{x})^2 \mathrm{d}t \tag{5.90}$$

这里的变量均值 $\bar{x}$,对于随机海浪,均值为零,而海浪通过控制器及船舶等环节后的输出的均值也可以认为是零。从式(5.89)可知,调节 σ_x^2 值,就可以调节输出变量 x 的幅值 x_m 大于 x_m^* 的概率。根据这个原理,可以构成如图 5-23 所示的浪级调节器方框图。

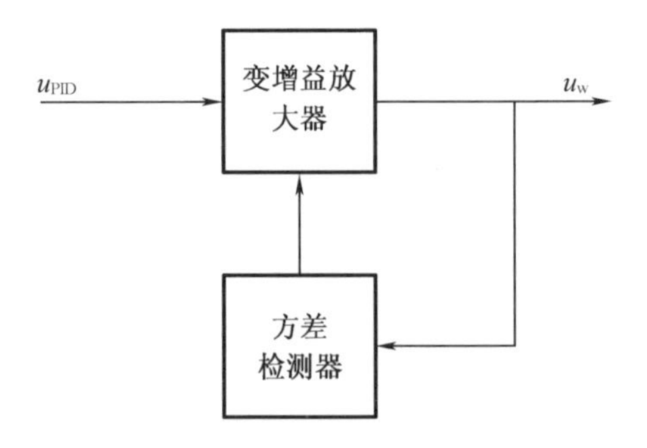

图 5-23　浪级调节器方框图

如果把浪级调节器的输出 u_w 的方差检测出来,再反馈到变增益放大器改变其增益,使输出 u_w 的方差可控。若在高于设计海况下,调节放大器增益,使输出方差不变,也就是 $P(u_w > u_w^*)$ 的值不变,也即鳍角饱和的概率不变。这里 u_w 为一个指定的浪级调节器的输出幅值。根据这个原理,可以设计一个工程实用的浪级调节器,如图 5-24 所示。

图 5-23 中,M_1 和 M_2 为乘法器,k_{c1}和所 k_{c2}分别是它们的乘常数;A_1 和 A_2 为放大器,它们的放大倍数分别为 k_1 和 k_2;F 为滤波器,k_f 为常数;B 为比较器,k_B 为其放大倍数。E_1 为一给定的常值电压,E_2 为给定的常值电压,它代表给定的设计海况的方差。由图 5-23 可得如下关系:

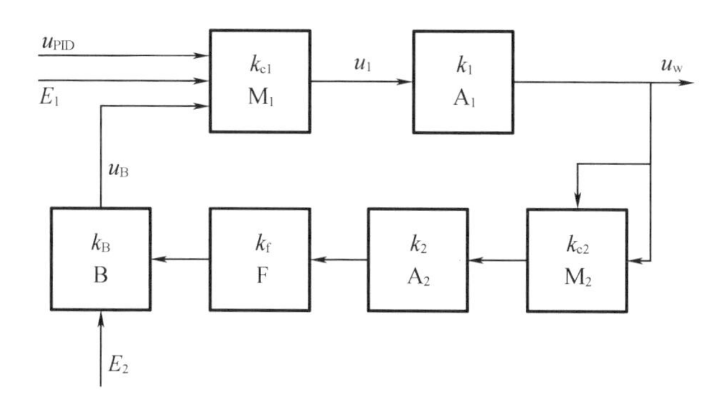

图5-24 浪级调节器的结构

$$\begin{cases} u_1 = k_{c1} u_{PID}(E_1 - u_B) \\ u_w = k_1 u_1 \\ u_2 = k_{c2} u_w^2 \\ u_3 = k_2 u_2 \\ u_F = \dfrac{k_f u_3}{T_f^2 s^2 + 2T_f \zeta_f s + 1} \\ u_B = \begin{cases} k_B(u_f - E_2), & u_F > E_2 \\ 0, & u_F \leqslant E_2 \end{cases} \end{cases} \tag{5.91}$$

其调节过程是：当 u_{PID} 增大而导致 u_w 增大时，M_2、A_2 和 F 把 u_w 的方差检测出来；并与给定方差 E_2 在 B 中比较。若 E_2 大于 u_F，则 $u_B = 0$，M_1 的乘常数 k_{c1} 不变；若 u_F 大于 E_2，则 k_{c1} 减小，使输出 u_w 减小，直到 $u_F = E_2$。由于浪级调节器不断地工作，可以使 u_F 大于 E_2 时（相当于高于设计海况），u_w 的方差保持为 E_2。在浪级调节器中，为了检测出 u_w 的方差，滤波器 F 的时间常数应充分大。在工程应用中 T_f 为数十秒。

浪级调节器实际上是一个小的控制系统，所以在设计时，应选择合适的参数，否则它可能不稳定，使输出 u_w 或振荡，或发散。至于浪级调节器的稳定性设计，可以利用控制系统设计知识来分析。

5.5.4 零航速减摇鳍

1. 零航速减摇鳍概述

目前最常用的主动式减摇装置是减摇鳍，减摇效果可达90%以上。然而，只有船舶的航速较高时，减摇鳍才可以有效地减摇，船舶在低航速或零航速情况下，减摇鳍几乎不能进行减摇。主要原因是减摇鳍的升力源于水流流过鳍的速度。当船舶速度很小时，鳍上的升力也变得很小，在零航速时升力也同时消失了。这是传统减摇鳍的主要缺陷。对于工作在零航速或系泊状态下仍需要减摇的船舶来说，普通的减摇鳍就不再适用了。于是零航速减摇鳍的概念被提出来。

目前有些船舶选择了既安装减摇鳍也安装减摇水舱，在中高速下使用减摇鳍和减摇水舱联合减摇，低速下使用减摇水舱减摇。虽然这种方法的优点很明显，但是安装两种减摇装置,不但需要分别设计和维护两套系统,而且还占用了船舶大量的内部空间和排水量。

从运行成本及可行性两个方面考虑,需要在原有减摇鳍的基础上进行重新设计,开发出一种新型的减摇鳍,这种减摇鳍不但可以在零航速情况下减摇,而且在中高航速下仍然能满足减摇的要求。这种新型的减摇鳍只需要设计和维护一套系统,而且与传统的减摇鳍相比不会增加太多的成本。

由于现今的研究都是基于鳍在有来流速度时产生升力的理论,而零航速下要求鳍是在没有来流速度的情况下产生升力,所以目前使用的相关理论不适用于分析零航速下减摇鳍的升力产生和减摇原理。因此有必要对船舶在零航速下使用减摇鳍的减摇方法进行研究,寻找一种新型的减摇方法作为理论依据。

2. 零航速减摇鳍原理

零航速减摇鳍的减摇原理与传统减摇鳍的减摇原理基本相同。主要区别在于鳍上产生升力的原理不同。传统减摇鳍的鳍型主要是 NACA 型,当鳍转到一定攻角时,流体流过鳍的上下表面时,由于流过上表面的流体流过的距离比流过下表面的流体长,根据流体的连续性原理,流过上表面的流体速度就要比流过下表面的流体快。这样就会在鳍的上下表面形成压力差,从而产生了向上的升力。从以上分析可以得到,传统减摇鳍的升力产生需要存在来流速度。因此在零航速时就要采用其他的方式来产生升力。

韦斯－福机构(Weis-Fogh Mechanism)是一种不同于普通机翼组成的升力机构,由英国生物学家 Weis-Fogh T. 发现而得名。Weis-Fogh 在 1973 年对一种黄蜂的飞翔运动的观察分析,发现“振翅拍击和挥摆急动”,从而提出了这一新机构。这种机构不仅能产生很大的升力,而且能瞬时产生升力,不像普通翼那样产生升力时存在瓦格纳效应,并有极好的机动性和起动性。由于 Weis-Fogh 机构产生升力所起作用的是流体惯性力,因此在高雷诺数的水中将会比空气中有更好的效果。因此,利用 Weis-Fogh 机构来设计零航速下的减摇装置具有极高的研究价值。

自 Weis-Fogh 从生物学角度提出一种产生升力的“振翅拍击和挥摆急动”的机构后。同年,以小黄蜂为例,英国科学家 Lightill 从流体力学角度论述了该机构产生升力的机理。小黄蜂的“振翅拍击和挥摆急动”过程如图 5－25 所示。

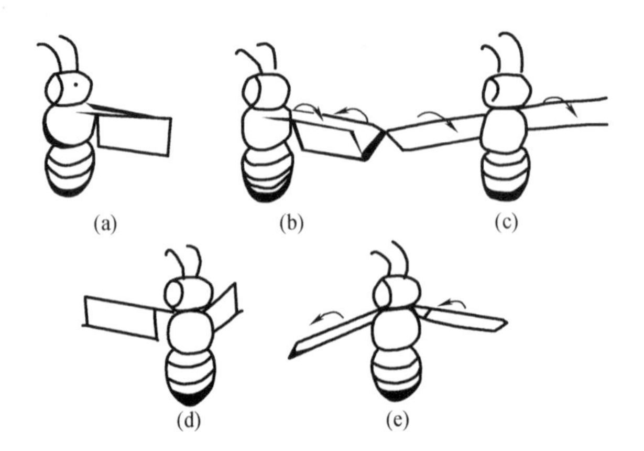

图 5－25　小黄蜂的“振翅拍击和挥摆急动”过程

Lighthill 通过一简化的刚性模型,对两翼板旋转张开-分开-闭合诸过程进行模拟,如图5-26所示。当两翼旋转张开时,流体进入两翼之间的空隙,同时产生大小相等,方向相反的速度环量,并不违背总环量保持为零的开尔文定理。因此,当两板分开时,每一翼板将立即获得流体升力的作用力,故不存在由下泄涡获得升力的滞后现象。

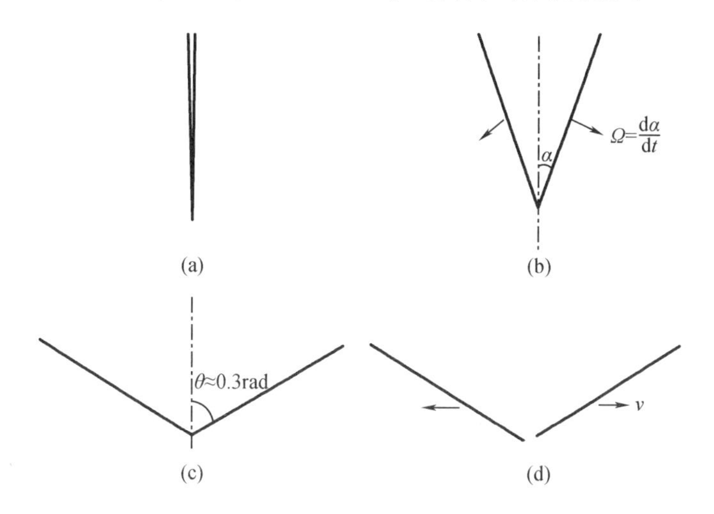

图5-26　零航速减摇鳍原理

Lightill 认为,两翼张开时,张开的间隙需要流体充填,而流体在充填时产生非常高的速度,导致两翼建立起很大的环量,此时流体对两翼的作用力也非常大。Eilington 等人根据试验认为,导边分离涡使翼的正面与背面之间的压力差长时间保持较大值。因而,可以认为昆虫能产生较高升力的机理为:两翼张开时迅速建立较大的升力,分离涡使机翼长时间保持较大的升力值。Maxworthy 通过刚性机构试验,证实了 Weis-Fogh 和 Lightill 的一些基本提法,还指出两翼张开时产生前缘分离涡的重要作用,前缘分离涡产生更大的升力。

3. 零航速减摇鳍的分类

(1)双翼纵向拍动型零航速减摇鳍

从图5-27(a)可以看出,双翼纵向拍动型零航速减摇鳍与普通减摇鳍的安装位置基本相同。鳍轴的位置处于船舯的舭部。这种安装形式可以保证鳍和横摇中心的距离最大,可以产生最大的阻摇力矩,同时也为伺服机构提供了足够大的安装空间。舭部是唯一可提供安装不可收鳍的位置。

图5-27(b)为双翼纵向拍动型零航速减摇鳍的结构示意图。从图中可以看出,这种减摇鳍同样由鳍轴和翼片两部分组成,但与传统的减摇鳍又有很大的不同。传统减摇鳍只有一个翼片和一根鳍轴,而这种零航速减摇鳍由两根并排安装的鳍轴和分别安装在两根鳍轴上的两个翼片组成。它们可以分别绕各自的鳍轴做对称的旋转运动。为了研究方便,这里翼形选择了矩形平板翼。

图5-28(a)为船舶处于无航速的系泊状态,没有产生横摇运动,船体保持平衡的姿态。此时,船体左右舷的减摇鳍都处在工作的初始状态,两翼闭合在一起。其中,左舷的两翼朝下,右舷的两翼朝上。当船体受到海浪的冲击时,便会产生横摇运动。假设船体受到海浪冲

击后,首先向右侧产生横摇,如图 5 - 28(b)所示。此时,船体左右舷的两个减摇鳍的两翼分别绕着各自的鳍轴开始旋转。在翼片旋转的同时,会在两侧的鳍翼上产生大小相等的升力 L。这两个力分别作用在两侧鳍轴上,产生一个稳定力矩来抵消海浪力矩,使船体恢复平衡状态,达到减摇的目的,如图 5 - 28(c)所示。此时,两侧减摇鳍各自完成了半个周期的工作,两翼分别闭合在一起。左舷的两翼朝上,右舷两翼朝下。由于海浪的继续作用,船体会产生向左的横摇运动,如图 5 - 28(d)所示。此时,两个减摇鳍的翼片分别绕着各自的鳍轴开始反方向旋转,产生与前半个工作周期方向相反的升力。同时会在船体上产生一个稳定的力矩来抵消海浪力矩,使船体恢复平衡状态,如图 5 - 28(a)所示。至此,两个减摇鳍各自完成了一个周期的工作。以这种工作方式连续工作,两个减摇鳍上产生的稳定力矩会不断地抵消海浪所产生的扰动力矩,使船体保持平衡状态,达到减摇的目的。

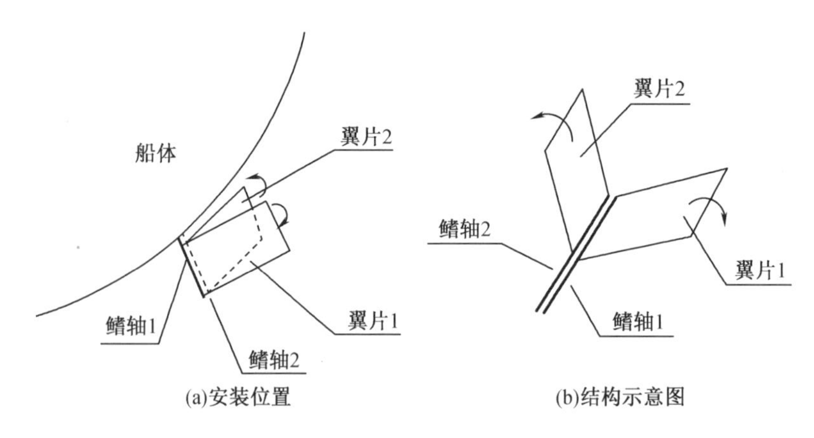

图 5 - 27　双翼纵向拍动型零航速减摇鳍

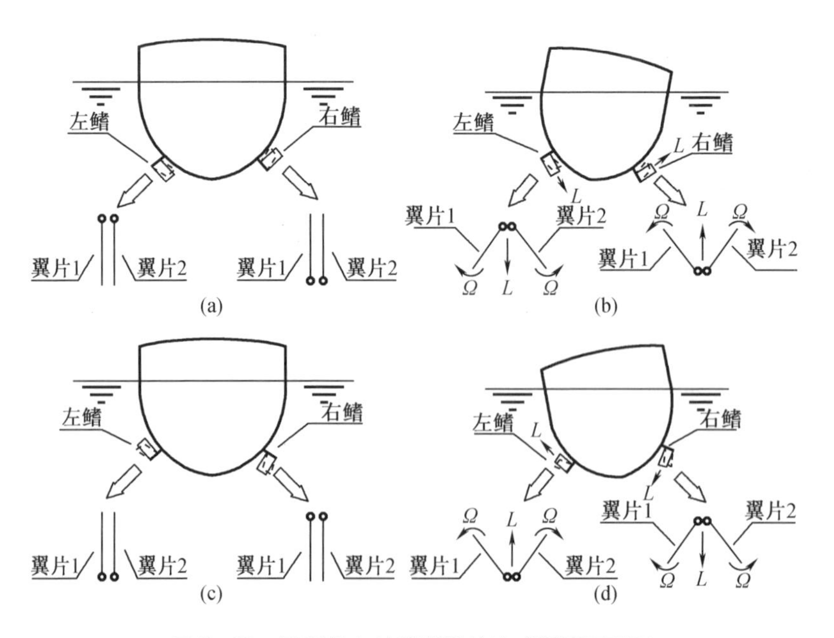

图 5 - 28　双翼纵向拍动型零航速减摇鳍原理图

当船舶航行时，处于有航速状态，减摇鳍的两片鳍翼可以合拢在一起，两个翼片可以同步地绕各自的鳍轴做俯仰运动，像普通减摇鳍一样实现有航速下的减摇。

(2) 单翼纵向拍动型零航速减摇鳍

从图 5－29(a)可以看出，单翼纵向拍动型零航速减摇鳍与双翼纵向拍动型减摇鳍的安装位置是相同的。鳍轴的位置处于船舯的舭部。

图 5－29(b)为单翼纵向拍动型零航速减摇鳍的结构示意图。从图中可以看出，这种减摇鳍与双翼纵向拍动型的不同之处是少了一根鳍轴和一片鳍翼；与传统减摇鳍的结构相似，仅有一根鳍轴和一片鳍翼。这种设计的优势在于，减摇鳍只有一片鳍翼简化了机械结构的设计，同时能够像普通减摇鳍一样实现船舶在有航速时的减摇。

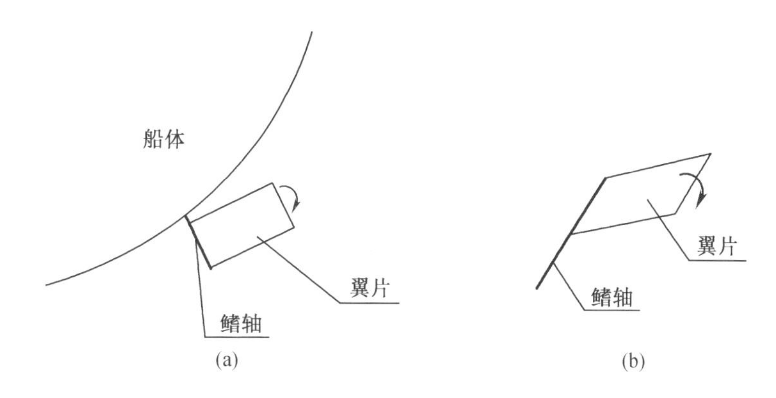

图 5－29　单翼纵向拍动型零航速减摇鳍

图 5－30(a)为船舶处于无航速的系泊状态，船舶没有产生横摇运动。此时，船体左右舷的减摇鳍都处在工作的初始状态。其中，左舷翼片朝下，右舷翼片朝上。当船体受到海浪的冲击时，产生横摇运动。假设船体受到海浪冲击后，首先向右侧产生横摇，如图 5－30(b)所示。此时，船体左右舷的两个减摇鳍的鳍翼分别绕着各自的鳍轴开始旋转。在翼片旋转的同时，会在两侧的鳍翼上产生大小相等，方向不同的升力 L。这两个力分别作用在两侧鳍轴上，在船体上产生一个稳定力矩来抵消海浪力矩，使船体恢复平衡状态，达到减摇的目的，如图 5－30(c)所示。此时，两个减摇鳍各自完成了半个周期的工作，左舷翼片朝上，右舷翼片朝下。由于海浪力矩后半个周期的作用，船体会产生向左的横摇运动，如图 5－30(d)所示。此时，两个减摇鳍的翼片分别绕着各自的鳍轴以角速度开始反方向的旋转运动，产生与前半个工作周期方向相反的升力。同时会在船体上产生一个稳定力矩来抵消海浪力矩，使船体恢复平衡状态，如图 5－30(a)所示。至此，两个减摇鳍各自完成了一个周期的工作。以这种工作方式连续工作，两个减摇鳍上产生的稳定力矩会不断地抵消海浪所产生的扰动力矩，使船体保持平衡状态，达到减摇的目的。

(3) 单翼横向拍动型零航速减摇鳍

从图 5－31(a)可以看出，单翼横向拍动型零航速减摇鳍与单翼纵向拍动型的安装位置是相同的。但这种减摇鳍的鳍轴与单翼纵向拍动型的鳍轴不同，鳍轴被分成了两部分，其中一部分与船舯的舭部垂直,另一部分处于船外并与船舷平行。这两部分通过齿轮机构连接,齿轮机构在起到连接作用的同时也实现了动力的变向传送。

图5-31(b)为单翼横向拍动型零航速减摇鳍的结构示意图。从图中可以看出,这种减摇鳍与单翼纵向拍动型基本相同,与传统减摇鳍的结构相似,在鳍轴上仅安装了一片鳍翼。但它们的工作原理不同,这种减摇鳍的鳍翼是横向拍动的。当减摇鳍不工作时,翼面与船舯的舭部平行,如果把船舯的舭部看成一片固定翼,这样就构成了一个类似双翼 Weis-Fogh 机构的零航速减摇鳍。

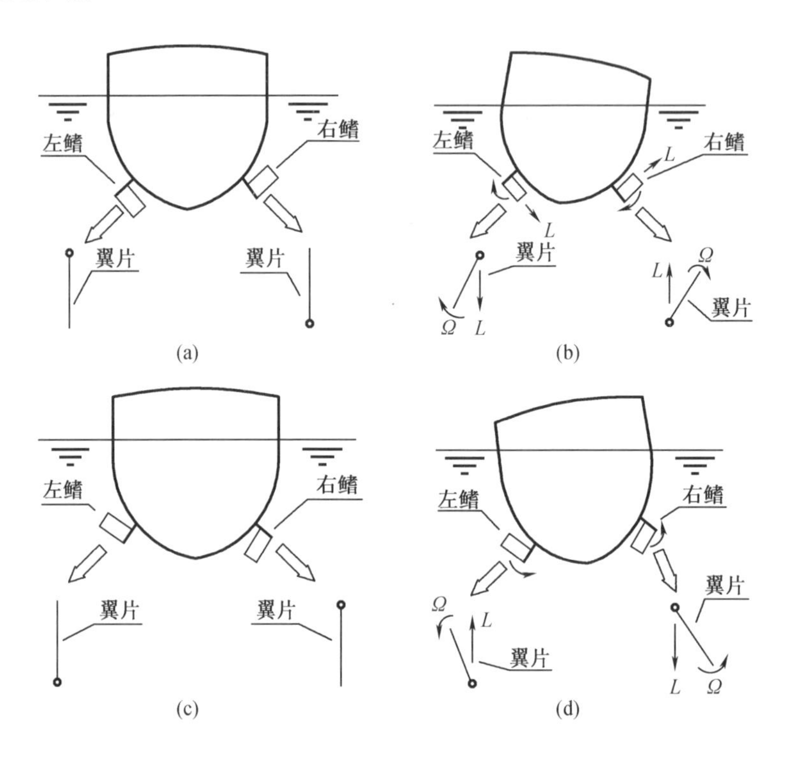

图5-30　单翼纵向拍动型零航速减摇鳍原理图

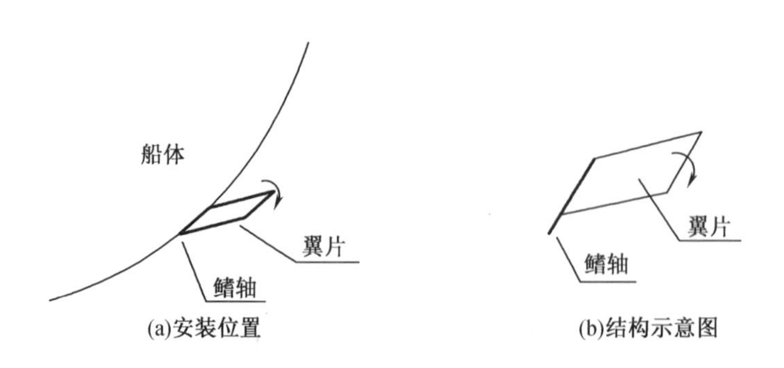

图5-31　单翼横向拍动型零航速减摇鳍

图5-32(a)为船舶处于无航速的系泊状态,船舶没有产生横摇运动,船体保持平衡的姿态。此时,船体左右舷的减摇鳍都处在工作的初始状态。其中,左舷翼片朝下,右舷翼片

朝上。当船体受到海浪的冲击时,便会产生横摇运动。假设船体受到海浪冲击后,首先向右侧产生横摇,如图 5－32(b)所示。此时,两个减摇鳍的鳍翼分别绕着各自的鳍轴以角速度开始旋转。在翼片旋转的同时,会在两侧的鳍翼上产生大小相等,方向不同的升力 L。这两个力分别作用在两侧鳍轴上,在船体上产生一个稳定力矩来抵消海浪力矩,使船体恢复平衡状态,达到减摇的目的,如图 5－32(c)所示。此时,两个减摇鳍各自完成了半个周期的工作,左舷翼片朝上,右舷翼片朝下。由于海浪力矩后半个周期的作用,船体会产生向左的横摇运动,如图 5－32(d)所示。此时,两个减摇鳍的翼片分别绕着各自的鳍轴以角速度开始反方向的旋转运动,产生与前半个工作周期方向相反的升力。同时会在船体上产生一个稳定力矩来抵消海浪力矩,使船体保持平衡状态,如图 5－32(a)所示。至此,两个减摇鳍各自完成了一个周期的工作。以这种工作方式连续工作,两个减摇鳍上产生的稳定力矩会不断地抵消海浪所产生的扰动力矩,使船体保持平衡状态,达到减摇的目的。

当船舶航行时,处于有航速状态,减摇鳍的翼片可以绕着与船舯的舭部垂直的鳍轴做俯仰运动,像普通减摇鳍一样实现船舶在有航速下的减摇。

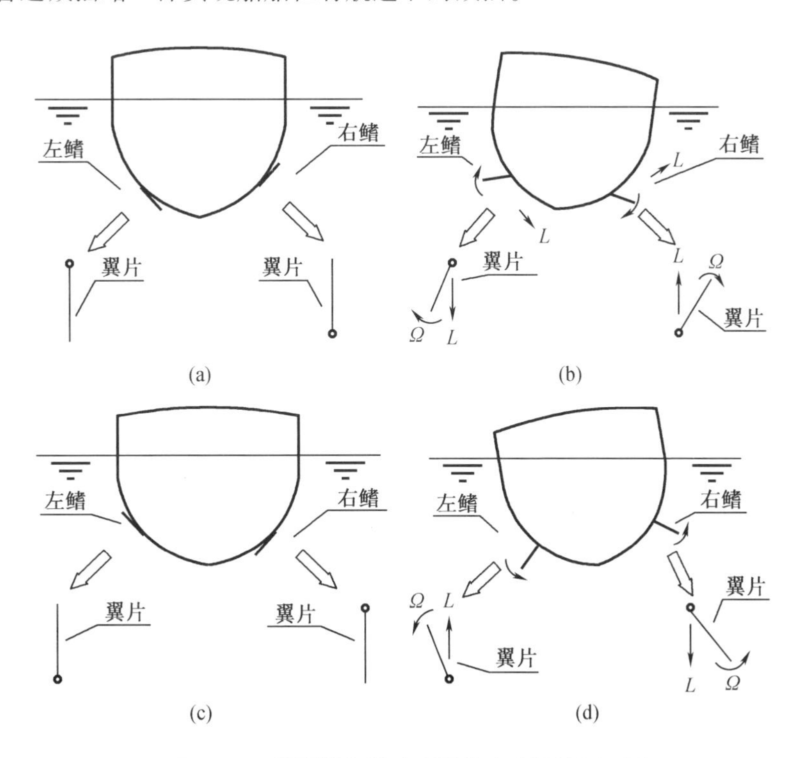

图 5－32　单翼横向拍动型零航速减摇鳍原理图

4. 已有产品

零航速减摇的概念是在 1998 年提出的,荷兰的 Maritime 研究院和美国的 Quantum Controls 公司做过相关研究,他们主要针对系泊状态下小型船舶的改进减摇鳍进行了升力的理论研究,并进行了相关的模型水池试验,减摇效果可达 63% ～75% 。1999 年,荷兰的 Naiad 船舶公司与 MARIN 学院和 AMELS 造船所合作在 71 m 长的“Boadicea”号游艇上安装了新型的 OnAnchorTM&ZeroSpeedTM 零航速减摇鳍(图 5－33),成为世界上首次成功应用零航速减摇鳍,显著地减轻了系泊状态下船舶的横摇,并且在航行模式下这种系统仍然可以达到期望的减摇效果 。2002 年 3 月“Pegasus”号游艇也安装了零航速减摇鳍,到 2008 年已经有 18 只船舶安装或更换了这种零航速减摇鳍系统。

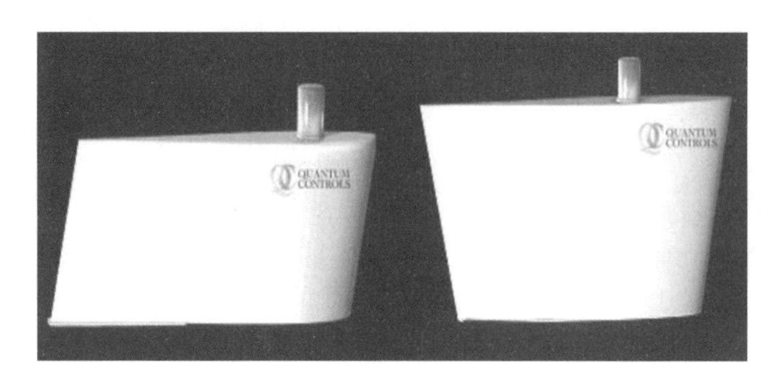

图 5－33　OnAnchorTM&ZeroSpeedTM 零航速减摇鳍

为了使零航速减摇鳍能够在大型游艇上应用,Quantum 公司推出了最新的专利产品 XTTM 系列零航速减摇鳍。这种减摇鳍带有一个可展开的小鳍,这个小鳍只有在零航速减摇时才展开,这可以增加减摇鳍的扫水面积,从而在零航速时产生更大的升力,如图 5－34(a)所示。当船舶正常航行时该减摇鳍便收回到鳍翼中,使鳍的面积变小,从而减小了航行时由鳍翼产生的阻力,如图 5－34(b)所示。

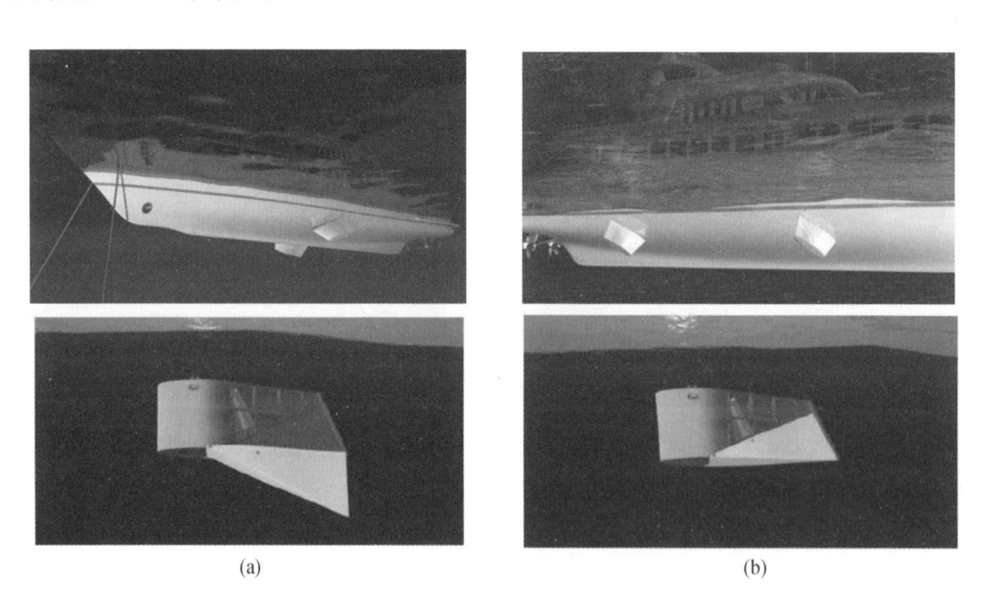

图 5－34　XTTM 系列零航速减摇鳍

5.6　减摇鳍控制系统的设计与分析

这一节以某型减摇鳍为例，采用频率法分析和综合减摇鳍控制系统。减摇鳍的方框图如图5-35所示，图中：

$W_c(s)=\dfrac{\varphi(s)}{\Delta\alpha(s)}$——船舶对波倾角的传递函数；

$W_T(s)=\dfrac{U_{TC}(s)}{\varphi(s)}$——角速度陀螺对横摇角的传递函数，V·s/(°)；

$W_Q(s)=\dfrac{U_Q(s)}{U_{TC}(s)}$——前置放大器的传递函数；

$W_X(s)=\dfrac{U_{XC}(s)}{U_Q(s)}$——校正网络的传递函数；

$W_S(s)=\dfrac{\alpha(s)}{U_{XC}(s)}$——随动系统的传递函数，(°)/V；

$K_\alpha=\dfrac{\alpha_f}{\alpha}$——鳍角折算成波倾角的系数；

α_w——海浪波倾角，(°)；

φ——船舶的横摇角，(°)；

U_{TC}——角速度陀螺输出电压，V；

U_Q——前置放大器输出电压，V；

U_{XC}——校正电路输出电压，V；

α——鳍角，(°)；

α_f——在一定航速下的鳍角折算成的相当波倾角，(°)；

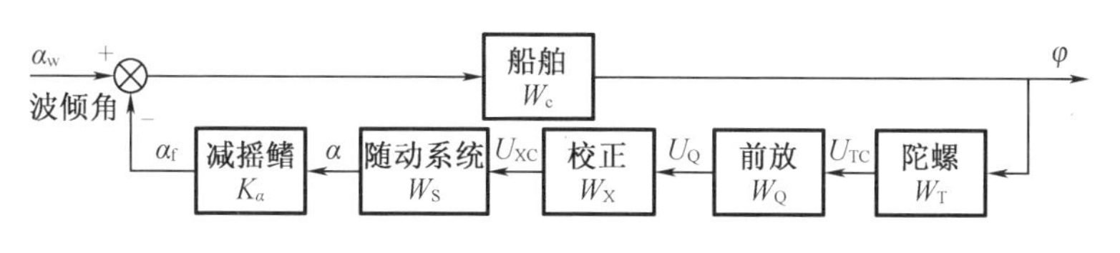

图5-35　减摇鳍控制系统方框图

5.6.1　系统中各环节的动态特征

1. 某船舶的动态特征

该船舶在小角度横摇时的传递函数为

$$W_c(s)=\frac{1}{T_\varphi^2 s^2+2T_\varphi n_u s+1}$$

当航速为18 kn时，测得

$$T_\varphi=0.764\quad(s)$$

$$n_u = 0.1$$

于是船舶航速为 18 kn,横摇时的传递函数为

$$W_c(s) = \frac{1}{0.584s^2 + 0.153s + 1} \tag{5.92}$$

令 $h_c(\omega) = |W_c(j\omega)|, L_{mc} = 20\lg h_c(j\omega), \varepsilon = \angle W_c(j\omega)$,该船舶航速为 18 kn 时的频率特性如表 5-2 所示。

表 5-2 船舶航速为 18 kn 时的频率特性

ω/s^{-1}	0.40	0.60	0.80	1.00	1.20	1.31	1.40	1.60	1.80	2.00	2.50	3.00	4.00
h_c	0.954	1.1	1.37	1.97	3.6	4.38	3.43	1.58	0.954	0.64	0.33	0.205	0.105
L_{mc}/dB	-0.4	0.8	2.8	5.9	11.1	12.8	10.7	4	-0.4	-4	-9.6	-13.8	-19.6
ε/(°)	3.8	-6.6	-11.2	-20.2	-48.6	-90	-123	-154	-163	-167	-172	-174	-176

2. 角速度陀螺的动态特性

减摇鳍控制系统经常用角速度陀螺作为测量船舶横摇运动的敏感元件。它的运动方程为

$$J_T\Omega\frac{d\varphi}{dt} = J_Q\frac{d^2\beta_T}{dt^2} + d\frac{d\beta_T}{dt} + C\beta_T \tag{5.93}$$

式中 J_T、J_Q——陀螺马达绕其转轴的转动惯量和马达转动角速度 Ω 绕框架轴的转动惯量;

β_T——框架的转角;

d 和 C——框架转动的阻尼系数和框架扭力轴的刚度系数。

对于某船减摇鳍用角速度陀螺,有

$$J_T\Omega = 1.274 \quad (N \cdot m \cdot s)$$

$$J_Q = 5.88 \times 10^{-4} \quad (N \cdot m \cdot s)$$

$$C = 37.14 \quad (N \cdot m/rad)$$

$$d \approx 0$$

可见,角速度陀螺的自然频率很高(约为 40 Hz),在减摇鳍工作频带(0.1 ~0.4 Hz)内,式(5.93)可近似为

$$J_T\Omega\frac{d\varphi}{dt} = C\beta_T \tag{5.94}$$

于是角速度陀螺的传递函数为

$$W_T(s) = \frac{U_T(s)}{\varphi(s)} = K_T s \tag{5.95}$$

式中,$K_T = J_T\Omega K_{TC}/C$,实测 $K_T = 35$ mV · s/(°),K_{TC} 为微动同步器的比例系数。

角速度陀螺的频率特性为

$$L_{mT} = 20\lg|W_T(j\omega)| = -29.1 + 20\lg\omega \tag{5.96}$$

$$\angle W_T(j\omega) = 90° \tag{5.97}$$

3. 前置放大器

在减摇鳍工作频段内，前置放大器可以当作一个放大环节，设它的传递函数为

$$W_Q = K_Q \tag{5.98}$$

4. 校正电路的频率特性

校正电路的确定应在整个控制系统综合时根据所需的技术指标确定，后边将详细叙述。

5. 随动系统的动态特性

某船减摇鳍的随动系统是一个电液随动系统，它的频率特性由实测得到。由于航速灵敏度调节是作用于随动系统的，亦即是通过改变随动系统的反馈系数来达到航速灵敏度调节的。

可以看出，30 kn 的频率特性较 18 kn 为好，因此，在综合系统与分析减摇效果时，按 18 kn 计算。

由于输入 5 V 时，随动系统对应输出 22°的鳍角，因而其对数幅频特性可以写为

$$L_{ms} = 20\lg(22/5) + L'_{ms} = 13 + L'_{ms} \quad (\text{dB}) \tag{5.99}$$

6. 鳍角到波倾角转换系数 K_α

计算 K_α 实际上是很复杂的，特别是动态的 K_α 值和许多因素有关。这里仅给出静态的 K_α 值，用此值来综合减摇鳍控制系统也可得到比较满意的结果。

当鳍转 22°角时，在 18 kn 航速下，船横倾 6.3°，这就是某船减摇鳍的静特征数。由此得到

$$K_\alpha = 6.3/22 = 0.286 \tag{5.100}$$

转为分贝值，则 $L_{mkf} = -11$ dB。

5.6.2　开环频率特性

分析了各环节的特性后，就可以计算减摇鳍控制系统的开环频率特性了。进而，可以根据开环频率特性来选取校正电路，使控制系统满足预期的性能。

为综合方便，采用对数表示方法，求减摇鳍系统的开环频率特性。其对数幅频和相频特性将分别为上述各个环节的对数幅频特性和相频特性的和，即

$$L_{mk} = \sum L_{mi} \tag{5.101}$$

$$\varepsilon_k = \sum \varphi_i \tag{5.102}$$

调试中做到，当船舶横摇为 $\varphi = 3°\sin\dfrac{2\pi}{4.8}t$ 时，鳍角运动为 $\alpha = 22°\sin\left(\dfrac{2\pi}{4.8}t + \varepsilon\right)$，这时随动系统输入电压幅度是 5 V，即

$$3° \times 35 \times 10^{-3} \times 1.31 \times K'_Q \times 1 = 5 \quad (\text{V})$$

$$K'_Q = \frac{5 \times 10^3}{3 \times 35 \times 1.31} = 36.3 \tag{5.103}$$

于是前置放大器的对数幅频特性为

$$L'_{mQ} = 20\lg 36.3 = 31.2 \quad (\text{dB}) \tag{5.104}$$

于是得系统的对数幅频特性为

$$\begin{aligned}L_{mk} &= L_{mc} + L_{mT} + L'_{mQ} + L_{ms} + L_{mkf} \\ &= -29.1 + 31.2 - 11 + 13 + 20\lg\omega + L_{mc} + L'_{ms} \\ &= 4.1 + 20\lg\omega + L_{mc} + L'_{ms}\end{aligned} \tag{5.105}$$

根据船舶和随动系统的对数幅频特性，计算上式，可画出系统的实际开环频率特性的对数幅频特性及其相频特性，如图5－36所示，可以看出，系统是稳定的，相稳定储备为70°（在高频端幅频特性为零时的相角与－180°之间的夹角），幅稳定储备为8.5 dB（当相频特性为－180°时幅特性的负的对数值）。同时也可以看出，在低频段，即波浪周期大于谐摇周期的这一段减摇倍数较低，而且稳定力矩的相位较海浪的相位大大超前，这对于有效地抵消波浪力矩很不利。

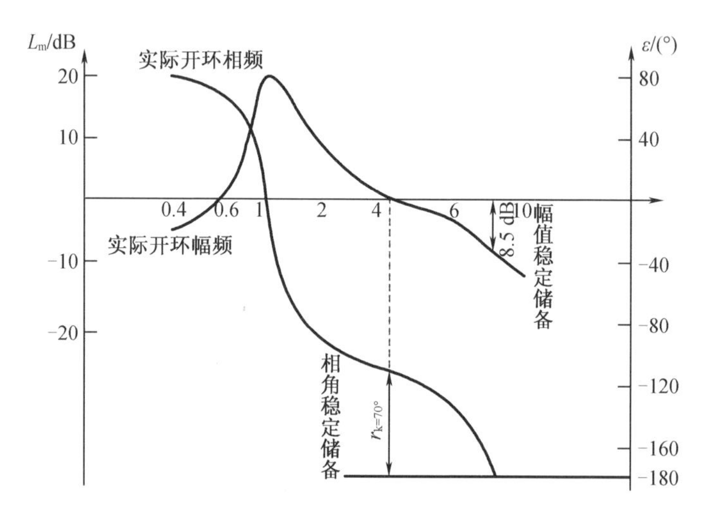

图5－36 实际开环频率特性曲线

这个问题还可以通过减摇倍数来做进一步的说明。由船对波倾角 α_w 的传递函数为 $W(s)$，开环传递函数 $W_k(s)$，可得减摇后的横摇角为

$$\varphi_s = \frac{\alpha_w W(s)}{1 + W_k(s)} \tag{5.106}$$

而未减摇的横摇角可表示为

$$\varphi_u = \alpha_w W_c(s) \tag{5.107}$$

减摇效果 γ_s 为未减摇的横摇角 φ_u 与减摇后的横摇角 φ_s 之比，即

$$\gamma_s = \frac{\varphi_u}{\varphi_s} = 1 + W_k(s) \tag{5.108}$$

显然减摇效果取决于系统的开环传递函数 $W_k(s)$，而且 $W_k(s)$ 越大，减摇倍数 γ_s 也越大。

未校正的开环特性表明：在 $\omega = 0.54$ 时（图5－36），即周期为11.6 s时 $|W_k| = 1(L_{mk})$，相角为80°，可见在低频段，也就是该船舶在长周期涌浪中航行时，减摇效果会很差，而根据对海浪的统计分析表明，在4～6级海况下，海浪能量在 $\omega = 0.8 \sim 1.0$ 频段内最大，为了保证在不规则波浪中的平均减摇倍数不低于4倍，必须对减摇鳍的动态特性进行均衡与校正。

1. 理想开环频率特性的确定

为了提高系统在低频段的减摇效果，就要提高系统低频段的幅频特性并降低其超前相角。在高频段适当提高其幅频特性虽然有利于提高在高频段的减摇效果，但是如果提高太多必将使高频段的截止频率后移很多，这将使幅稳定储备降低太多，引起系统不稳定，为此在高频段只能适当提高又使截止频率不要太后移，这样可选定如图5－37中的理想开环幅相特性 L_{mkL} 与 $\varepsilon_{\mathrm{kL}}$：

①$0.4 \leqslant \omega < 1.05$ 时，有

$$L_{\mathrm{mkL}} = 12.5\ \mathrm{dB}, \varepsilon_{\mathrm{kL}} = 0$$

②$1.05 \leqslant \omega \leqslant 1.31$ 时，有

$$L_{\mathrm{mkL}} = L_{\mathrm{mk}}, \varepsilon_{\mathrm{kL}} = 0$$

③$\omega > 1.31$ 时，L_{mkL} 以 -40 dB 每10倍频程衰减，$\varepsilon_{\mathrm{kL}} = \varepsilon_{\mathrm{k}}$。

这样在低频段的开环传递函数的幅值为 $|W_{\mathrm{kL}}(s)| = |W_{\mathrm{kL}}(\mathrm{j}\omega)| = 4.22$，而在截止频率点的相稳定储备仍有64°，于是既提高了低频段的减摇效果，又保证了有足够的稳定储备。

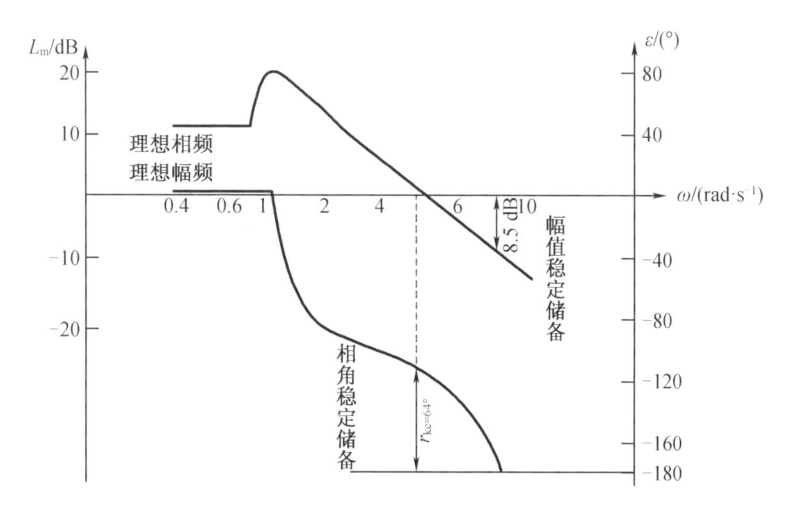

图5－37　理想开环频率特性

2. 理想校正环节频率特性的确定

为了获得上述理想系统的开环频率特性，需要在系统中引入一个校正环节，显然系统的理想开环频率特性 $W_{\mathrm{mkL}}(\mathrm{j}\omega)$ 与未经校正的开环频率特性 $W_{\mathrm{k}}(\mathrm{j}\omega)$ 之商就是校正环节的理想频率特性 $W_{\mathrm{xL}}(\mathrm{j}\omega)$，即

$$W_{\mathrm{xL}}(\mathrm{j}\omega) = \frac{W_{\mathrm{kL}}(\mathrm{j}\omega)}{W_{\mathrm{k}}(\mathrm{j}\omega)} \tag{5.109}$$

其对数幅频特性及相频特性为

$$L_{\mathrm{mxL}}(\omega) = L_{\mathrm{mkL}}(\omega) - L_{\mathrm{mk}}(\omega) \tag{5.110}$$

$$\varepsilon_{\mathrm{xL}}(\omega) = \varepsilon_{\mathrm{kL}}(\omega) - \varepsilon_{\mathrm{k}}(\omega) \tag{5.111}$$

理想校正环节频率特性如图5－38中的曲线所示。

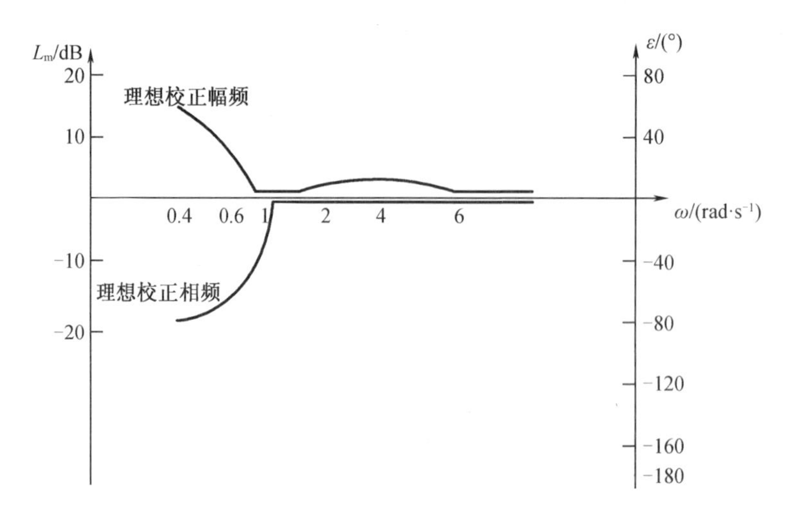

图 5-38 理想校正环节频率特性

3. 理想有源校正环节的实现

由理想校正幅频特性可见,在低频段起点需有 12.5 dB 的放大量,即

$$20\lg K_x = 12.5 \quad (\text{dB}) \tag{5.112}$$

由此可求出相应的放大倍数为 $K_x = 4.22$。

令

$$W_{xL}(j\omega) = K_x W'_{xL}(j\omega) \tag{5.113}$$

即把放大量提出来,放到前置放大器里来完成,剩余的理想校正函数 $W'_{xL}(j\omega)$ 就可以用一定的网络(无须放大作用)来实现。则剩余的理想校正函数为

$$W'_{xL}(j\omega) = \frac{W_{xL}(j\omega)}{K_x} \tag{5.114}$$

其对数幅频特性和相频特性分别为

$$L'_{mxL}(\omega) = L_{mxL}(\omega) - 12.5 \quad (\text{dB}) \tag{5.115}$$

$$\varepsilon'_{kL}(\omega) = \varepsilon_{kL}(\omega) \tag{5.116}$$

如图 5-39 所示的有源 T 型校正网络,适当选择网络的参数,可以在预定的工作频段内实现这种频率特性,可以证明其传递函数为

$$W_{xLL}(s) = \frac{T_1^2 s^2 + 2T_1\xi_1 s + 1}{T_2^2 s^2 + 2T_2\xi_2 s + 1} \tag{5.117}$$

式中

$$T_1^2 = R_1C_1R_2C_2 = R_1R_2C^2 (\text{一般取 } C_1 = C_2 = C)$$

$$\xi_1 = \frac{2R_1C_1}{2T_1} = \sqrt{\frac{R_1}{R_2}}$$

$$T_2^2 = [R_1R_2 + (1-K)R_0R_2]C^2$$

$$\xi_2 = \frac{[2R_1 + (1-K)(2R_0 + R_2)]C}{2T_2} \tag{5.118}$$

按照 $W'_{xL}(j\omega)$ 的要求，先选定 T_1、T_2、ξ_1 和 ξ_2，然后再求 R_0、R_1、R_2、C_0、C_1 和 K。取

$$T_1=0.91,\xi_1=0.3,T_2=1.54,\xi_2=0.6$$

则

$$W_{xLL}(s)=\frac{0.91^2(j\omega)^2+2\times0.91\times0.3(j\omega)+1}{1.54^2(j\omega)^2+2\times1.54\times0.6(j\omega)+1}\tag{5.119}$$

其与理想的校正环节频率特性比较接近。

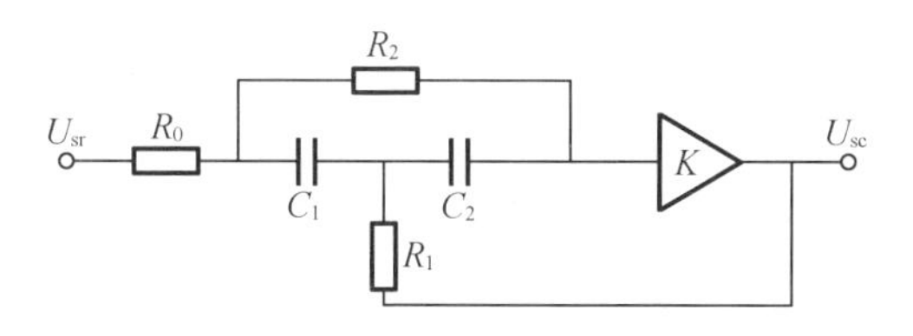

图 5－39　有源 T 型校正网络

根据上述数据做出的校正环节的频率特性的实验结果如图 5－40 所示，可见它与理论计算值相差不多，可满足要求。

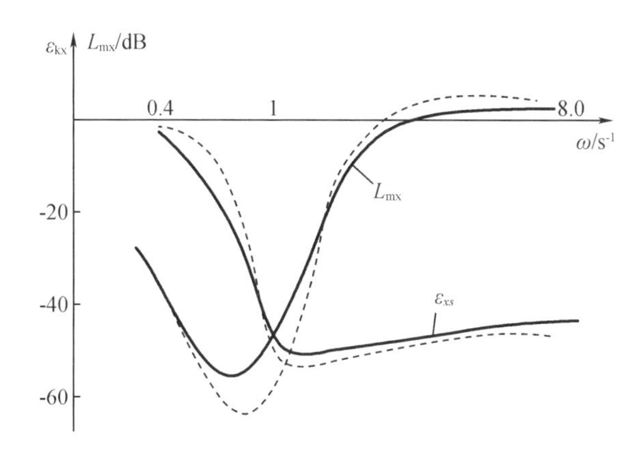

图 5－40　校正环节频率特性实验曲线

经校正后的系统开环频率特性 $W_{kx}(j\omega)$ 可以由下式求得

$$W_{ks}(j\omega)=W_c(j\omega)\cdot W_T(j\omega)\cdot W_Q(j\omega)\cdot W_x(j\omega)\cdot W_s(j\omega)\cdot K_\alpha\tag{5.120}$$

$$L_{mk}(\omega)=L_{mc}+L_{mT}+L_{mQ}+L_{mx}+L_{ms}+L_{mk\alpha}\tag{5.121}$$

$$\varepsilon_{kx}=\varepsilon_c+\varepsilon_T+\varepsilon_x+\varepsilon_s\tag{5.122}$$

由总的灵敏度系数，规定了在 $\omega=1.31\ s^{-1}$，$\varphi_m=3°$ 时 $\alpha=22°$，即有

$$3\times1.31\times35\times10^{-3}\cdot K_Q\times0.22=5$$

此处 0.22 为 h_x 的值，是有源校正网络在 $\omega=1.31$ 的设计值，解出

$$K_Q=165$$

实际上，前置放大器的放大倍数是可变的，并且在 0～138 内变化，所以，并不一定要准确的 K_Q 值，只要在调试时满足灵敏度系数的要求，就可以同时把各元件的误差计算在内了。这样，就可以得出校正后的开环频率特性。继而得稳定储备的相储备为 52°，幅储备为 5 dB，

而低频段却较未校正前好多了。

5.6.3 减摇鳍控制系统 PID 控制器参数优化及其仿真

减摇鳍控制系统中,经常要用到 PID 控制器,但是确定其参数是一件很困难的事。由于船舶的自然横摇周期 T 和无因次横摇阻尼 ξ 的不确定性,需要在海试阶段调整 PID 控制器的参数。如果没有事先确定的对于不同 T、ξ 值的最佳 PID 控制器参数,那么调节这些参数就更加困难了。往往由于 PID 控制器的参数选择不当,使控制系统的质量很差,以致达不到预期的减摇效果。本节提出了一种 PID 控制器参数优化的方法及仿真程序,经过实际设计的应用,证明该方法可以较方便地确定具有不同 T、ξ 值的船舶的减摇鳍系统的 PID 控制器,并有效地解决上述问题。这些参数可以用人工方法来调整,也可以利用自适应方法,使 PID 控制器参数自动适应船舶的 T、ξ 值的变化,使减摇鳍进行自适应控制。

本节介绍的 PID 控制器为 NJ5 系列减摇鳍的 PID 控制器,并已推广到 NJ3G、NJ4G 减摇鳍。

本节方法和仿真程序也可以用来解决其他类似的控制系统的 PID 控制器参数优化问题。

1. 理论的 PID 控制器数学模型

船舶的横摇运动方程常用一个二阶微分方程来描述,而减摇鳍控制系统往往用一个角速度陀螺仪作为敏感元件。在这种情况下,如果要使控制系统有较好的减摇效果,必须在控制系统中设计一个 PID 控制器。这个控制器应有如下的输入、输出关系:

$$u(t) = B\int \dot{\varphi}(t)\mathrm{d}t + D\dot{\varphi}(t) + C\frac{\mathrm{d}\dot{\varphi}(t)}{\mathrm{d}t} \tag{5.123}$$

式中 $\dot{\varphi}$——船舶横摇角速度;

$u(t)$——PID 控制器的输出信号;

B、C、D——PID 控制器的常参数。

对式(5.123)进行拉氏变换(设初始条件为零),有

$$W_1(s) = \frac{u(s)}{\dot{\varphi}(s)} = B\frac{1}{s} + D + Cs \tag{5.124}$$

为了使船舶在各种横摇干扰力矩的频率下都有同样的减摇效果,PID 控制器的参数 B、C、D 与船舶的横摇参数 T、ξ 之间应有如下关系:

$$\begin{cases} C = 2T^2 \\ D = 2T\xi \\ B = 1 \end{cases} \tag{5.125}$$

这样式(5.124)就变为

$$W_1(s) = T^2 s + 2T\xi + \frac{1}{s} \tag{5.126}$$

该式即为希望的 PID 控制器的理论数学模型,它的幅频特性为

$$u_0 = 20\lg|W_1(\mathrm{j}\omega)| = 20\lg\sqrt{(2T\xi)^2 + \left(T^2\omega - \frac{1}{\omega}\right)^2}$$

$$=8.68\ln\sqrt{(2T\xi)^2+\left(T^2\omega-\frac{1}{\omega}\right)^2}$$

$$=8.68\ln\sqrt{D^2+\left(C\omega-\frac{1}{\omega}\right)^2} \tag{5.127}$$

在以往的减摇鳍控制系统中，常把 T、ξ 作为常数处理。实际上船舶的 T、ξ 是缓慢地随时间而变化的时变参数。由于它们变化相对于船舶横摇是很慢的，所以在某段时间内又可以把其看成是常数。例如，某船的自然横摇周期 $T^2=1.54\ \mathrm{s}^2$，它的值在 1.21 ~ 1.82 变化，无因次横摇阻 $2\xi=0.3$，它的值在 0.25 ~ 0.35 变化。为了使 PID 控制器工作于理论要求的状况，要求 PID 控制器的参数 C、D 能以式(5.125)的规律加以调整，这样始终能使控制器保持最优的参数。对于上面的例子，此控制器的 $C=1.54$，并在 1.21 ~ 1.82 内可调整，而 $D=2T\xi=0.372$，应在 0.27 ~ 0.47 内调整。现在设计一个 PID 控制器，要求在 0.4 rad/s $\leqslant\omega\leqslant$ 1.6 rad/s 频段内尽可能逼近式(5.124)，为此应计算出对于不同的 C、D 值组合时的最优的 PID 控制器参数。

2. 实际可用的 PID 控制器的模型

工程上设计一个 PID 控制器，实际上是要设计一个积分器、一个微分器和一个比例器，再把这三者的信号综合起来。对于工作时间较长的控制系统，纯积分器的积分漂移会破坏控制系统的正常工作，所以用一个惯性环节来代替积分环节。只要合理地选取惯性环节的时间常数，在使用频段它是可以相当正确地实现积分运算的。实际控制系统的工作频率大于 0.4 rad/s，故选用有 25 s 时间常数的惯性环节，其传递函数为

$$W_1(s)=-\frac{25}{25s+1} \tag{5.128}$$

它的频率特性如图 5 -41 所示，从图中可以看出，$\omega>0.4$ rad/s 时，它是可以作为一个积分器使用的。

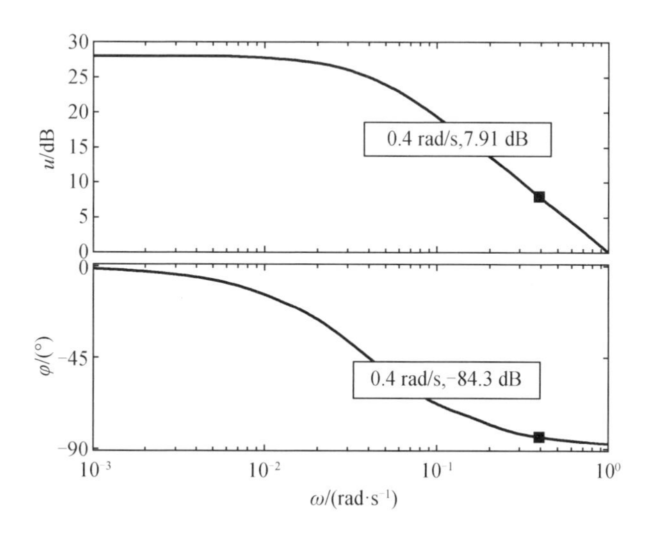

图 5 -41　惯性环节的频率特性

众所周知，纯微分环节会产生很大的高频干扰，故本控制器采用有抑制高频干扰的间接微分器，其传递函数为

$$W_D(s) = -\frac{0.0637s}{(0.0637s+1)(0.0127s+1)} \tag{5.129}$$

它的频率特性如图 5－42 所示。从图中可以看到，当 $\omega < 1.6$ rad/s 时，其可以近似为一个微分器。

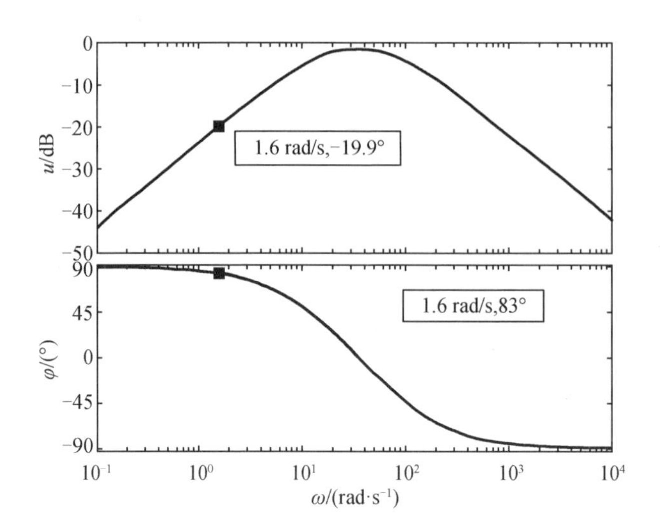

图 5－42　间接微分环节的频率特性

最后选用图 5－43 所示的 PID 控制器，它的传递函数为

$$W_2(s) = -\frac{25K_I}{25s+1} + \frac{0.0637sK_D}{(0.0637s+1)(0.0127s+1)} + K_P \tag{5.130}$$

式中　K_P——比例器的传递函数[$W_P(s) = K_P$]；

$K_I K_P$——积分通道和微分通道的比例系数。

式(5.130)即为实际可供应的 PID 控制器模型，它的幅频特性为

$$\begin{aligned} X_0 &= 20\lg|W_2(j\omega)| \\ &= 8.686\left\{\left[\frac{25K_I}{1+625\omega^2} + K_P + \frac{0.487K_D\omega^2 s}{(1-0.000809\omega^2)^2 + (0.0764\omega)^2}\right]^2 + \right. \\ &\quad \left.\left[\frac{0.0637K_D\omega(1-0.00809\omega^2)}{(1-0.00809\omega^2)^2 + (0.0764\omega)^2} - \frac{625K_I\omega}{1+625\omega^2}\right]^2\right\}^{\frac{1}{2}} \end{aligned} \tag{5.131}$$

它的相频特性为

$$\begin{aligned} Y_0 &= \angle W_2(j\omega) \\ &= {}'57.3\arctan\frac{\dfrac{0.0637K_D\omega(1-0.00809\omega^2)}{(1-0.00809\omega^2)^2 + (0.0764\omega)^2} - \dfrac{625K_I\omega}{1+625\omega^2}}{\dfrac{25K_I}{1+625\omega^2} + K_P + \dfrac{0.487K_D\omega^2 s}{(1-0.000809\omega^2)^2 + (0.0764\omega)^2}} \end{aligned} \tag{5.132}$$

比较式(5.125)和式(5.130)，对于式(5.126)中的每一组 T、ξ 值，在式(5.131)中都可以找出一组 K_I、K_P 和 K_D 值，使$|W_2(j\omega)| - |W_1(j\omega)|$和$\angle W_2(j\omega) - \angle W_1(j\omega)$最小，也即实际的 PID 控制器特性最逼近理论的 PID 控制器特性，这个过程也就是 PID 控制器的参数 K_I、

K_P 和 K_D 最优化过程。由于这里有三个互相牵连的参数和两个结果 $[|W_2(j\omega)| - |W_1(j\omega)|)$ 和 $\angle W_2(j\omega) - \angle W_1(j\omega)]$，所以用一般的计算方法要找出最优参数 K_I、K_P 和 K_D 是非常困难的，这就必须利用多参数寻优程序来解决。另外，在实际控制系统运行时，要临时根据控制对象的 T、ξ 值来调整 K_I、K_P 和 K_D 值将更困难，甚至不可能调整到理想值，所以必须在系统运行前就建立起对于不同 T、ξ 值的 PID 控制器的参考模型，而这个模型的参数 K_I、K_P 和 K_D 是预先确定的最优值。

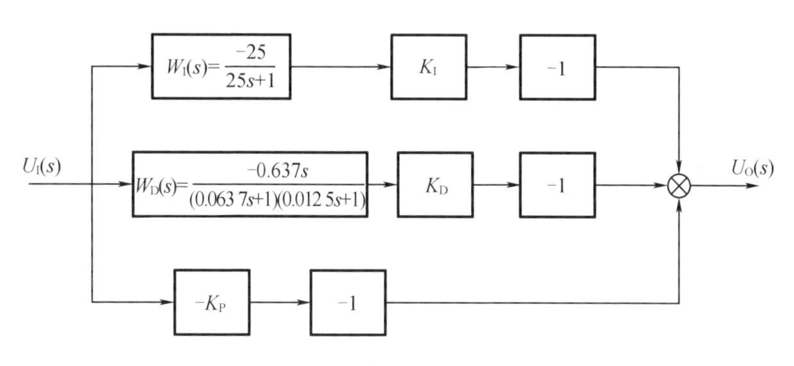

图 5-43　实际的 PID 控制器的方框图

对 4 m 波高的横浪干扰进行船舶运动仿真，船舶横摇曲线和减摇鳍角度如图 5-44、图 5-45 所示。从目标船舶的横摇开环仿真曲线以及统计值可以看出，在一般海情下，船舶的横摇幅度不是很大，此时通过对减摇鳍的控制采取适当的控制策略可以较为容易的达到期望的减摇效果，与开环情况相比，闭环系统减摇效果达到 43%，采用 PID 控制器的减摇鳍在通常海况下表现出良好的减摇效果，同时 PID 控制器对于抑制干扰和噪声，提升控制品质是非常有效的。

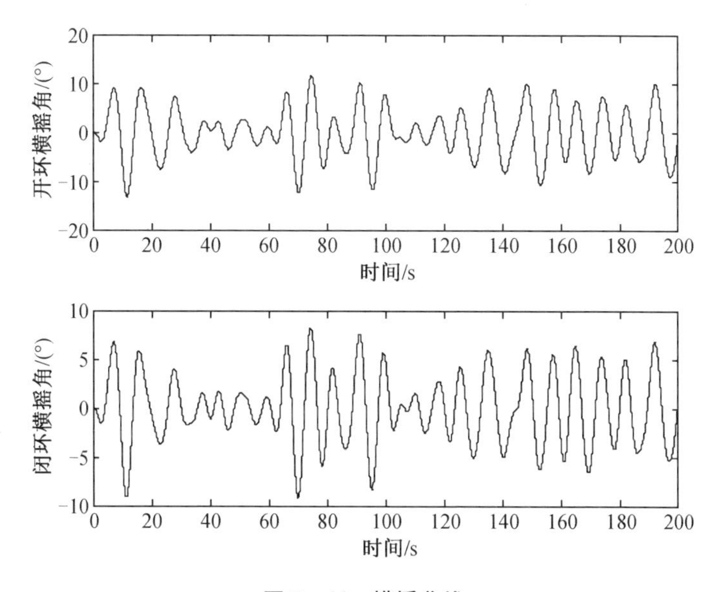

图 5-44　横摇曲线

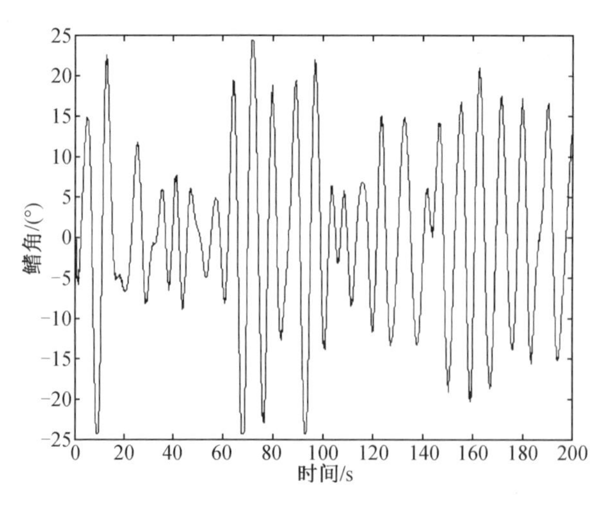

图 5-45 鳍角曲线

5.6.4 由横摇阻尼测量减摇鳍的效果

虽然测量减摇鳍的减摇效果是一个极其繁重而复杂的工作,但由于它对减摇鳍性能评价的重要性,人们仍然花费了大量的时间和财力来做这项工作。现在流行的测量减摇鳍减摇效果的方法往往由于海洋环境的复杂性而有较大的局限性,测量的结果也不是令人十分满意。虽然 5.2.2 节中已经详细介绍了减摇效果的评价方法,但利用这些方法评价减摇鳍的减摇效果时,都遇到一个共同的问题:每次实船海上测试得到的 σ_u 和 σ_s 值是不一致的,当然有许多因素影响着 σ_u 和 σ_s 的值。但主要原因是进行测试时的海况的影响。试验海况过大,会使减摇鳍处于非线性工作状态。另外海浪又是一个非常复杂的随机过程,即使在相同的有义波高下,它的能量谱也有很大的差异。为了测试减摇效果,人们经常要花费大量的时间去等待合适的试验海况,但合适的海况在某个海区又不是经常出现的。因此,如果能找到一种不必做实船海上测试就可以测量减摇鳍减摇效果的方法具有很大的实际意义。

本节提出了一种以横摇角速度为主要控制信号的减摇鳍减摇效果的评价方法。经过理论分析和多次海上实船试验,证明了这种方法对于主要以增加船舶的横摇阻尼为手段的减摇鳍是适用的。由于目前世界各国广泛应用的减摇鳍,其中很多是以船舶横摇角速度为主要控制信号,以横摇角度和角加速度为辅助控制信号的,所以这个方法可用来评价很多减摇鳍的减摇效果。

横摇角速度控制的减摇鳍的作用是增加了船舶的横摇阻尼,从而大大减小船舶在谐摇区内的横摇。

一般地说,船舶的自然横摇周期在数秒至 20 多秒之间,较大的船舶其自然横摇周期相对于较小的船舶的自然横摇周期要大。另一方面,从随机海浪理论可知,海浪的能量主要集中于周期为数秒至 20 多秒的波浪里。例如,对于 PM 谱,当有义波高从 0.5 ~ 9.0 m 时,最大能量的波浪周期为 3 ~ 16 s。对于从 20 世纪 60 年代末至 70 年代发展起来的最新的海浪谱 JONSWAP 谱,也有类似的现象。海浪的有义波高越大,具有最大能量的浪的周期也越大。

较大的船舶允许在较高的海况中行驶，故其遭遇的海浪周期相对地也大些。船舶的横摇谐振频率往往落在海浪谱中具有最大能量的海浪频率附近。要让船舶的横摇自然频率 ω_φ 远离它所遭遇的具有较大能量的海浪的频率是很困难的，因此船舶在随机海浪中经常会在它的自然频率附近产生强烈的横摇，而减小在自然频率附近的横摇是最重要的。利用增加船舶的横摇阻尼的方法是减小这种横摇的最有效的方法，这也就是为什么很多减摇鳍都是以横摇角速度为主要控制信号的理由。

1. 以横摇角速度控制的减摇鳍对传播横摇阻尼的影响

图5-46表示以横摇角速度为控制信号的减摇鳍的原理方框图。

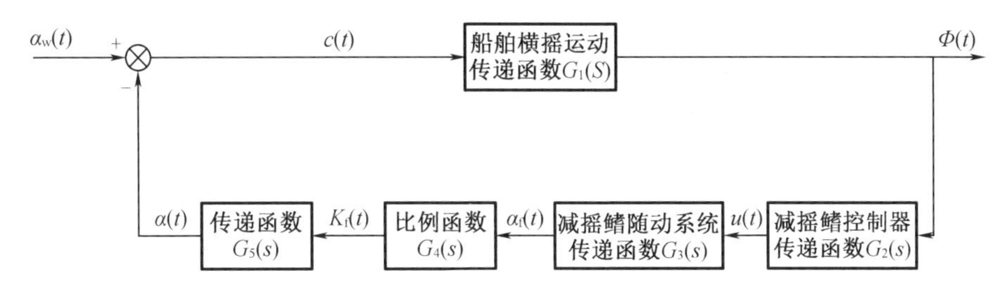

图5-46　减摇鳍的原理方框图

船舶横摇运动的传递函数为

$$G_1(s)=\frac{\Phi(s)}{E(s)}=\frac{1}{s^2/\omega_\varphi^2+2n_u s/\omega_\varphi+1} \tag{5.133}$$

式中　$\Phi(s)$ 和 $E(s)$——船舶横摇角 $\varphi(t)$ 和误差 $\varepsilon(t)$ 的拉氏变换；

$G_2(s)$——减摇鳍控制器的传递函数。

为简单起见，对于以船舶横摇角速度信号为主要控制信号的减摇鳍，可以近似认为控制器输出 $u(t)$ 正比于船舶横摇角速度，也即

$$u(t)=K_1\dot{\varphi}(t) \tag{5.134}$$

$$G_2(s)=U(s)/\Phi(s)=K_1 s \tag{5.135}$$

式中　$U(s)$——$u(t)$ 的拉氏变换；

K_1——比例系数。

设 $G_3(s)$ 为减摇鳍随动系统的传递函数，对于设计合理的随动系统，其频带比船舶横摇响应的频带和波浪谱的频带宽很多，所以可以认为它是一个比例环节，设其比例系数为 K_2，则有

$$G_3(s)=\alpha_f(s)/U(s)=K_2 \tag{5.136}$$

式中，$\alpha_f(s)$ 为鳍角 $\alpha_f(t)$ 的拉氏变换。

设 $G_4(s)$ 为对应的鳍角 $\alpha_f(t)$ 折合为横摇稳定力矩 $K_f(t)$ 的比例系数，在某一船舶航速 V，鳍产生的稳定力矩为 $K_f(t)$，于是有

$$G_4(s)=K_f(s)/\alpha_f(s)=\rho V^2 A_f l_f C_L^\alpha \tag{5.137}$$

式中，A_f、l_f 和 C_L^α 分别为鳍投影面积、鳍的稳定力臂和升力系数的斜率。

设 $G_5(s)$ 为稳定力矩 $K_f(t)$ 折合为相当波倾角量 $\alpha(t)$ 的传递系数，$K_f(t)=Dh\alpha_f(t)$，于

是有

$$G_5(s)=\alpha(s)/K_f(s)=1/Dh \tag{5.138}$$

减摇鳍的闭环传递函数为

$$\begin{aligned}G(s)&=\Phi(s)/\alpha_w(s)\\&=\frac{G_1(s)}{1+G_1(s)G_2(s)G_3(s)G_4(s)G_5(s)}\\&=\frac{1}{s^2/\omega_\varphi^2+2(n_u+K_1K_2\rho V^2A_fl_fC_L^\alpha\omega_\varphi/2Dh)s+1}\end{aligned} \tag{5.139}$$

式中 $\alpha_w(s)$——海浪波倾角；

$D=\rho g\Delta$，Δ 为船舶的排水体积。

令

$$n_f=n_u+K_1K_2\rho V^2A_fl_fC_L^\alpha\omega_\varphi/2g\Delta h \tag{5.140}$$

则式(5.139)为

$$G(s)=\frac{1}{s^2/\omega_\varphi^2+2n_fs/\omega_\varphi+1} \tag{5.141}$$

由此可见，在减摇鳍的作用下，船舶的横摇无因次衰减系数由原来的 n_u 增加到 n_f。

由于 K_1、K_2、V、A_f、l_f、Δ 和 h 诸值都可以较准确地得到，C_L^α 可由对鳍的水动力试验得到，n_u 和 ω_φ 可从船舶在航速为 V 时的静水横摇衰减试验得到，所以由式(5.140)计算得到的 n_f 值是比较可信的。

2. 船舶横摇阻尼的实船测试和分析

虽然由式(5.140)得到的船舶无因次横摇衰减系数是比较可信的，并在减摇鳍设计阶段和对减摇鳍性能的一般评价是有实用意义的，但是由于一些不确定因素及船舶水动力现象的复杂性，它仍有相当的误差。既然没有减摇鳍时船舶横摇阻尼可由船舶的 n_u 横摇衰减运动测定，那么在减摇鳍工作时，也可以对船舶的横摇阻尼做类似的测试。

船舶的横摇衰减系数通过对装备 NJ4 型减摇鳍的船舶进行测试获得。

图 5-47 所示的是在减摇鳍不工作、船速为 18 kn 时测得的横摇衰减曲线。如果横摇角较小，那么横摇阻尼力矩正比于 φ。在减摇鳍不工作时，n_u 可用下式求得：

$$n_u=\frac{1}{\pi}\ln(\varphi_i/\varphi_{i+1}) \tag{5.142}$$

φ_i 和 φ_{i+1} 如图 5-47 所示。无论从理论上和实船试验都可以证明，n_u 对 ω_φ 的影响较小，于是 ω_φ 也可以用图 5-47 中的船舶横摇衰减曲线的频率表示。从图 5-47 可以得到，$n_u=0.180$，$\omega_\varphi=0.860$ rad/s。把这两个值代入式(5.140)，得到计算的 $n_f=0.943$。

在减摇鳍作用下船舶的横摇衰减系数测试时，首先让船舶在要求的航速下在平静的海面上行驶，利用某种方法使船舶产生强迫横摇，启动减摇鳍，但使鳍处于 0°位置（鳍处于归零工况）。当船舶横摇角达到一定值后，停止对船舶强迫横摇，并使减摇鳍工作（解除鳍的归零工况），则船舶在减摇鳍作用下做强迫横摇衰减。图 5-48 所示是用记录仪记录的在减摇鳍作用下的船舶横摇自由衰减曲线，此时船舶航速为 18 kn，由于有减摇鳍的作用，船舶的横摇角很快地衰减到 0°（或平衡位置）。

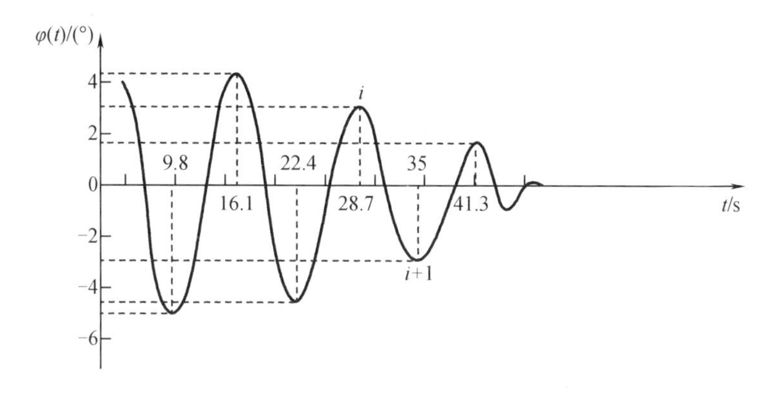

图 5 - 47　减摇鳍不工作时船舶横摇衰减曲线

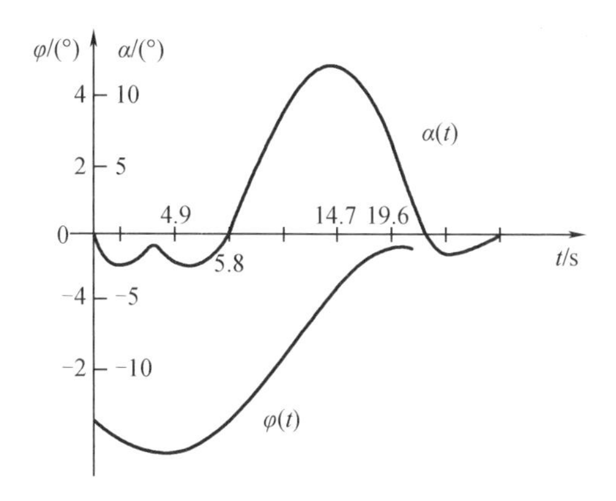

图 5 - 48　在减摇鳍作用下船舶的横摇衰减曲线

n_f 是基于能量的观点求得的。在实船试验时，当停止强迫横摇船舶并使减摇鳍工作后，船舶的横摇方程为

$$(I_x + \Delta I_x)\ddot{\varphi} + 2N_f\,\dot{\varphi} + Dh\varphi = 0 \tag{5.143}$$

式中　$I_x + \Delta I_x$——船舶的横摇转动惯量；

N_f——在减摇鳍工作时的船舶的横摇阻尼；

D——船舶的排水量；

h——横稳性高。

图 5 - 47 中，当横摇角从 φ_i 减小到 φ_{i+1} 时，横摇的势能也减小了，势能的积分与积分路径无关，所以势能的减小 ΔE 能够用下式表示：

$$\Delta E = \int_0^{\varphi_i} Dh\varphi \mathrm{d}\varphi - \int_0^{\varphi_{i+1}} Dh\varphi \mathrm{d}\varphi = Dh\varphi_m \Delta\varphi \tag{5.144}$$

式中，$\varphi_m = (\varphi_i + \varphi_{i+1})/2$，$\Delta\varphi = \varphi_i - \varphi_{i+1}$。

事实上，势能的减小是由于横摇阻尼引起的，从 φ_i 到 φ_{i+1}，能量的消耗为

$$W = \int_{\varphi_i}^{\varphi_{i+1}} 2N_f\,\dot{\varphi}\mathrm{d}\varphi \tag{5.145}$$

假定在 φ_i 到 φ_{i+1} 的区间，横摇衰减与时间 t 成线性关系，也就是

$$\varphi(t) = \frac{\varphi_{i+1} - \varphi_i}{t_{i+1} - t_i}t + \varphi_i = \frac{\Delta\varphi}{\Delta t}t + \varphi_i \tag{5.146}$$

把式(5.146)代入式(5.145),得

$$W = 2N_{\mathrm{f}}\frac{\Delta\varphi^2}{\Delta t} \tag{5.147}$$

由能量守恒,势能减小等于能量消耗,于是

$$Dh\varphi_m\Delta\varphi = 2N_{\mathrm{f}}\Delta\varphi^2/\Delta t \tag{5.148}$$

亦即

$$N_{\mathrm{f}} = Dh\varphi_m\Delta t/2\Delta\varphi \tag{5.149}$$

又因为

$$n_{\mathrm{f}} = N_{\mathrm{f}}\omega_\varphi/Dh \tag{5.150}$$

把式(5.149)代入式(5.150),得

$$n_{\mathrm{f}} = \frac{\varphi_m\Delta t\omega_\varphi}{2\Delta\varphi} \tag{5.151}$$

把从图5-47中测得的φ_m、Δt和$\Delta\varphi$代入式(5.151),得$n_{\mathrm{f}}=1.04$。因为大角度横摇方程是非线性的,又因为在图5-46的船舶横摇衰减曲线的起始段,由于鳍随动系统的时间常数等因素影响,会对计算带来一定的误差,所以φ_i和φ_{i+1}值不宜取得太大。在这个例子中,取$t_i=14.7$,$t_{i+1}=17.2$,$\varphi_i=5.2°$和$\varphi_{i+1}=1.7°$为计算值。

3. 利用横摇阻尼计算减摇鳍的减摇效果

本节提出了一种计算以横摇角速度为主要控制信号的减摇鳍横摇减摇倍数γ_{s}的方法,即利用横摇衰减系数的方法。这个方法可用下式表示:

$$\gamma_{\mathrm{s}} = n_{\mathrm{f}}/n_{\mathrm{u}} \tag{5.152}$$

前述,从式(5.151)计算得到的$n_{\mathrm{f}}=0.943$,于是有

$$\gamma_{\mathrm{s}} = n_{\mathrm{f}}/n_{\mathrm{u}} = 0.943/0.180 = 5.24 \tag{5.153}$$

从图5-48的实船海上测试曲线可得$n_{\mathrm{f}}=1.04$,故

$$\gamma_{\mathrm{s}} = n_{\mathrm{f}}/n_{\mathrm{u}} = 1.04/0.180 = 5.78 \tag{5.154}$$

当然式(5.154)的值要比式(5.153)的值精确。

NJ4型减摇鳍的减摇效果也经过了多次不同海况下的实船海上测试。一次典型的海上试验结果测得船舶在傍浪航行时的减摇倍数为

$$\gamma_{\mathrm{s}} = 5.67$$

可知,利用式(5.152)来计算减摇鳍的减摇效果是相当好的。

本节对以横摇角速度为主要控制信号的减摇鳍的横摇衰减系数作了理论上的推导和实船测试,并在这个基础上,提出了评价此类减摇鳍减摇效果的方法。通过和实船海上减摇测试结果的比较,可以知道利用横摇衰减系数的方法得到的减摇倍数与实船减摇测试结果得到的减摇倍数基本上是一致的。这个方法不但简单,而且有较高的准确性。由于这个方法是在无海浪的条件下实施的,所以可以减小工作强度,节省测试时间和费用,减少测试设备,也避免了传统的测试方法所需要的难以得到的试验海况。这个方法有望代替以横摇角速度为主要控制信号的减摇鳍的减摇效果测试。

5.7　减摇水舱

5.7.1　减摇水舱概述

船舶在中高速航行时,利用减摇鳍可有效减小横摇,但是船舶在低航速和零航速时,减摇鳍就不能有效减摇。对于一些经常工作于低航速及零航速的船舶,就不能安装减摇鳍来减摇。另外,减摇鳍结构复杂、造价高。减摇水舱是一种在各种航速下都能有效减摇的船舶减摇装置之一,具有结构简单、造价低廉、便于维护保养等特点。但减摇水舱占用船内空间大,减摇效果不如减摇鳍,因此很少用于军船。减摇水舱特别适用于滚装船、车客轮渡、集装箱船、钻探船和科学测量船等经常工作于零航速或低航速的船舶减摇,它不仅可以减横摇和抗横倾,而且可以提高装卸效率,减少运输成本;对于科学测量考察船,还具有破冰功能。

1. 减摇水舱的分类

减摇水舱可分为被动式减摇水舱,可控被动式减摇水舱和主动式减摇水舱几种类型,常用的被动式减摇水舱有 U 形减摇水舱、自由液面水舱和槽形水舱。

(1)U 形减摇水舱

U 形减摇水舱如图 5－49 所示。船舶的两舷装有两个部分空间充水的水舱,水舱底部连通,上部由空气通道连通。空气通道可以用来调节水舱的阻尼。这种水舱最初是由德国的 Frahm 提出的,因此也叫 Frahm 减摇水舱。

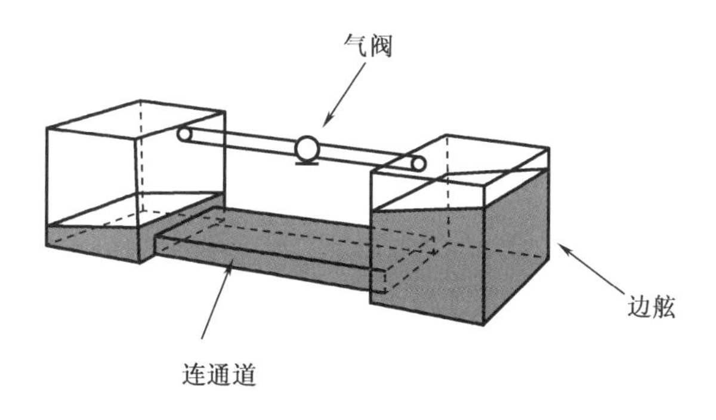

图 5－49　U 形减摇水舱

(2)槽形水舱

槽形水舱如图 5－50 所示。槽形水舱的结构形式是自由表面的两舷水舱由一个产生阻尼的水槽连接,阻尼由喷嘴、平板或类似的障碍物产生。

(3)可控被动式减摇水舱

可控被动式减摇水舱在水舱之间的通道中安装有可调节流阀,以改善被动式水舱在低频时的减摇效果,如图 5－51 所示。

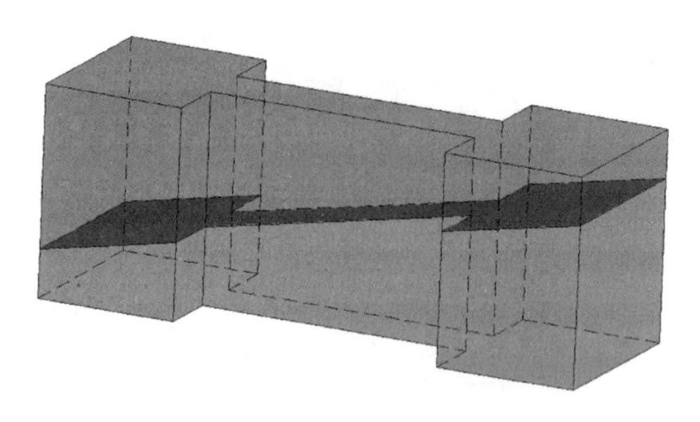

图 5－50 槽形水舱

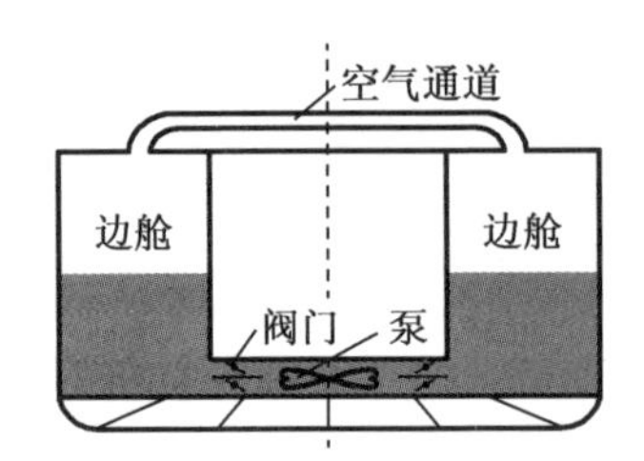

图 5－51 可控被动式减摇水舱

主动式减摇水舱在不规则海面上对波浪的响应时间要比被动式水舱来得快，而且减摇效果也更大。Frahm 的 U 形水舱向主动式发展是将舱水由一个侧舱用水泵抽往另一个侧舱，从而消除了水舱对谐摇频率的依赖。这样就可使稳定力矩更快地起作用。

在简单的主动式系统中，采用加速度计来感受横摇运动，并将所测得的信号传送给一变螺距泵，后者控制两侧舱之间的流量。在主动式减摇水舱系统中，中央水道中设置一个以恒定转速旋转的螺旋桨，桨的两侧各设有阀门用来控制水流的方向。水泵将水抽到一舷水舱，此时该舷的水位提高，同时该舷的上部阀门打开，而另一舷上部阀门关闭下部阀门打开，以便让舱水从该舱流向另一舱。当船舶处于正浮位置时，所有的阀门全部打开，水流可在两个测舱之间自由流动。这种水舱系统是由一个用加速度计作为传感器的伺服机控制的，由于水泵的排量很大，控制水泵所需的能量也很大，且成本也高，因此主动式减摇水舱很少被采用。

由于被动式减摇水舱依靠水舱本身和船舶横摇自然频率相适应而工作。实际的横摇频率与船舶自然频率差别越大，减摇效能就越小。通常，谐摇附近有最大的减摇效果。可控被动式减摇水舱就是防止在非谐摇时，舱中水的自由流动，以避免在非谐摇的横摇频率出现较高的横摇值。它主要是考虑在水舱中安装可调的节流阀，可控被动式水舱的水流控制阀一般有两种配置形式：一是装在水道之中；另一个是装于水舱上端的空气管道里。这种减摇装置通过横摇传感装置调节阀门的开启和关闭，达到水舱内水的流动，阀门的动作只能减小两边舱的流量。因此，可控被动式水舱能在较宽的频率范围内有效地工作。由于在高的横摇频率时，水舱内水的运动必须比低横摇频率快，因此，采用把水舱调谐到较高频率上的办法，以实现减摇所期望的流体运动。低频时，为使船舶减摇就要控制阀门减小边舱间水的流量。

因为被动式水舱对船舶摇幅的减小有一下限,可控被动式水舱虽能减小剧烈横摇,却不能完全消除横摇,只能使横摇减至可允许的程度。最后的横摇放大因数事实上成为一条直线,该直线在最佳剩余横摇特性附近。

船舶在谐摇或谐摇附近时,横摇传感装置将信号传送给阀,使流体的运动不因阀的存在而受影响,从而使最佳的横摇幅值减小。当横摇的波频改变时,就控制船舶横摇运动相关的信号相位,由阀制止产生增摇力矩的流体运动。

这样的结果有如下优点:

①谐摇时,阀控制系统提供了舱中水的流动阻尼,使船舶的横摇与装有纯被动式水舱的船舶一样,减摇效果更佳。

②实际上在所有的海浪频率下,剩余横摇保持为常值,表现在小的波浪遭遇频率时比纯被动式水舱要好得多,而这是控制的主要目的。

③船舶初稳心高的改变并不影响控制相位,虽然小的船舶横摇角使水舱的减摇力矩稍减小,但是剩余的横摇实际不变。

(4)开式减摇水舱

在对减摇水舱的研究中,人们又发明了另外一种形式的水舱——开式减摇水舱(图5-52)。它的特点是不用中部的连通水道,而是通过壳板上的开孔和舷外海水相通。由于每个边舱内水的运动是可以独立发生的,因此,这种减摇水舱和船舶横摇一起构成三自由度振荡系统。

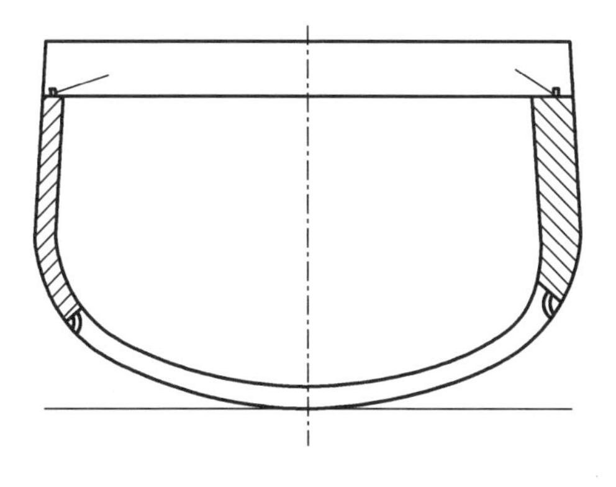

图5-52　开式减摇水舱

减摇水舱发展至今已取得了许多成就,目前减摇水舱的研究方向如下。

(1)减摇水舱控制技术提高

随着控制理论和计算机计算能力的发展,人们已逐渐掌握了减摇水舱的非线性模型建立方法,提出了各种不同的水舱控制策略,运用先进的非线性控制算法,弥补减摇水舱响应速度较慢的不足,提高了减摇水舱不同浪向和海况下的适应能力及减摇效果。

(2)减摇水舱功能拓展

这些功能拓展中最引人注目的一项是减摇水舱可通过额外并不复杂的改造而具有抗横倾功能,甚至主动生摇。这种功能对于需要在码头装载抗倾以及需要破冰作业的船舶,实用性非常高。德国Intering公司新开发的多功能新型减摇水舱已经兼有减摇和抗倾功能。随着研究的深入,通过技术融合,减摇水舱最终可以形成一个船舶姿态综合测量与控制系统。

(3)控制水舱周期、相位的调节

德国 Intering 公司的可控式被动减摇水舱采用气阀控制,通过气阀的开关动作来调节每个周期内舱内水的振荡相位。日本 JFE 公司和 STABILO 公司则均把减摇水舱分为固定周期类和周期可调类,从工作原理上讲,这两者都接近于纯被动减摇水舱。上海船舶设备研究所从 2007 年重点研究了减摇水舱的周期相位调节问题,推出的型号为 ART704 - A/W 的可控被动减摇水舱,采用水阀调节水舱的自摇周期,采用气阀调节舱内水的振荡相位,在一定程度上提高了减摇效果。

(4)舱鳍联合减摇

由于减摇鳍在低航速时减摇效果较差,而减摇水舱虽然减摇效果没有减摇鳍高,但减摇水舱的减摇效果跟航速大小没关系,如果能够将二者组合起来,按一定规则协调工作,则二者能够优劣互补,在全航速范围内实现完美的减摇效果。几年前就开始有厂家陆续推出水舱 - 鳍联合减摇系统。减摇鳍与减摇水舱联合控制,不但能在全航速范围内减摇,还能有效减少减摇鳍规格尺寸。而鳍与抗倾水舱结合,也可有效提高减摇鳍的减摇效果。

2. 减摇水舱的工作原理

(1)被动式减摇水舱的工作原理

被动式减摇水舱是根据双共振的原理进行设计的,即使水舱水流振荡与船舶横摇运动具有相等的固有周期,水舱内水的固有振荡频率与船舶的固有横摇频率相等,这样,当相同频率的波浪作用于船舶时,舱内的水将沿船舶横向振荡,总是使其向上运动的水舱内的水达到最高水位,这种状态叫共振。在船舶谐摇时,波浪和船舶横摇之间以及船舶横摇和水舱内水流振荡之间发生双重共振现象,使水舱内水流振荡对船体产生的力矩与波浪对船体产生的扰动力矩的相位相反,从而达到被动式减摇水舱的最佳减摇效果。在这种情况下,舱内液体摆动的同步性和相位关系最为适宜。被动式减摇水舱与减摇鳍相比,具有船体不开孔,不增加船体阻力,投资价格仅为减摇鳍的 1/5 ~ 1/4,具有广泛的应用前景。

下面将通过图 5 - 53 来说明被动式减摇水舱共振时的相位循环情况。

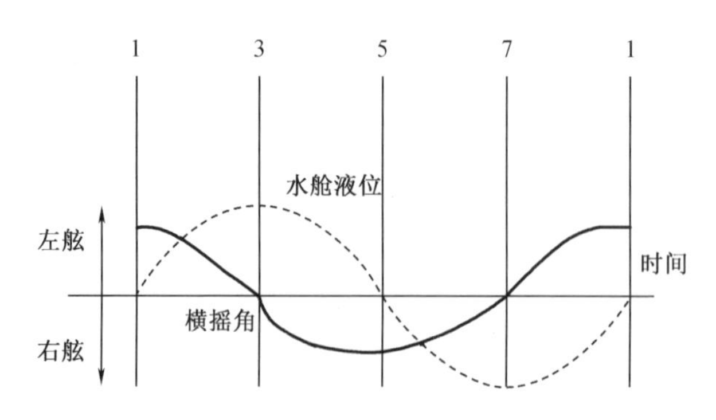

图 5 - 53　被动式减摇水舱原理

①相位 1,船舶已达到左舷最大的横倾角,水舱内的水以最大的速度从右舷流向左舷。此时横摇角速度为零,两边水舱内水的液位相同,而船舶开始向右舷扶正。

②相位3，船舶以最大的横摇角速度从左舷摇向右舷，此时在左舷水舱内的水已达到其最高液位，于是即以最大的减摇力矩向下作用以抵消船舶的横摇和波浪力矩。

③相位3和5之间，船舶继续向右舷摇摆，而左舷水舱内的水开始向右舷边舱流动。

④相位5，水舱内的水以最大的速度从左舷水舱流向右舷水舱，此时船舶达到最大右舷横摇角，并开始扶正，以便使船舶在相位7时用最大的横摇角速度从右舷向左舷摇摆，此时右舷水舱内的水达到最大液位，于是又以其最大的减摇力矩来抵消船舶的横摇和波浪力矩，而该波浪力矩此时在右舷向上作用。

通过前面的分析可知，水舱的作用是将水周期性地聚积于水舱一边，即舱内水的重心沿横轴往复振荡，通过水的重力的作用，产生一个施加于船上的力矩，该力矩与船舶横摇角速度方向相反。这意味着船舶横摇和水舱中的水连续振荡，水舱产生的与船舶横摇角速度方向相反的力矩实际上是增加了船舶横摇阻尼，从而大大地减小了船舶横摇运动幅值。

被动式减摇水舱的优点是当水舱固有周期等于船舶的自摇周期时，减摇效果最好，不需要损耗船上任何能量，而是完全利用波浪的能量。而且这种水舱启动费用低、可靠性高、日常维护费用低。但是当装载情况改变时，船舶的自摇周期是不断在变化的，因而当实际的横摇频率与船舶的自摇频率差别越大，减摇的效能就越小。

(2)可控被动式减摇水舱的工作原理

船舶的横摇引起可控被动式减摇水舱内的水做横向来回摆动，这些水在计算机控制的减摇阀的作用下，能自动地匹配，起到与船舶横倾相反的作用。该系统对船舶的每一次不同周期的横摇可立即做出反作用。可控被动式减摇水舱由于减少了船舶横摇，可避免发生货损现象，提高航行时的舒适性并有助于降低燃料的消耗。

图5-52所示为可控被动式减摇水舱工作原理。

①相位1，船舶已达到最大的左舷横摇角，并开始向右舷扶正。在该点，右舷水舱内的水由于重力作用，以最大的速度流向左舷水舱。

②相位2，左舷水舱内的水已经达到最高液位，左舷水舱的阀门自动关闭(图中的A点)。

船舶继续向右舷摇摆，由于阀门已关闭，就阻止了水舱内的水向低的一舷的水舱流动，这就形成了一减摇力矩，以抵消在相位3时的横摇运动。由于左舷水舱上部所形成的低压，使舱内的水从相位2到相位4，一直被堵在左舷水舱内。直到相位4时，自动控制系统给出信号打开阀门(图中的B点)。这时，空气通过这些打开的阀门进入左舷水舱内，使水能从左舷水舱(点B)流向右舷水舱。在相位5后，船舶开始扶正，但水舱内的水继续向右舷水舱流动以达到相位6时的最大液位。此时右舷的阀门关闭，以便将水堵在这种位置上，于是由于阀门关闭，再一次地阻止了水舱内的水流回去。这就像相位2到相位4之间一样，将水提升至船舶向上运动的一侧，于是就产生了减摇作用。

③相位8时，自动控制系统再一次决定打开阀门，如同在相位4一样，这次是打开右舷水舱的阀门，水舱内的水就从右舷流向左舷，于是又开始了这种循环。

按照船舶横摇周期的长短，可使水舱内的水自动地保持(长一些或短一些时间)在船舶向上运动一侧的水舱内(在点A和B之间)。正是这样强制抵消了船舶的横摇运动，于是水舱内的水和船舶横摇之间的相位关系总是保持在如图 5－54 所示的位置。

可控被动式减摇水舱的作用在于：从共振值（船舶横摇周期＝水舱的自摇周期）到较长的周期时，可在边舱水舱最大液位的相位（图 5－54）时，将向上运动，水舱中的水周期性地堵住以维持其减摇力矩。船舶向上运动一侧的水舱内的水被周期性地堵住，实际上与将水舱的自摇周期人为地延长有相同的效果。如果不可控，当横摇周期大于水舱的固有周期时，水总是自动地向下流，于是不再提供什么减摇作用了。

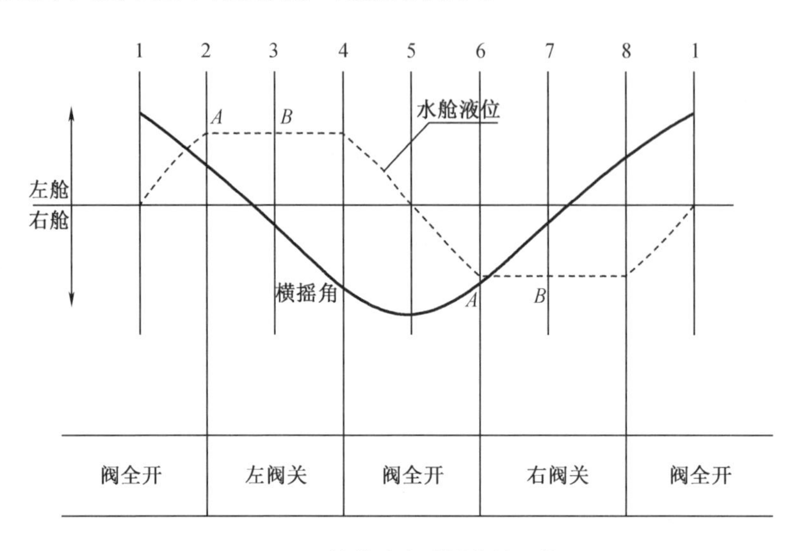

图 5－54　可控被动式减摇水舱工作原理

3. 减摇水舱的发展历程

减摇水舱的发展历程可以分为三个阶段：

①减摇水舱发展的起始时期；

②减摇水舱发展的“低潮”时期；

③减摇水舱发展的“再生”和成熟时期。

早在唐宋时期，我国造船师为了提高船舶耐波性，在海船中设置了敞开式减摇水舱，只不过当时的船舶是木帆船，横摇问题没有现代舰船那么严重。

现代意义上的减摇水舱的研究可以追溯到 1860 年。

1874 年由冶金学家亨利· 贝默西设计出了能够自我平衡的轮船中心大厅（图 5－55）。

1880 年装于英国皇家海军舰艇“HMS INFLEXIBLE”号上的减摇水舱是第一个现代意义上的减摇水舱。这是首次将水舱作为船舶的固定设备。但是，这种水舱由于占用空间大、噪声大等原因而被废弃不用（图 5－56）。

此后，布勃诺夫、霍特、C. O. 马卡洛夫等人先后对利用水舱实现减摇问题进行了研究。

真正使减摇水舱发展成为一种实用的减摇装置的是德国的佛拉姆（Frahm）。他于 1911 年成功地提出了被动式 U 形减摇水舱，目前这种水舱已成为船舶的基本减摇装置之一（图 5－57）。部分充水的两舷边舱，相互间由连通水道相沟通，而在上面部分由空气连通道相连接，大量的水在横摇作用下自一舷边舱流到另一舷边舱，由于它的质量和部分惯性的作用而产生稳定力矩,以减小船舶的横摇运动。这种被动式 U 形水舱又称为佛拉姆水舱。

图 5－55　轮船中心大厅

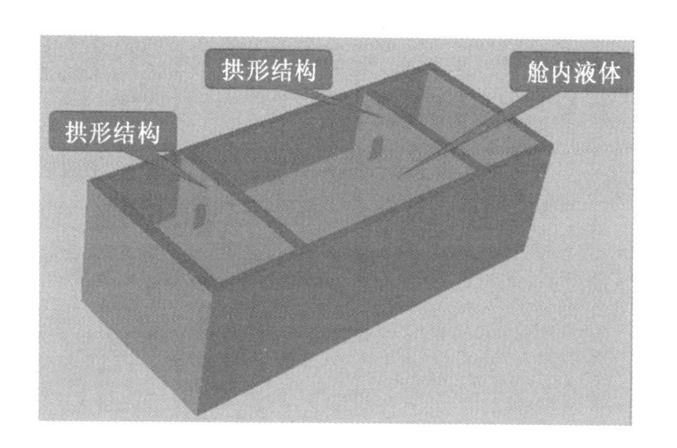

图 5－56　减摇水舱示意图

被动式 U 形减摇水舱调谐于单一频率,在有限的波浪频率范围内能有效地减摇,离开这些波浪频率时,不但不能起减摇作用,有时还可能引起增摇现象。因此,1934 年德国的西门子公司在佛拉姆设计的水舱基础上,创造出主动式 U 形水舱(图 5－58)。它通过鼓风机驱动使舱中水的流动产生的稳定力矩与同周期的扰动力矩成 180°相位差,从而使水舱能在更宽的波浪频率范围内有效减摇。但是要"快速改变"大流量在技术上存在一定的困难,特别是能量消耗很大,在经济上很不合算。当时美国海军部门全面地研究了这种方法的可行性,结果由于经济性原因而否定了主动式 U 形减摇水舱。

由于被动式 U 形水舱有效减摇的波浪频率范围非常窄,主动式 U 形水舱经济性很差,这些缺点限制了减摇水舱的推广使用,使得减摇水舱技术在相当长的时间内没有明显进展。这种状况一直持续到 20 世纪 60 年代末期。

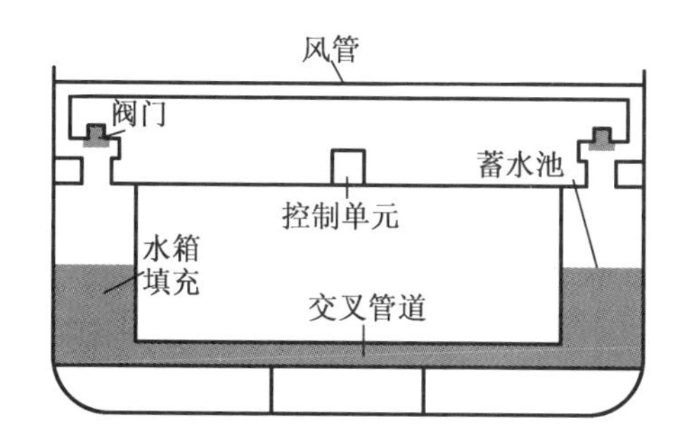

图 5－57　被动式 U 形水舱结构形式

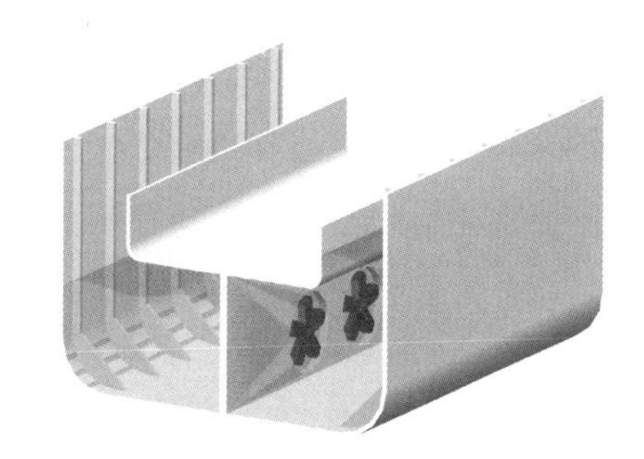

图 5－58　主动式 U 形减摇水舱

第二次世界大战以后,美国等国家又对被动式减摇水舱产生了兴趣,并成功地设计了槽型水舱。其中最具代表性的是 1958 年美国船舶局曾在海洋调查船、导弹跟踪船上装备的槽型平面减摇水舱(图 5－59)。

槽型水舱是一种改良的平面水舱,利用带有较大自由液面的水槽把船左右两舷边舱联结起来,水槽中水的振荡表现为水舱的阻尼,用适当水槽尺度和水舱水深得到稳定力矩,以减小船舶的横摇运动,其减摇效果相当显著。自 1960 年大型客轮"Matsenia"号上安装这种水舱后,常称这种水舱为槽型水舱。

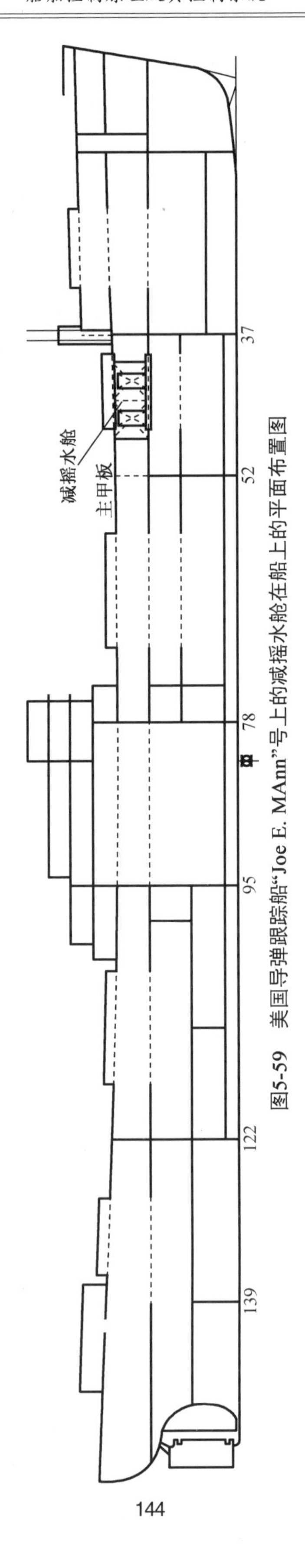

图5-59　美国导弹跟踪船“Joe E. MAnn”号上的减摇水舱在船上的平面布置图

随后英国也恢复了对被动式减摇水舱的研究，英国国家物理实验室(NPL)进行了矩形平面水舱的研究，并将其成功应用于实船。常将这种矩形平面水舱称为布朗 - NPL 减摇水舱。槽型水舱和矩形平面水舱可通过调节水深以适应不同的波浪频率，从而实现在较宽的波浪频率范围内有效减摇，这一特点使减摇水舱得到广泛应用。

随着人们对减摇要求的不断提高及对减摇技术的深入研究，人们综合考虑被动式减摇水舱和主动式减摇水舱的优缺点，提出了利用少量能量控制水舱，使减摇水舱能在较宽的波浪频率范围内有效减摇的方法，这就是后来发展起来的可控被动式减摇水舱(图 5 - 60)。

1965 年，英国的缪海德 - 布朗公司研制成功了水道控制的可控被动式减摇水舱。水道中部设有螺旋桨，它是连续运转的，使水能在舱内流动且用阀控制水的流向，阀的开启根据船舶的横摇运动加以控制。20 世纪 70 年代设计建成的加拿大 DDH280 级驱逐舰就安装了这种可控被动式减摇水舱。

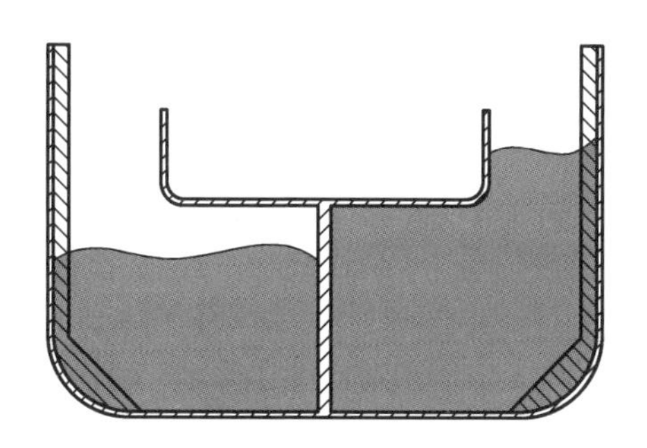

图 5 - 60　可控被动式减摇水舱

英国布朗兄弟公司和德国英特灵公司新发展的可控被动式减摇水舱和抗倾水舱系列产品，已在数百艘船上得到应用。丹麦 20 多艘大型火车轮渡及 220 多艘货船上都装有英特灵公司提供的这种多功能新型减摇水舱，这种水舱兼有减摇和抗倾功能。我国的“极地号”南极科学考察船装有该公司的减摇水舱，实际航行时减摇效果可达 50%，使考察船在高海情中的横摇运动得到明显改善。据统计，装备英特灵公司提供的减摇水舱的船舶就达 600 多艘。

4. 减摇水舱主要研究内容

从对减摇水舱的研究和发展来看，对减摇水舱的研究主要集中在以下五个方面：

①改进减摇水舱的结构形式，以改善减摇水舱的性能。如“[”字形减摇水舱、“工”字形减摇水舱、“□”字形减摇水舱，以及这些结构的变形等。

②减摇水舱设计方法的研究。如美国海军船舶研究与发展中心的 DDS 方法、英国的 Goodrich 方法、HYDRONAUTICS 方法和 VUGTS 方法等。各种设计都有各自的特点，如美国进行减摇水舱设计时，非常注重水舱阻尼结构的设计；而 VUGTS 方法则对水舱阻尼结构不太关心。

③理论分析与模型试验方法相结合。这种研究将系统变量简化为只出现线性变化时，理论分析和预报方法一般情况下具有足够精度。当系统出现非线性特性时，模型试验方法为研究系统非线性特性提供了良好的手段，包括水舱模型的台架试验、船模中的试验和实船试验等。

④对减摇水舱有效性评价标准和测量方法的研究。

⑤利用计算机技术,对船舶-水舱系统进行数值计算和仿真研究。计算机技术的飞速发展,进一步促进了数值计算方法在减摇水舱中的应用,计算流体力学和有限元法应用于水舱减摇效果的研究还只是刚刚起步。

5. 减摇水舱试验摇摆模拟台发展状况

由于理论方法不能对安装水舱后的船舶横摇运动进行准确预报,另外,由于不同形式的水舱和不同尺度的水舱的阻尼,目前尚无法精确确定,使用理论方法也只能进行近似估计。因此,必须通过模型试验确定相关参数。水舱性能模型试验基本上可以分为两大类:

①船模试验水池中的试验,包括耐波性水池和拖曳水池试验;

②摇摆模拟台试验,也称摇摆台试验。

根据模拟台的工作原理,可以得到各式各样的模拟台,若按所模拟的运动自由度数划分,可分为单自由度和多自由度模拟台。单自由度模拟台(图5-61)只模拟船舶的横摇运动,这是最常用的模拟台,其结构比较简单。多自由度模拟台一般为两个自由度,包括对船舶横摇运动和横荡运动的模拟。若按其用途划分,则可分为通用型和专用型,通用型就是能够模拟不同的船舶和不同形式的水舱;专用型就是针对某一特定研究而建立的模拟台,如图5-62所示为用于水舱台架测试的振荡试验台。

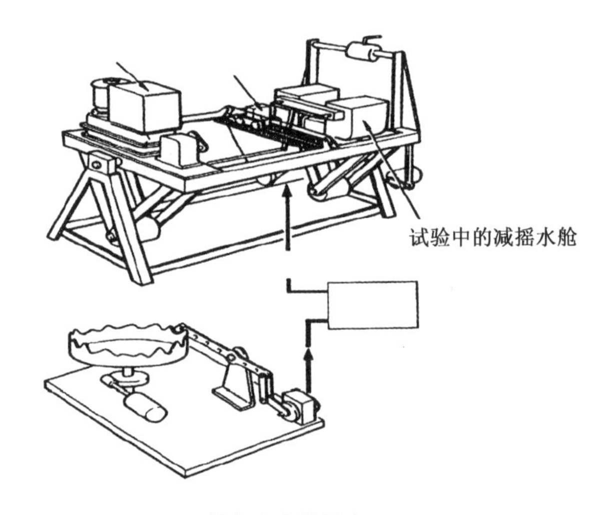

图5-61　单自由度模拟台

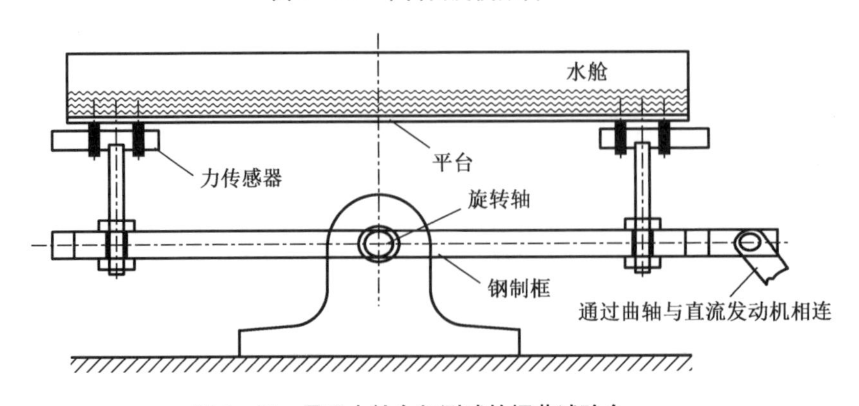

图5-62　用于水舱台架测试的振荡试验台

模拟台由一个具有代表横摇运动的单自由度转台构成，台架的惯性力矩、阻尼力矩和恢复力矩均可以调节，因此能够在小比例或全尺度上复现船舶的运动特征。

图5－63所示为美国海军1987年在改进中途岛号（CV－41）航空母舰运动时，为了对自由浸水式减摇水舱性能进行预报，专门建立的自由浸水式水舱大型模型试验装置。

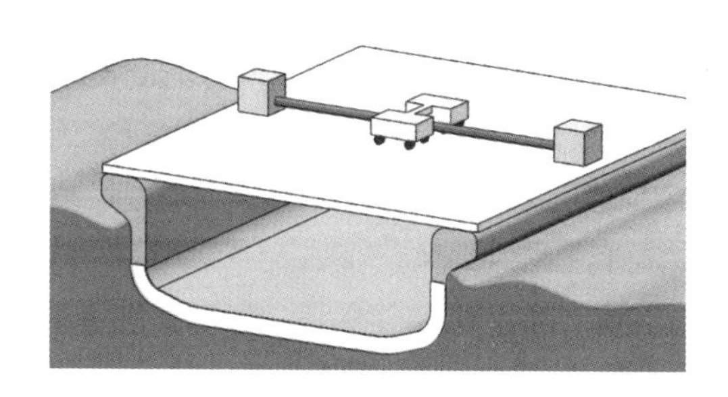

图5－63　自由浸水式水舱大型模型试验装置示意图

图5－64所示为矩形水舱振荡试验台。

图5－65所示为进行可控被动式减摇水舱试验的振荡台。图中四边立柱为支承框架，中下部为台架，中间为水舱模型，控制气阀通过气体联通道将两边舱相连接。该振荡台能够产生最大为±15°的横摇角，最小横摇周期为0.5 s，能进行规则波和不规则波试验。在水舱底部通道设有流速传感器，流速信号反馈给计算机，作为气阀启闭的控制信号。为了对减摇水舱进行抗倾试验，左右边舱还分别安装了电容式波高仪，用于检测两边舱的平均液位。所检测到的平均波高还可用于对边舱液体晃荡情况进行分析。

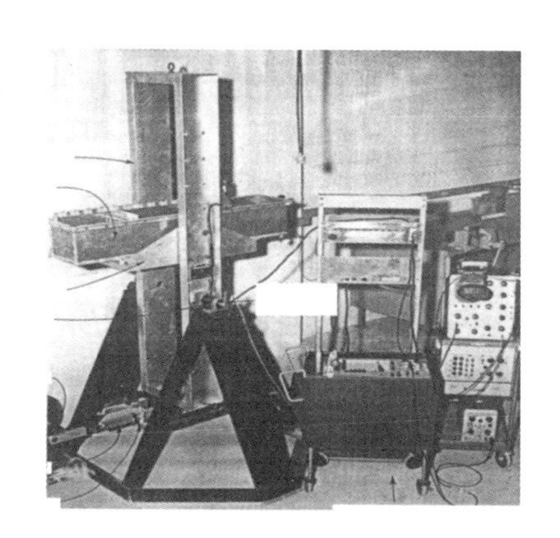

图5－64　矩形水舱振荡试验台

图5－65　可控被动式减摇水舱试验振荡台

图5－66为INTERING公司使用的大尺度比横摇运动模拟台。

该模拟台主要用于完成下列试验：

①壳体钢结构、水舱尺寸、水道和气道阻尼、舱内水的泼溅和导流片的优化；

②使边舱液体晃荡运动和噪声最小化；

③控制系统的调整。

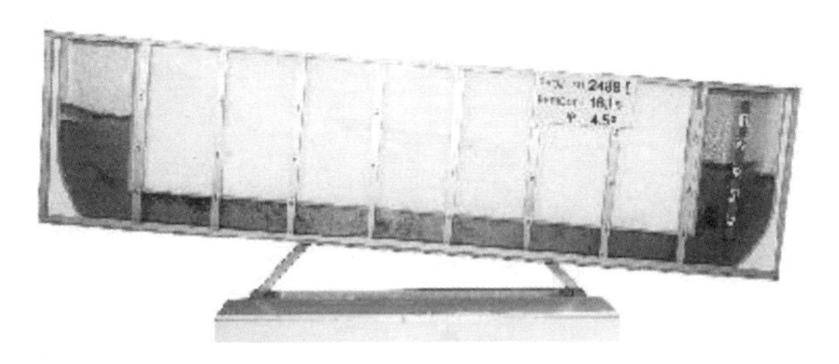

图 5－66　INTERING 公司使用的大尺度比横摇运动模拟台

美国船舶研究与发展中心于 1970 年开始研制多种性能的二自由度减摇水舱模拟台，以试验减摇水舱的性能。该模拟台可试验不同船速和航向时的水舱性能，它可将实测的或理论的长峰波浪在有涌共同作用以及不同风向下的海浪等作为扰动信号输入其中。该模拟台设备包括三部分：模拟海浪扰动的时间关系曲线；模拟船动力特性的运动部分和水舱的物理模型，如图 5－67 所示。

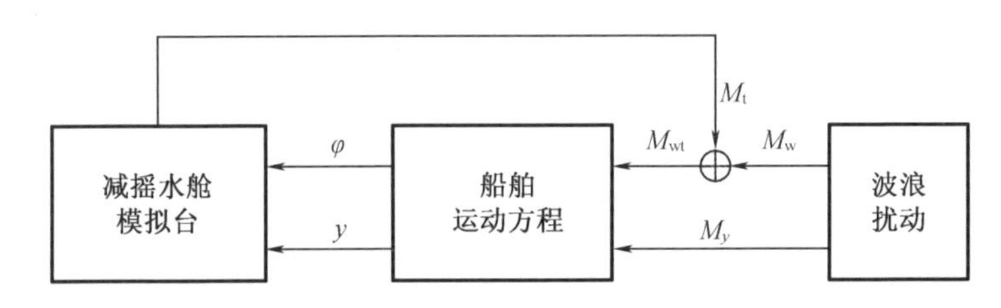

图 5－67　二自由度试验摇摆台（横摇和横荡运动）

图中，φ 为横摇角，M_w 为横摇的波浪扰动力矩，y 为横荡运动，M_t 为水舱作用于船的力矩，M_{wt} 为总的干扰力矩。

该摇摆台各变量有如下关系：

$$M_{wt} = M_t + M_w$$

5.7.2　减摇水舱的数学模型

下面在以往对减摇水舱控制的基础上，继续深入研究减摇水舱的控制方法，从而期望能够利用船舶－减摇水舱系统自身特性，以及经典控制理论方法来实现对水舱内液体和船舶横摇运动的最佳相位控制。

可控被动式减摇水舱有两种控制水流的装置：一种是安装于连接两边舱底部连通水道中的阻尼板；另一种是安装在连接两边舱气体的空气通道中的蝶阀装置。但由于在密封的水舱系统中安装阻尼板，不利于系统的维护，且易产生激励噪声，而利用水舱顶部连通道气阀对水舱内液体运动进行控制，不仅可以方便维护系统，而且可以减少噪声干扰。因此这里主要就气阀控制的可控被动式减摇水舱进行探讨。图 5－68 所示为气阀控制系统典型配置，阀控制减摇水舱即在连接两边舱的空气管道中安装双向节流阀。

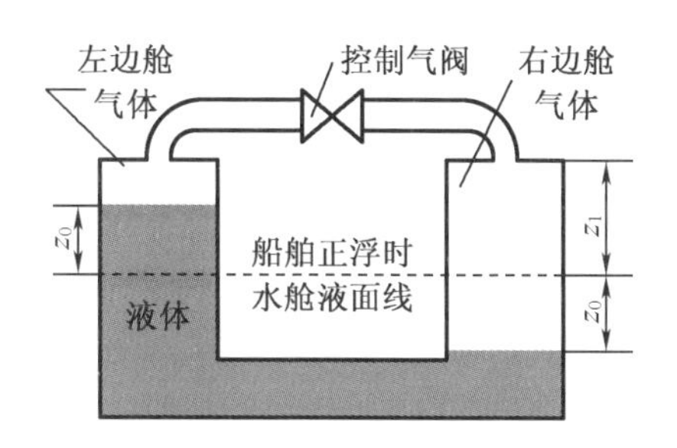

图5-68 阀控制减摇水舱

水舱内的液体在流动的过程中,会产生气体压力差,这种压力差进而会对水舱内的液体做功。对于气阀开关控制式减摇水舱,当打开气阀时,该水舱就相当于完全被动式减摇水舱,水舱两边舷的气体是自由运动的,气体的压缩性对液体运动产生的影响近似为零。这样,我们完全可以将水舱内液体和气体看作是一个整体,这个整体是绕船舶纵轴方向做二阶振荡运动的,得到水舱内液体振荡的二阶运动模型为:

$$J_t \ddot{\delta} + B_t \dot{\delta} + K_t \delta + J_{ts} \dot{\varphi} + K_{ts} \varphi = 0 \tag{5-155}$$

当边舱气阀控制时,气阀和液体表面之间的空气将随边舱内水柱的振荡而产生膨胀或压缩,这一过程可看作多变压缩过程。设气阀关闭时,水舱内水位的相对位移 $h = h_0$,下标1,2分别代表左舷边舱和右舷边舱参数变量,则左舷边舱内气体状态由多变过程的气体状态方程可得

$$P_1 V_1 = P_1' V_1'^{\gamma} \tag{5-156}$$

式中 P_1——气阀关闭时刻左边舱内气体压力,Pa;

P_1'——任意时刻左边舱内气体压力,Pa;

$V_1 = (H + L\delta_0/2)A_1$——气阀关闭时左边舱液面上方气体体积,$m^3$;

$V_1' = (H + L\delta/2)A_1$——任意时刻左边舱液面上方气体体积,$m^3$;

δ_0——阀门关闭时,左边舱内液体表面相对原静水面的角度,(°);

γ——多变压缩过程指数。如果是等温过程,取 $\gamma = 1$;如果是绝热过程,取 $\gamma = 1.4$。

对于式(5-156)有

$$P_1' V_1'^{\gamma} = P_1' (V_1 + 2A_1\delta/L)^{\gamma} = P_1' V_1^{\gamma} (1 + 2A_1\delta/LV_1)^{\gamma} \approx P_1' V_1^{\gamma} (1 + 2\gamma A_1\delta/LV_1) \tag{5-157}$$

根据式(5-156)和式(5-157)可得

$$\Delta P_1 = P_1' - P_1 = -P_1' \frac{2\gamma A_1}{V_1 L} \delta \tag{5-158}$$

式中,ΔP_1 为左边舱气阀关闭后气体压强变化量。

同样可求得右边舱内气体压强变化量为

$$\Delta P_2 = P_2' - P_2 = P_2' \frac{2\gamma A_1}{V_2 L} \delta \tag{5-159}$$

式中 P_2——气阀关闭时刻右边舱内气体压力,Pa;

P_2'——任意时刻右边舱内气体压力,Pa;

$V_2=(H-L\delta_0/2)A_1$——气阀关闭时右边舱液面上方气体体积，m^3；

则气阀关闭后两边舱之间由于气体膨胀压缩产生的压强差为

$$\Delta P=\Delta P_1-\Delta P_2 \tag{5-160}$$

设χ为阀门控制函数，当阀门关闭时，$\chi=1$；当阀门打开时，$\chi=0$。则由式(5－155)和式(5－160)得气阀开关式控制的水舱内液体流动方程可表示为

$$J_t\ddot{\delta}+B_t\dot{\delta}+K_t\delta+J_{ts}\dot{\varphi}+K_{ts}\varphi=\chi(-k_1+k_2)\delta \tag{5-161}$$

式中

$$k_1=P_1'\frac{\gamma A_1^2}{V_1}$$

$$k_2=P_2'\frac{\gamma A_1^2}{V_2}$$

将式(5－161)进一步变换得

$$J_t\ddot{\delta}+B_t\dot{\delta}+[K_t+\chi(k_1-k_2)]\delta+J_{ts}\dot{\varphi}+K_{ts}\varphi=0 \tag{5-162}$$

则气阀开关控制式减摇水舱的数学模型即可以表示成如下形式：

$$\begin{cases}J_s\ddot{\varphi}+B_s\dot{\varphi}+K_s\varphi+J_{st}\ddot{\delta}+K_{st}\delta=K_w\\ J_t\ddot{\delta}+B_t\dot{\delta}+[K_t+\chi(k_1-k_2)]\delta+J_{ts}\dot{\varphi}+K_{ts}\varphi=0\end{cases} \tag{5-163}$$

根据式(5－163)所建立的气阀开关控制式减摇水舱的数学模型，其可以通过变换得到如下形式：

$$\begin{cases}\ddot{\varphi}+2\nu_s\dot{\varphi}+\omega_s^2\varphi=k_w-k_T\\ \ddot{\delta}+2\nu_t\dot{\delta}+\omega_t^2\delta+X\dot{\varphi}+\omega_t^2\varphi=0\end{cases} \tag{5-164}$$

式中 $k_w=(1/J_s)K_w$——海浪干扰的无因次化力矩；

$k_T=(1/J_s)K_T$——水舱产生的无因次减摇力矩；

$\omega_t'=\sqrt{\dfrac{K_t+\chi(k_1-k_2)}{J_T}}$——水舱内液体振荡的固有频率。

则船舶横摇角对于外部干扰的传递函数为

$$G(s)=\frac{\varphi(s)}{e(s)}=\frac{1}{s^2+2v_s s+\omega_s^2} \tag{5-165}$$

船舶横摇角至水舱产生无因次化力矩的传递函数为

$$G_t'(s)=\frac{k_T(s)}{\varphi(s)}=\frac{k_T(s)}{\delta(s)}\cdot\frac{\delta(s)}{\varphi(s)}=-\frac{K}{\omega_t^2}\cdot\frac{(Xs^2+\omega_t^2)^2}{s^2+2v_t s+\omega_t'^2} \tag{5-166}$$

这样，船舶－可控被动式减摇水舱系统各部分传递函数即可得出，其中ω_t'与气阀开关函数χ有关，这样就可以通过控制器控制χ，进而控制船舶横摇角至水舱产生无因次化力矩的传递函数$G_t'(s)$，其系统框图如图5－69所示。

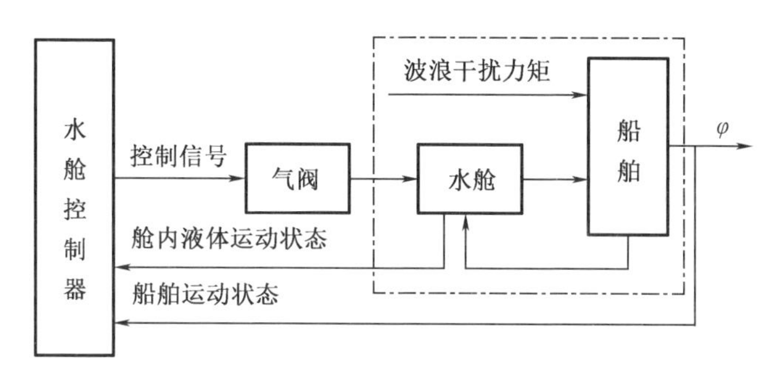

图 5－69　可控被动式减摇水舱系统框图

为了得到可控被动式减摇水舱的减摇效果究竟如何，这里以表 5－3 给出的高速滚装船的参数作为例子进行设计计算，但由于可控被动式减摇水舱的设计和被动式减摇水舱是有所差别的，所以在选取水舱的固有频率时，应该使水舱的固有频率高于船舶的横摇固有频率，并且应该使水舱的固有频率基本上和船舶所航行的海域的最大平均干扰频率保持一致。

表 5－3　高速滚装船的参数

总长/m	垂线间长/m	型深/m
195.30	179.20	8.70
型宽/m	结构吃水/m	结构方形系数
25.60	7.50	0.661
总吨位/t	总排水量/t	总排水体积/m^3
24 688	19 655.9	19 176.5
初稳性高度(GM)/m	正常排水量下的横摇周期/s	
2.282	14.1	

这里所设计的可控被动式水舱以及被动式水舱参数如表 5－4 所示。水舱质量约为 328 t；被动式水舱的固有频率为 0.402 9 rad/s；可控被动式减摇水舱的固有频率为 0.63 rad/s，高于船舶横摇固有频率。水舱的布置均选取在位于船舶横摇中心以上 10 m 处，水舱内液体振荡的阻尼经过分析选择最优阻尼系数为 0.22。

表 5－4　减摇水舱结构设计参数

水舱	h_t/m	L_t/m	A_1/m^2	L/m	B_t/m	H_t/m	H/m
可控被动式水舱	1.00	16.5	33	25.6	2.0	5.5	2.5
被动式水舱	0.41	16.5	33	25.6	2.0	5.5	2.5

仿真中，为了研究船舶受到不同干扰频率的海浪时，其横摇运动有何差异，分别对有义波高 $H_{1/3}$ 为 3 m 和 6 m 这两种海情，船舶处于不同海浪遭遇角(α_e)的航行状况下进行仿真，

并且对安装了被动式减摇水舱和可控被动式减摇水舱的船舶进行仿真。

图 5－70～图 5－78 为船舶－水舱系统在三种海情下的仿真曲线，这里分别选取海浪平均干扰频率与船舶固有频率相近（$H_{1/3}=6$ m，$\alpha_e=90°$，$V=18$ kn）、海浪平均干扰频率低于船舶固有频率（$H_{1/3}=6$ m，$\alpha_e=45°$，$V=18$ kn）、海浪平均干扰频率高于船舶固有频率（$H_{1/3}=3$ m，$\alpha_e=90°$，$V=18$ kn）三种情况进行仿真分析。

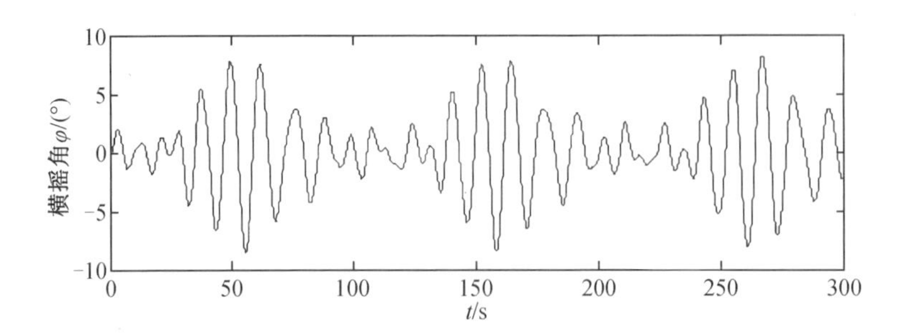

图 5－70　无减摇装置时的船舶横摇角

（$H_{1/3}=6$ m，$\alpha_e=90°$，$V=18$ kn）

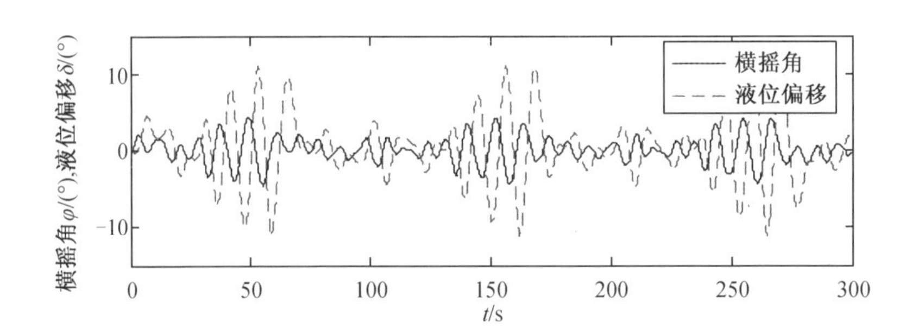

图 5－71　安装被动式减摇水舱时船舶的横摇角及水舱液位偏移

（$H_{1/3}=6$ m，$\alpha_e=90°$，$V=18$ kn）

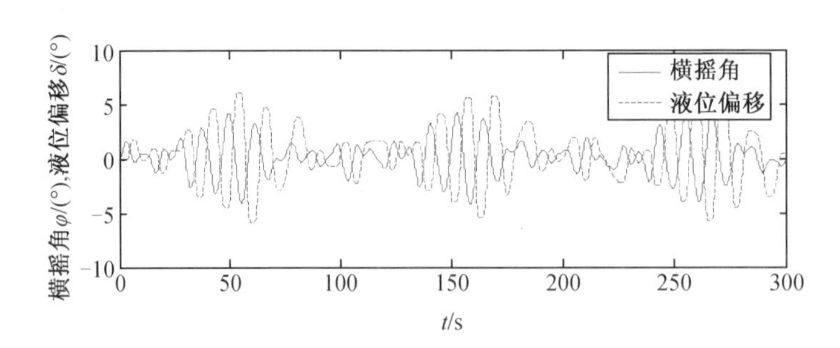

图 5－72　安装横摇角速度反馈式减摇水舱时船舶的横摇角及水舱液位偏移

（$H_{1/3}=6$ m，$\alpha_e=90°$，$V=18$ kn）

根据图 5－70～图 5－72 船舶在有义波高为 6 m、遭遇角为 90°时船舶－减摇水舱系统的横摇仿真曲线可知，在船舶的横摇固有频率接近于海浪的平均干扰频率时，被动式减摇水舱的加入可以有效地降低船舶由于海浪干扰所造成的横摇运动，以船舶横摇角速度作为反馈信号控制的可控被动式减摇水舱要比简单地加入被动式减摇水舱的减摇效果好得多，并且可以实现对船舶横摇运动的超前预报，即通过气阀的开关实现水舱内液体运动的相位控制。

图5－73～图5－75为在有义波高为6 m，遭遇角为45°时船舶－减摇水舱系统的横摇仿真曲线，对其进行综合分析不难发现被动式减摇水舱的减摇效果明显降低，而可控被动式减摇水舱的减摇效果明显好于被动式减摇水舱。这是由于，海浪在此时处于低频干扰状态，由于惯性所引起的水舱内液体运动的相位滞后于船舶横摇运动，所以可控被动式减摇水舱可以起到较好的减摇效果。

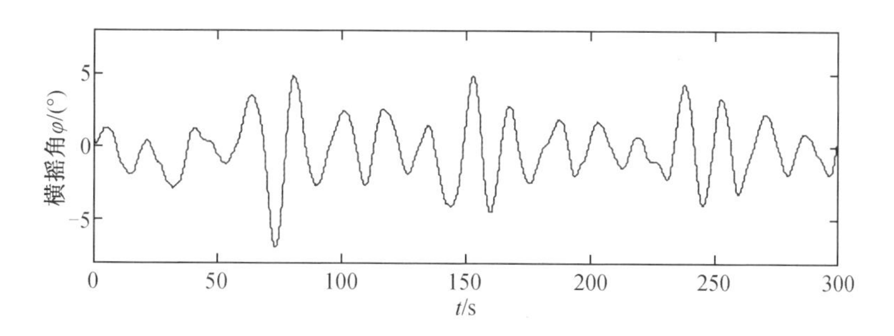

图5－73　无减摇装置时的船舶横摇角

（$H_{1/3}=6$ m，$\alpha_e=45°$，$V=18$ kn）

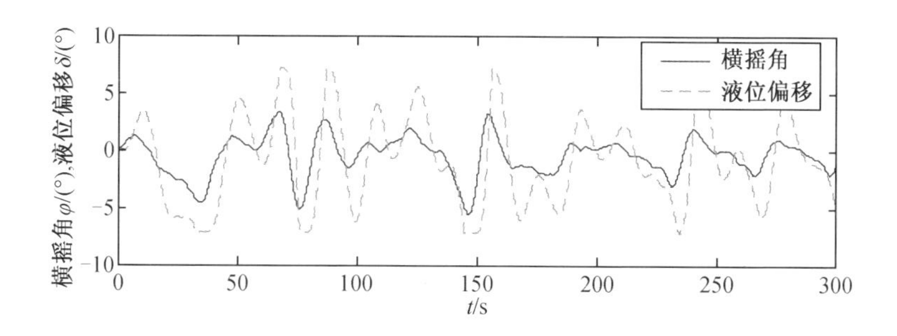

图5－74　安装被动式减摇水舱时的船舶横摇角及水舱液位偏移

（$H_{1/3}=6$ m，$\alpha_e=45°$，$V=18$ kn）

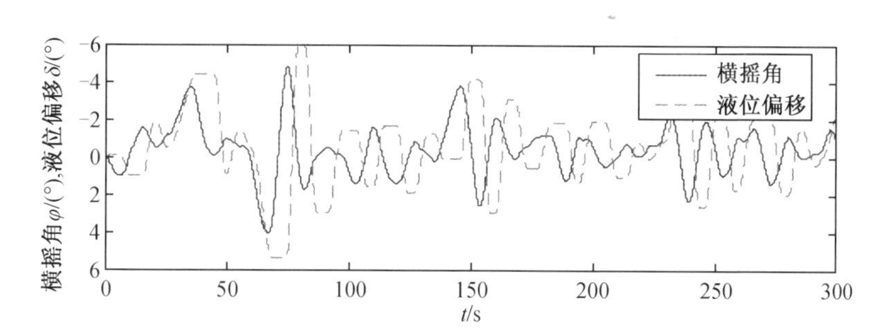

图5－75　横摇角速度反馈式减摇水舱减摇时的船舶横摇角及水舱液位偏移

（$H_{1/3}=6$ m，$\alpha_e=45°$，$V=18$ kn）

图5－76～图5－78为在3 m有义波高、遭遇角90°时船舶－减摇水舱系统的横摇仿真曲线，此时，海浪的干扰频率比船舶的横摇固有频率以及水舱内液体振荡的频率要高。由曲线显示可以看出，这两种减摇水舱均存在一定的减摇效果，可控被动式减摇水舱的减摇效果最好。当遭遇角为135°时，海浪处于较高的干扰频率，各种减摇水舱的减摇效果均较低，但由于船舶具有较大的惯性，所以，船舶－减摇水舱系统相当于一个低通滤波装置。从仿真结果可以看出，如果对可控被动式减摇水舱系统进行合理的设计，就可以使水舱在更宽的频率范围内进行有效地减摇。

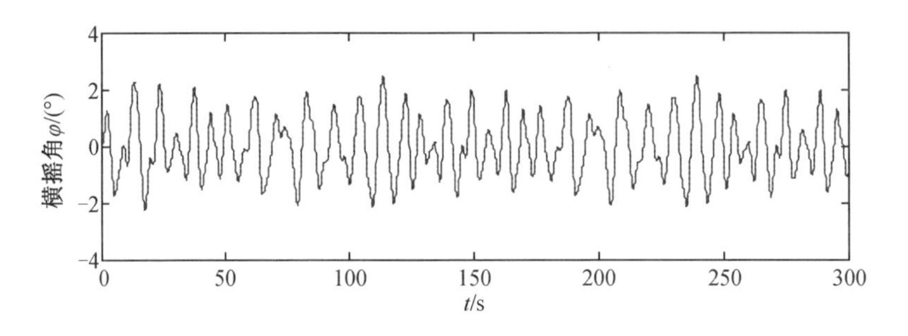

图5－76　无减摇装置时的船舶横摇角

($H_{1/3}=3$ m, $\alpha_e=90°$, $V=18$ kn)

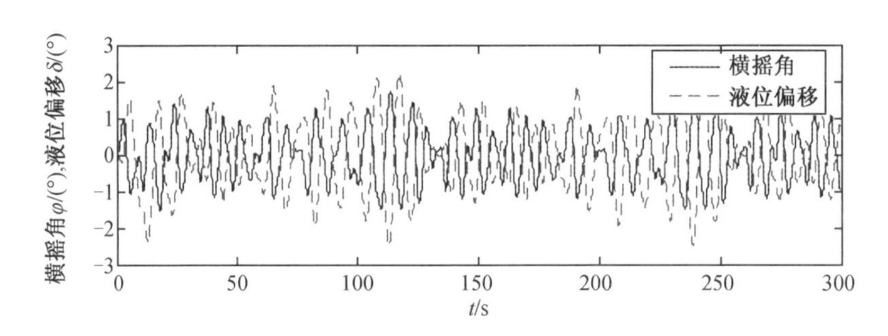

图5－77　动式减摇水舱减摇时的船舶横摇角及水舱液位偏移

($H_{1/3}=3$ m, $\alpha_e=90°$, $V=18$ kn)

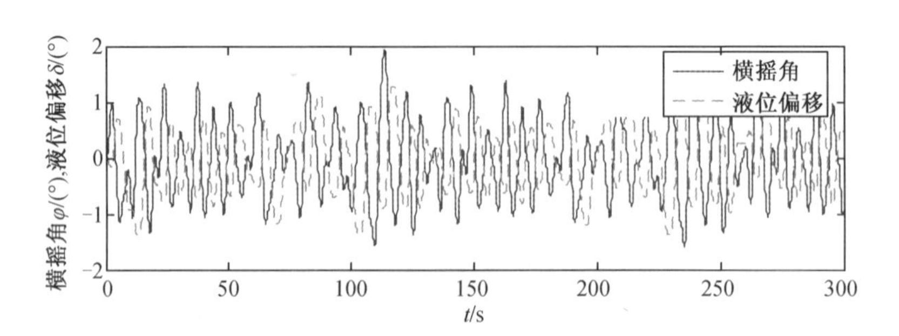

图5－78　横摇角速度反馈式减摇水舱减摇时的船舶横摇角及水舱液位偏移

($H_{1/3}=3$ m, $\alpha_e=90°$, $V=18$ kn)

5.7.3　减摇水舱技术展望

从对减摇水舱技术发展的分析来看,目前主要研究方向可归纳为以下八个方面:

①减摇水舱与其他减摇装置联合减摇方面。减摇水舱的优势是它可以在船舶处于低航速或零航速情况下减摇(这时减摇鳍无能为力),如果与在中高航速有优良减摇性能的减摇鳍一起使用,则可以使船舶在全航速下都能有效地减摇。

②减摇水舱的结构方面。从减摇水舱的发展可以看出,不同结构的减摇水舱的特性是不同的,水舱结构在很大程度上决定着水舱的减摇性能。因此从结构方面改进减摇水舱应该是其中的发展方向之一。另一方面,相同结构的多个水舱安置于一艘船上的问题已有报道,但对于不同结构的多个水舱安置于一艘船上的问题的研究,目前还没有资料报道。

③减摇水舱在船上的安装位置问题。U 形水舱一般安装于船舶主甲板以下,槽型水舱可以安装于主甲板上,但对于一些小型船舶,槽型水舱又可安装于船桥位置,不同的安装位置可能产生不同的减摇效果,也可能对船舶横摇特性产生不同的影响。减摇水舱合理的安装位置可以为水舱减摇带来可观的性能提高。

④减摇水舱的理论方面。目前已有的水舱理论都是以一些假设为前提而得到的,使得这些理论存在一定的局限性,特别是船舶做单纯横摇这一假设。毋庸置疑,这些理论对于初期设计水舱是重要的。但是从模型试验中可以看出,船舶横荡运动对于水舱性能预报的影响也是很大的;另外,由水舱产生的横荡力和摇艏力矩的影响在一些情况下也是不能忽略的。这些因素如果能在理论计算中预先考虑,对于设计减摇水舱和后期的模型试验将是有益处的。

⑤减摇水舱试验技术方面。充分利用当今计算机技术、自动控制技术和仿真技术对减摇水舱进行仿真研究,是当前研究减摇水舱的一个重要手段。摇摆台是利用软件给出船舶的横摇运动,对减摇水舱进行试验研究。这样可以对不同船舶进行模拟,对各种海情下装备减摇水舱的船舶横摇进行运动预报;可以研究水舱产生的横摇力矩、横荡力和摇艏力矩的影响等。预报程序既可以作为水舱设计初期的估算,也可以与实船测试得到的数据进行比较,对原预报程序进行修正。

⑥水舱与船舶相互作用方面。已有资料介绍的都是如何使水舱产生最大的横摇力矩以抵消波浪产生的干扰力矩。而对于装备水舱后,水舱对船舶原有各种特性的影响,除横稳心高外,对其他方面的影响研究还是相当少,如水舱水量对船舶固有横摇周期的影响、水舱的安装对船舶其他方向运动的影响等。

⑦可控被动式减摇水舱的研究方面。已有的文献报道的可控被动式减摇水舱在结构上采用的大多是带气阀控制的 U 形水舱。如果采用其他结构,如采用槽型水舱或带可调隔板的 U 形水舱等,在理论上是否可行、工程上是否可以实现等都有待于进一步的研究。

⑧减摇水舱的应用方面。减摇水舱已广泛应用于减少船舶的横摇运动,对于减纵摇水舱的研究还是相当少。

第 6 章　船舶动力定位系统

6.1　船舶动力定位系统概述

前面章节详细介绍了自动舵和减摇鳍。这两种控制系统一般都认为是单输入、单输出系统,所以可用经典控制理论来处理。这一章介绍另一种应用较广的船舶运动控制装置——动力定位控制系统。由于船舶动力定位要控制船舶的多个运动,而控制这些运动也必须有几个执行装置,所以动力定位控制系统是一个多输入、多输出控制系统。本章仅对动力定位系统进行概述并简要地介绍它的组成和设计方法。

6.1.1　船舶动力定位系统的定义

(1)基本概念

随着海洋开发不断向远海扩展,传统的多点锚泊系统由于其自身的局限性,已经不能满足深海地区船舶定位的作业要求。图 6－1 所示为四点锚泊系统示意图。

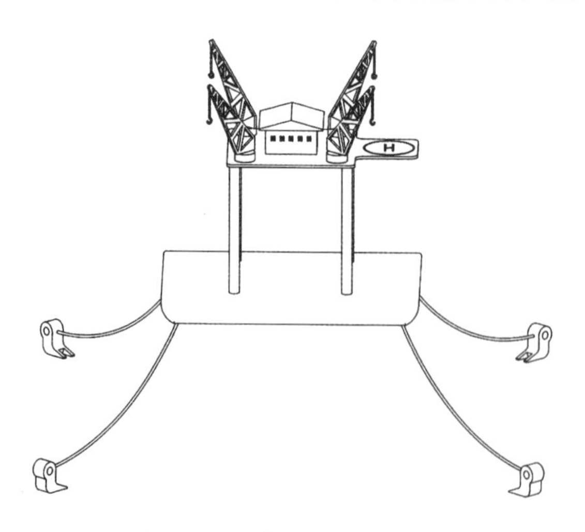

图 6－1　四点锚泊系统示意图

传统的锚泊系统将锚抛出去,利用锚爪抓住海底的淤泥,来抵抗外界对于船舶的干扰。其缺点是:

①定位精度不够,其准确性与水深成反比;

②机动性能差，一旦抛锚，当需要重新定位时，收锚、重新定位、抛锚过程烦琐；

③应用受到水深及海底情况的限制，一般情况下，其有效定位范围在水深100 m左右。

船舶动力定位系统却能够很好地解决这些问题。以往，船舶在海上作业时，如果要求保持作业地点固定不变，人们通常采用锚泊系统实现定位。但是随着水深的增加，或作业地点水下情况复杂不允许抛锚，锚泊系统就很难完成其保持船位的任务，动力定位系统就是在这种情况下随着科学技术的发展诞生了。

船舶动力定位系统是一种闭环控制系统，它通过控制系统驱动船舶推进器来抵消风、浪、流等作用于船上的环境外力，从而使船舶保持在海平面某一要求的位置上。船舶动力定位系统通过测量系统不断检测船舶的实际位置与目标位置的偏差，再根据环境外力的影响计算出使船舶恢复到目标位置所需推力的大小，进而对全船的各推进器进行推力分配，使各推进器产生相应的推力以克服风、浪、流等环境干扰实现位置定位。船舶动力定位系统广泛用于海上作业船舶和海上平台的定点系泊，具有定位精度高、灵活性好、机动性强、适用于多种海况作业等诸多优点，受到广泛关注。

(2)发展历程

船舶动力定位系统最初的应用开始于20世纪60年代。第一代动力定位系统采用单输入单输出的PID控制器串联低通或陷波滤波器，用于控制水平面运动(纵荡、横荡和艏摇)。其中具有代表性的是1961年由HowardShatto设计、美国壳牌石油公司生产的钻井船“Eureka”号(图6－2)。

图6－2　1961年首次出现的可进行动力定位的船舶

20世纪70年代中期，出现了第二代动力定位系统。其基本思想是将系统动力学模型分解为高频子系统和低频子系统两部分，分别描述船舶的高频运动与低频运动。为避免不必要的能量浪费以及推进器的磨损，这种定位系统仅对低频运动加以控制而忽略高频部分。第二代动力定位船舶中最具有代表性的是“SEDC0445”号，“SEDC0445”号装有多台推力装置，包括11只辅助推进器和2只主螺旋桨。

第三代动力定位系统于20世纪80年代初开始形成的，主要采用现代计算机技术和现场总线技术。经过多年的发展，动力定位系统的鲁棒性、灵活性、功能性和操作的简易性均提高到了新的水平。其中典型的有Konsberg公司的SDP11系列(图6－3)，Navis公司的

NavDP 4000 系列，L3 公司的 NMS6000 系列。

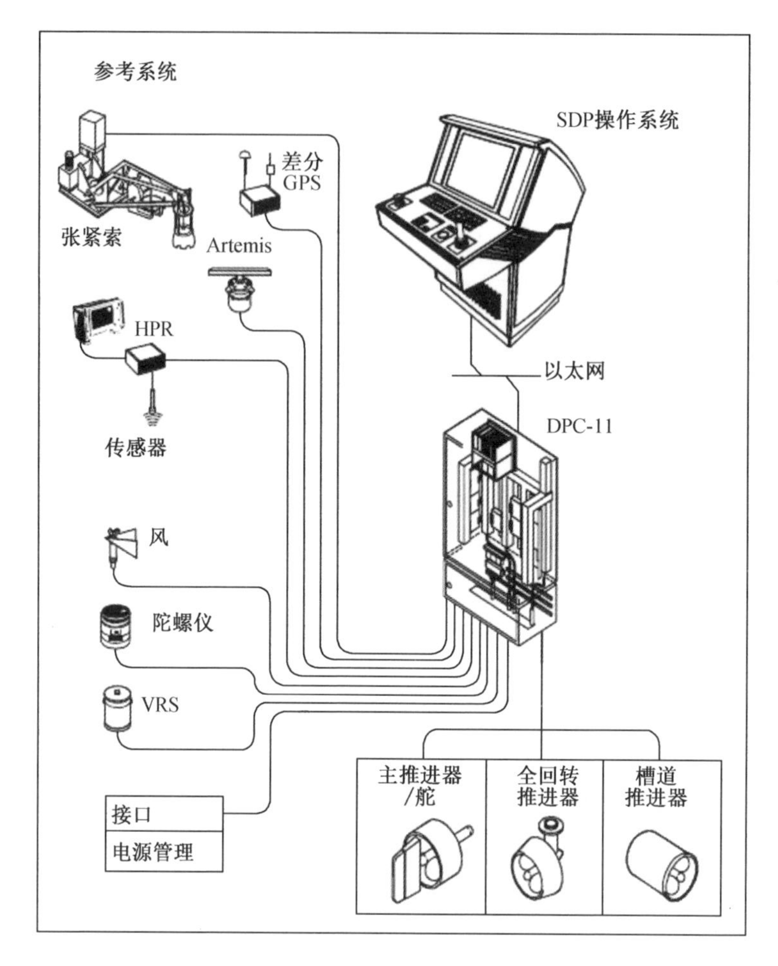

图 6－3　SDP11 基本系统示意图

20 世纪 90 年代，多个研究提出了非线性动力定位控制器设计，如模糊控制器、矢量控制器、修正观测器反步（backstepping）控制器、模型预测控制、欠驱动船舶动力定位控制、非线性滑模控制等。同时，动力定位系统与观测器、导航系统的联系也日趋紧密，如 Robert H. Rogne 等人提出使用非线性观测器和惯性测量单元（inertia measurement units，IMU）来检测和隔离位置参考系统和传感器出现的故障；TorleivHalandBryne 提出采用全球卫星导航系统（global navigation satellites systems，GNSS）辅助惯性导航系统，设计观测器用于估计带时变增益的位置、速度和姿态。Kongsberg Simrad 公司于 2001 年推出了绿色动力定位系统（green dynamic positioning system），在绿色控制模式（green control）下系统以最小的能耗将船舶或平台保持在允许的范围内，平稳的控制动作可以降低动力和推进系统机械部分的磨损，并且能够有效地降低燃油消耗和温室气体的排放。图 6－4 所示为 Kongsberg K-Pos 动力定位操作站。

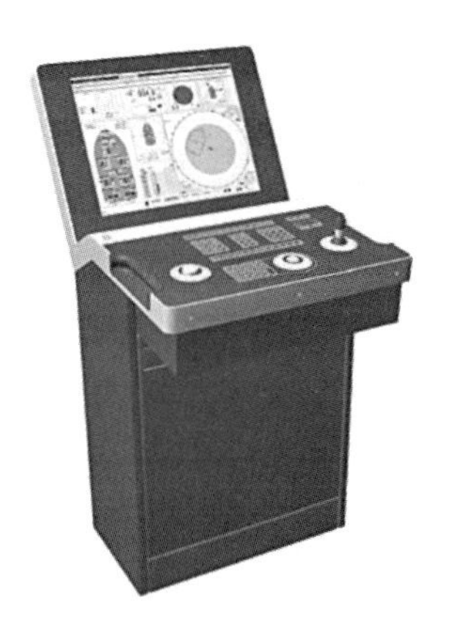

图6-4 Kongsberg K-Pos 动力定位操作站

与国外的研究技术相比，国内的船舶动力定位系统的研究起步较晚，所以存在一定的差距。但是近年来发展非常迅速，国内相关船舶科研机构及众多高校，如中船工业708研究所、大连海事大学、上海交通大学、哈尔滨工程大学等都进行了这方面的科研工作。1986年10月25日，国内模拟复杂海况下的风、浪、流等环境载荷的试验水池由上海708研究所首次建成。21世纪初期，708研究所和上海交通大学成功研发的船舶动力定位系统，具有自主知识产权，达到了DP3的水平。2015年8月，由大连海事大学承担的交通运输部应用基础研究项目“船舶全天候动力定位自适应控制技术研究”通过验收。项目提出了“以不变应万变”的控制方案，解决船舶全天候动力定位的自适应控制问题。2018年4月15日，七〇二所自主研制的DP3动力定位系统工程样机在三亚圆满完成实船海上试验，并顺利通过第三方专家组现场验收。

1998年，哈尔滨工程大学研究出国内第一套船舶动力定位系统。2014年，由哈尔滨工程大学牵头研发的“DP3动力定位系统研制”项目，通过工信部验收。该项目以自主研制DP3级最高级别的动力定位控制系统工程样机为核心目标，在控制系统、推进系统等方面取得了重大突破，掌握了DP3动力定位系统的设计、工程样机研制、集成和海上试验技术，开发出具有自主知识产权的DP3控制系统工程样机。这标志着我国首套自主研制的DP3动力定位系统研发成功，填补了国内DP领域的一项空白。在研发过程中，哈尔滨工程大学作为总体设计、技术主体和系统集成的牵头单位，联合海洋石油工程股份公司、708研究所、武汉船用机械有限公司、中国船级社多家单位，对“DP3动力定位系统研制”项目开展联合攻关，历时4年协同创新终于突破了技术瓶颈，开发出了DP3控制系统工程样机。

(3)主要功能

动力定位系统主要包括如下功能：定点控制、航迹控制、循线控制和跟踪控制。

①定点控制。船舶控制的指令为大地坐标系上的某一点。对于水面船舶来说，可以设定为北东位置（或东经、北纬值）。水面船舶的定点控位包括纵向、横向、艏摇三个自由度的定位控制，通过控制器的解算，发出控制指令使船舶在各自由度上保持在设定点附近。

②航迹控制。船舶在作业或航行过程中，往往需要沿着一条预定轨迹前进。典型的应用是海洋考察及区域目标搜索。航迹控制需要人工或上层控制机给定轨迹指令及速度指

令,由动力定位系统来自动控制船舶沿预定的轨迹前进,直到终点。在此过程中船的航向允许控制系统根据航行过程中的海洋环境的变化自行调整。

③循线控制。其功能与航迹控制的功能很相近,主要差别在于当动力定位系统控制船舶沿预定的路线前进时,必须保持船舶的舷向与预定轨迹的航迹方向一致,不允许自行调整船舶的艏向。典型的应用是石油管线的铺设与检修。

④跟踪控制。其主要用于动目标跟踪,始终让被控船舶与目标保持固定的空间位置关系。一般用于 Rov 工作母船,它能时刻跟踪作业潜器的运动。

(4)基本组成

船舶动力定位系统的示意图如图 6 -5 所示,主要三几个子系统构成:测量系统、控制系统、推力系统。

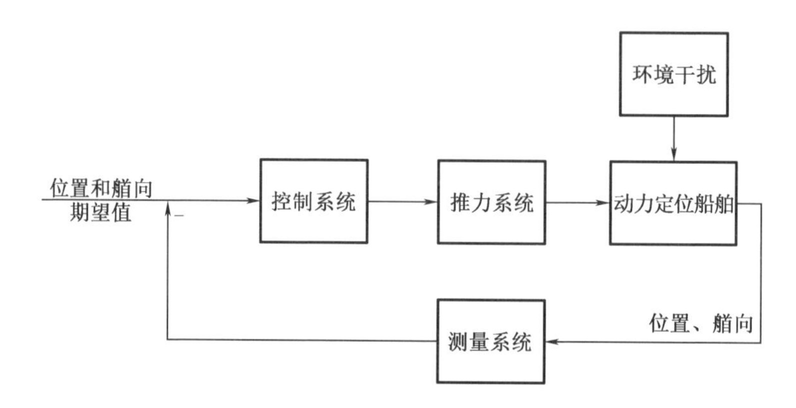

图 6 -5　动力定位系统的组成

①测量系统。当动力定位船舶受到外界扰动力时,为了实现定位功能使船舶恢复到初始设定的位置,控制器需要先得到系统的准确位置信息,这些位置信息包括船舶位置、航向和外部干扰信息,然后根据得到的位置信息计算得出推力器的推力指令,最终使船舶达到预先设定的目标。对于动力定位船舶系统,需要位置测量系统在船舶工作的所有时间提供所需要的全部测量信息。因此要求位置测量系统反馈的船体位置信息是可靠精确的。动力定位系统所采用的测量系统一般包含位置参考系统和传感器系统。

常用的位置参考系统有卫星导航系统(GPS)、水声位置参考系统(HPR)、张紧索位置参考系统(TWS)、无线电波系统(如 SYLEDIS)、立管角系统、微波系统(如 ARTEMIS、MICRORAGER、MICROFIX),以及光学(激光)位置测量系统。

动力定位船舶传感器种类有很多,通常会包含以下类型的传感器:航向传感器,用来测量船舶的航向,一般用电罗经(图 6 -6)或者磁罗经;竖直参考单元(VRU),用来测量横摇和纵摇、垂荡量;惯性运动单元 (IMU),用来测量船体在坐标系中横摇、纵摇和艏摇的角速度以及相应欧拉角的角速度,还有纵荡、横荡和垂荡的加速度,该单元包含三个方向的陀螺仪和加速度仪,为了得到比较精确的速度值,IMU 通常与滤波器(或观测器)一起使用,这样可以用来处理 HPR 或者差分全球定位系统(DGPS)的测量值;风传感器,其风速和风向这两个参数是用不同的传感器测量的,但是有测量装置将这两种传感器合成一体,这样可简化安装,并保证两个参数于同一地点测得;此外还有吃水传感器、浪传感器和流传感器等。

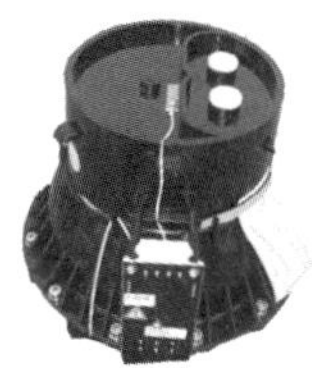

图6-6　电罗经组成及配件

②控制系统。控制系统可以粗分为开环控制系统和闭环控制系统。两者的主要区别在于开环控制系统的输出对控制作用无影响,而闭环系统的输出则对控制作用有影响。前面已经讲到,动力定位系统是闭环反馈控制系统。动力定位系统的最一般功能是控制装有这种系统的船舶的纵荡、横荡和艏摇。因此动力定位系统是多变量的反馈控制系统。

动力定位的主要功能有:根据各种传感器测得的信号计算求得船舶实际位置和航向;将船舶实际位置和航向跟初始设定的基准值进行比较得出船舶位置的偏差信号;计算出抵抗位置偏移所需要的恢复力和力矩,使偏差的平均值减小至零;计算出风力和力矩用以提供风变化的前馈信息;将反馈的风力和力矩信息叠加至误差信号所代表的力和力矩信息上,形成总的力和力矩;根据推力分配逻辑,将力和力矩指令分配至各个推力器;将推力指令转换成推力器指令。

除了以上的主要功能,控制器还具有以下两个重要功能:为了防止推力器做不必要的运转(即推力器调制),控制器需要具有消除传感器产生的错误信号的功能;为了防止控制系统造成不稳定的闭环动作(即稳定性补偿),控制器需要具有补偿动力定位系统固有的滞后功能。

其中闭环控制系统的控制方式一般有两种,即后反馈(feed-back)和前反馈(feed-forward)。后反馈是指控制系统以船舶的瞬时位置与初始设定的位置偏差作为输入,然后计算处理求得需要的推力大小和方向;前反馈是指控制系统知道任一时刻作用在船上的环境干扰力的大小和方向,然后根据已知的环境干扰力来确定需要的推力大小和方向。

通常,完全的前反馈系统是不存在的,因为一般情况下很难知道外力。但是风的前反馈(windfeed-forward)常被使用。风的前反馈是在大多数情况下瞬时可测的风速可用来作为瞬时风力的度量,推进单元可以提前直接抵消。风的前反馈在有阵风的情况下能够提高动力定位的性能。还有一种就是波的前反馈(wavefeed-forward),先测量波高,然后换算成由相对波高做出贡献的那部分二阶漂移力,这也在很大程度上改善了动力定位的性能。波前反馈的基本思想是:在恶劣的海况下,二阶波浪漂移力和低频振荡运动都会增强,这会产生超出动力定位系统能力的较大幅值的低频振荡运动。如果将二阶波浪力的信号在大幅值的低频振荡运动发生之前直接传给控制器,直接由推力器来抵消它,就会防止发生过大的振荡运动,从而增强了动力定位系统的能力。

③推力系统。推力器系统是指推力器按照控制指令发出推力来抵消外界干扰力。在动力定位系统中,常见的推力器有如下两种:

a. 侧推器或称首推器（tunnel thruster）（图6-7），用来产生横向推力，不作主要推进用途，它是将螺旋桨安放在孔道中，孔道一般安置在船首或船尾，这样能产生最大的转动力矩。为了能够迅速地切换为反向模式，螺旋桨一般也设计成可调螺距的。

b. 方位推进器（azimuth thruster）（图6-8），它是指螺旋桨能够绕着桨轴任意旋转，可在任何方向上产生推力的推进器。一般螺旋桨带有导管，用来减少气穴影响，提高效率。方位推进器的螺旋桨可以是可调螺距的。

图6-7　侧推器

图6-8　方位推进器

6.1.2　船舶动力定位控制系统的位置基准传感器

船舶动力定位控制系统中使用了各种各样的船舶位置传感器，它们以足够快的速度和足够高的精度测量船舶位置数据，输入计算机进行处理，然后控制推力器，控制船舶的位置于海面上某一点。

目前，测量船舶在地球上位置的装置有无线电导航系统、卫星导航系统，也有其他导航系统；而测量当地位置的装置有声学位置基准系统、张紧索位置基准系统、竖管位置基准系统和电视跟踪系统等。

（1）声学位置基准传感器

声学位置基准传感器的形式有很多，它们都是利用声信号从一点经水传播到另一点定位的，所以声能在水中的传播特性对定位性能有很大的影响。常用的声学位置基准系统有短基线声学系统和长基线声学系统。

任何声学位置基准系统都是将一组声发射器或接收器按一定的几何图形布置在船上或海底。这个几何图形叫作基阵。当基阵布置于船上时，基阵的尺寸是有限的，称为短基线系统；反之，当基阵布置于海底时，基阵的尺寸只受声学系统发射能力影响，这时很容易做到基阵图形的边长和水深相当，叫作长基线系统。

如图6-9所示，短基线声学位置基准系统的特点是海底只有一个声学元件，而在船体下部装有声波接收器基阵。根据测量方法的不同，短基线系统有几种类型，如有声波反射式到达时间系统、声波发射式到达时间系统和声波发射式相位差系统等。它们有的根据海底声学元件和船上各基阵元件接收到声波的时间差来定位的,有的则根据接收到声波的相位差来定位的。

在短基线声学位置基准系统中,在船底装有一个声波发射器,这个声波发射器中还装有声波接收器、两个只有接收声波功能的接收器。声波发射器由询问控制启动,当需要向海底单元询问时,询问控制令发射器向海底声单元发射声脉冲,海底声单元也叫声波反射器。声波反射器中的水听器接收到发射器送来的声脉冲后,经过预定的时间后,由询问控制启动发射器,向船底基阵的三个声波接收单元发射回反射声波,接收单元中的水听器把反射声波转换成电能后送到方向角处理器或距离处理器,再送入位置计算机计算出船舶位置。由于船舶在波浪中还有纵摇和横摇等运动,所以还需把船舶的运动参数送到计算机进行补偿。

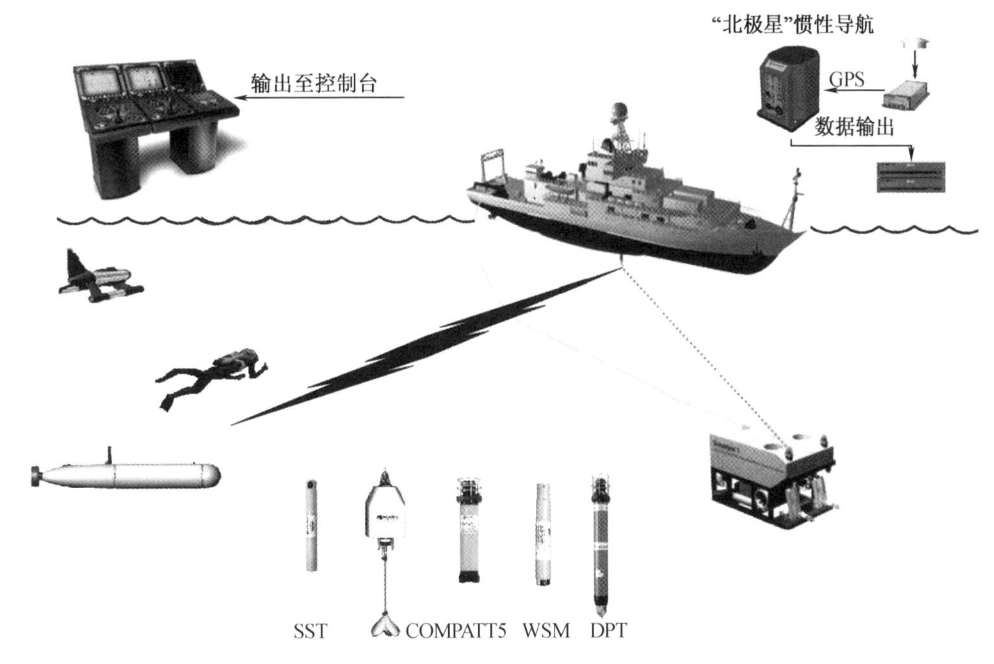

图6-9 短基线声学位置基准系统

对于长基线声学位置系统(图6-10),船底仅有一个声学单元,它向海底声单元基阵发射声脉冲,并接收反射回的声脉冲,所以船底声单元称为水听器或发射器。海底安装的三个声波反射器组成一个海底声单元基阵,工作时,由船底声波发射器依次询问海底声反射器,海底声反射器响应询问声脉冲,并发射声脉冲到海底水听器,水听器把反射声波转换成电能后送到距离处理器,得到水听器到三个海底声波反射器的距离 R_1、R_2、R_3,三个距离值再送到位置计算机计算出船位。艏向角和水听器偏移参数也送到计算机作位置补偿用。

(2)张紧索位置基准系统

张紧索是早期动力定位最常用的位置基准传感器。随着声学技术的发展和动力定位工作深度的增加,声学位置基准系统逐渐取代了张紧索系统,但张紧索系统仍有着广泛的应用。

张紧索位置基准系统是一个机电自控系统。这一系统测量处于恒张力状态下的张紧索的倾斜度,并将测量值转换成电信号,作为船舶位置信号传给动力定位系统。在一个动力定位系统中可以安装几套张紧索系统。

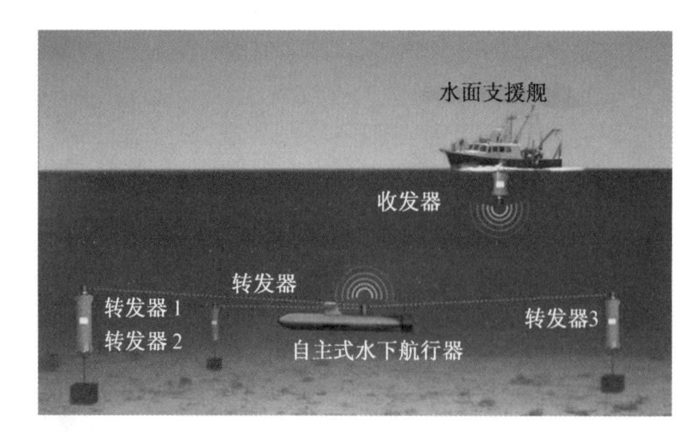

图6-10　长基线声学位置基准系统

张紧索位置基准系统有三个基本组成部件：张紧索及其恒张力系统，索位跟踪器和传感器万向机构，角度传感器。张紧索通常是一根5~20 mm直径的钢索，它应能足够安全地维持一定的张力。索位跟踪器和传感器万向机构是联结钢索和角度传感器的部件，并使角度传感器不受船舶横摇和纵摇的影响。角度传感器通常由两只正交布置的摆式倾斜仪组成。

常用的张紧索系统有轻型张紧索位置基准系统（图6-11），此系统工作深度可达300 m，恒张力控制的索链最大工作速度为1 m/s，最大加速度为2 m/s^2，垂直面内测量角度为35°~90°（以水平线为基准），水平面内测量范围为0°~360°；月池型张紧索位置基准系统（图6-12），此系统的工作水深亦可达300 m，最大恒张力控制速度为1 m/s，垂直面内工作角度为±30°；水面张紧索位置基准系统（图6-13），此系统的张紧索不固定于海底，而是固定于水面上的某一点，它的工作距离为100 m左右，垂直面内测量范围为0°~60°（以水平线为基准），水平面内测量范围为0°~360°，测量精度为测量长度的2%左右。

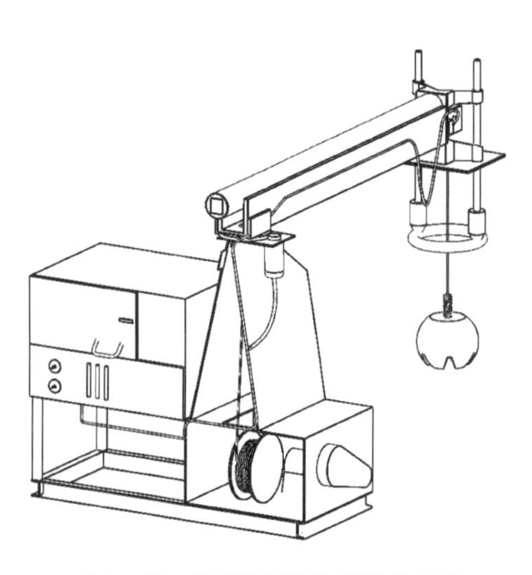

图6-11　轻型张紧索位置基准系统

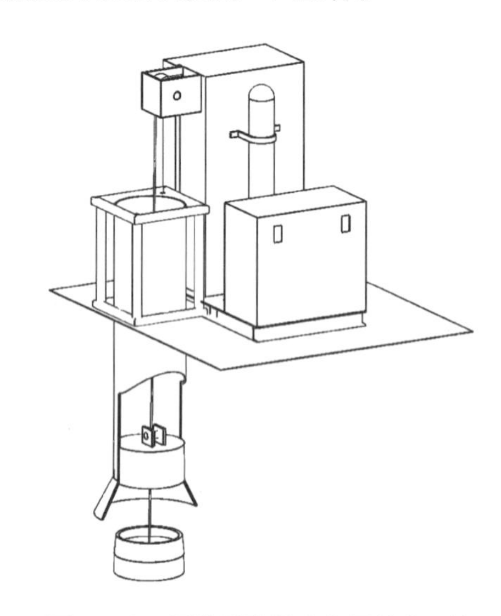

图6-12　月池型张紧索位置基准系统

(3)竖管位置基准系统

在钻井船与海底井口防喷装置之间,有一个大直径的导管,导管中装有钻杆和清理钻下泥石、润滑钻头和控制井压用的泥浆。这个导管称为竖管,它由几段组成,每段管子间用接头联结。竖管和海底防喷装置之间有一个挠性接头,这个挠性接头是球形的,所以也叫球形接头,如图 6-14 所示。

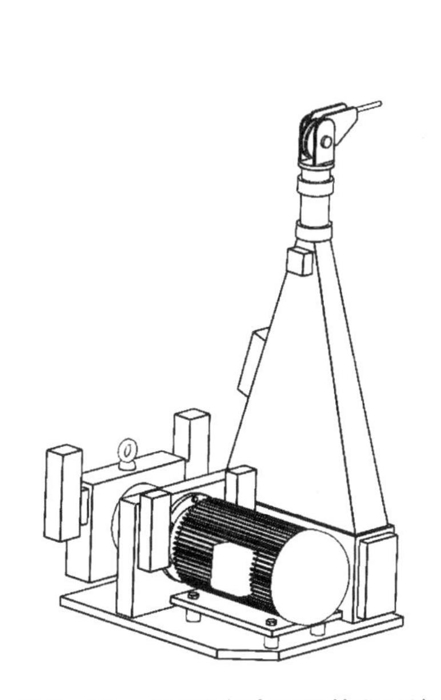

图 6-13　水面张紧索位置基准系统

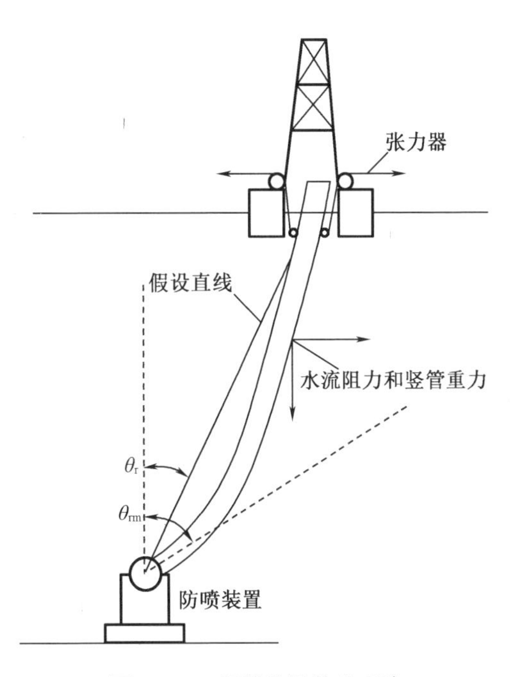

图 6-14　竖管位置基准系统

球形接头和竖管之间的垂直角度 θ_{rm} 不能太大,否则钻杆和防喷装置会相碰,甚至钻杆会卡死在防喷装置中。通常在球形接头上安装了两个互相正交的角度传感器,用以测量竖管的倾斜角,并通过动力定位装置来控制这个角度,使之不超过规定的角度。

为了保持竖管的位置,在竖管上端有数个张力器,对竖管施加一定的张力。

在水流和竖管自身重力的作用下,竖管不能成一直线,而形成一条下凹的弧线。在计算 θ_{rm} 时,应进行修正。

(4)电视跟踪位置基准系统

电视跟踪位置基准系统是一种光电跟踪装置,用于跟踪已知距离的两个固定目标,可以对船舶进行定位。该系统利用一个装于桅杆上的可转动的跟踪摄影机,测量船舶与两个固定目标之间的方位。摄影机架在一个由随动系统控制的转台上。摄影机测得的方位送入计算机进行处理,并消除船舶纵摇和横摇的影响。该系统的工作距离为 20~200 m。

(5)船舶导航定位装置

确定船舶在海面上的位置对于采矿船、管道作业船等都是必须的。目前常用的导航定位装置有无线电导航装置、惯性导航装置和卫星导航装置等。这些导航装置不能精确地提供动力定位系统中的船舶位置基准。某些无线电导航装置分辨率很高,如 Syledis 中短波无线电定位系统,其分辨率高达 0.5 m,作用距离达 400 km,它和声学位置基准系统联合作为动力定位系统中的船位测量系统。

(6)激光位置参考系统

系统中激光器能够在垂直扇形区域内产生激光束。水平扫描这个扇形区域就可以从船上追踪到目标反射物体,从而推断出距离和方位角。目标反射物可以放置在平台或其他位置上,要求完全是被动的操作,不能有移动的部分。

例如,MDL生产和销售的Fanbeam系统(图6-15)被广泛用于船舶动力定位的位置参考系统。它产生的7 500 Hz激光,分布在20°的垂直扇形区域内,其水平发散小于3 μrad。脉冲由一个发射镜头发射。脉冲长度是15 ns(约5 m)。被反射回来的接收到的光直接送到一系列光敏二极管从而产生电信号。距离是由反射距离确定的。该系统通过对同一目标物多次反射值取平均数来提高精度。

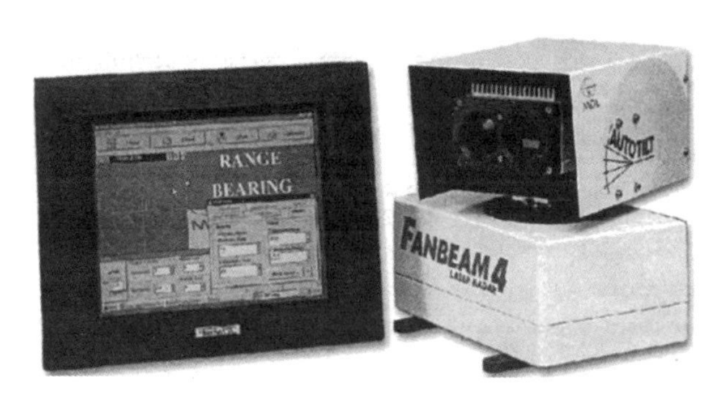

图6-15 Fanbeam MK4系统部件

6.1.3 船舶动力定位系统中的推力器

推力器是动力定位系统的执行元件,用于产生对抗海洋扰动的力和力矩。推力器除了装于船舶首部和尾部的动力定位专用的侧推力器外,也包括推进螺旋桨。螺旋桨用于船舶推进时,应在高转速时,产生最大的推力;如果用于动力定位时,则应在低速时有最大的推力。

单推力器的系统框图如图6-16所示。推力器的动力由原动机提供,推力的大小和方向由推力控制系统控制。对于调速推力器,控制的是螺旋桨的转速和方向,而对于调距螺旋桨,控制螺旋桨的螺距就可以控制推力的大小和方向。反馈与性能传感器一方面把推力器的推力信息反馈回系统的控制器,另一方面监测系统,当控制系统和推力机构在过负载、过热等不正常情况时,作出响应,来调节系统或者作出其他保护。

推力器除了提供动力定位的推力外,还会产生噪声。噪声不但会污染机舱环境,使船员不适,而且还会干扰声学位置基准系统。推力器产生的水流还会干扰计程仪的测速杆工作。

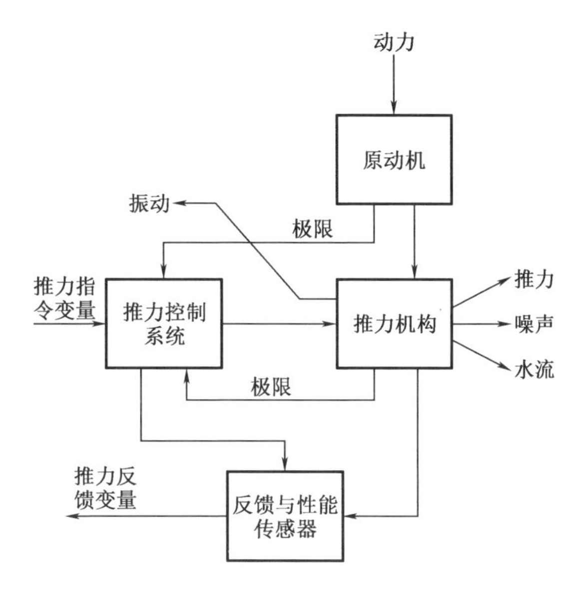

图6-16　单推力器的系统框图

侧推力器常用的有导管螺旋桨式侧推力器和隧道螺旋桨侧推力器。导管螺旋桨式侧推力器把敞水螺旋桨置于导管内,这样在动力定位的低速下,可提高效率约20%。如果把敞水螺旋桨放置在横穿船体的隧道中,就成了隧道螺旋桨侧推器(图6-17)。导管螺旋桨和隧道螺旋桨通常用调距控制,使用功率较小。

如果导管螺旋桨的导管能在水平面内自由转动,这样推力器产生的推力可以在水平面内的任意方向上,这种推力器叫作全方位推力器(图6-18)。

图6-17　隧道推进器

图6-18　全方位推力器

动力定位的推力器由推力控制系统控制,常用的是调距控制和调速控制。

调距控制,原动机使推力器在某一恒定转速下运行,所以原动机可用交流电机。推力控制系统根据动力定位的螺距指令,调整螺旋桨的螺距。在这个系统中,桨叶螺距的调节是由一个阀控式电液随动系统完成的,控制桨叶转动的液压活塞和机械联结是装在桨毂内的。调距桨的螺距角调节范围在±25°之内,动态响应为螺距角从-25°~+25°,时间为10~15 s,对于小型船舶,时间要短些。

调速控制,利用一个调速系统改变推力器的转速和转向。调速系统可以用电气调速系统,也可以用电液调速系统。对于导管螺旋桨,导管的水平方位角也可以根据需要控制。方位角控制系统是一个随动系统。

6.2 船舶动力定位系统建模分析

6.2.1 船舶动力定位运动模型

船舶动力定位运动方程涉及三个方向的运动,即纵荡运动、横荡运动和艏摇运动。在建立船舶运动方程时,只需要考虑三个自由度即可,且船舶动力定位时船速很低,船舶高频运动造成的振荡可以自动恢复,因此只需研究其低频运动即可。纵荡、横荡和艏摇的低频运动方程如下:

$$\begin{cases}(m+m_x)\dot{u}-(m+m_y)vr=F_{\mathrm{wax}}+F_{\mathrm{wix}}+F_{\mathrm{c}x}+F_{\mathrm{t}x}+F_{\mathrm{r}x}\\(m+m_y)\dot{v}-(m+m_x)ur=F_{\mathrm{way}}+F_{\mathrm{wiy}}+F_{\mathrm{c}y}+F_{\mathrm{t}y}+F_{\mathrm{r}y}\\(I_z+J_z)\dot{r}=N_{\mathrm{wa}}+N_{\mathrm{wi}}+N_{\mathrm{c}}+N_{\mathrm{t}}+N_{\mathrm{r}}\end{cases}\tag{6.1}$$

式中 m——船舶质量;

m_x、m_y——在 x 和 y 方向上的附加质量;

J_z——绕 z 轴方向的附加转动惯量;

下标为 wi、wa、c、t、r 的 F 和 N——风力、浪力、海流力、推力和舵力及相应力矩;

u——纵荡速度;

v——横荡速度;

r——艏摇角速度。

附加质量和附加转动惯量可根据元良诚三图谱进行多元回归分析得到回归公式:

$$\begin{cases}\dfrac{m_x}{m}=\dfrac{1}{100}\left[0.398+11.97C_{\mathrm{b}}\left(1+3.73\dfrac{d}{B}\right)-2.89C_{\mathrm{b}}\dfrac{L}{B}\left(1+1.13\dfrac{d}{B}\right)+\right.\\\qquad\left.0.175C_{\mathrm{b}}\left(\dfrac{L}{B}\right)^2\left(1+0.514\dfrac{d}{B}\right)-1.107\dfrac{Ld}{B^2}\right]\\\dfrac{m_y}{m}=0.882-0.54C_{\mathrm{b}}\left(1-1.6\dfrac{d}{B}\right)-0.156\dfrac{L}{B}(1-0.673C_{\mathrm{b}})+\\\qquad0.826\dfrac{Ld}{B^2}\left(1-0.678\dfrac{d}{B}\right)-0.638C_{\mathrm{b}}\dfrac{Ld}{B^2}\left(1-0.669\dfrac{d}{B}\right)\\J_z=\dfrac{1}{100^2}\left[33-76.85C_{\mathrm{b}}(1-0.784C_{\mathrm{b}})+3.43\dfrac{L}{B}(1-0.64C_{\mathrm{b}})\right]L^2m\end{cases}\tag{6.2}$$

式中 C_{b}——船舶的方形系数;

d——船舶吃水;

B——船舶宽度;

L——船舶长度。

从控制角度来说，上述方程式比较复杂，因此对其进行必要的简化，要求简化后得到用于控制的数学模型能够反映真实的船舶运动，而且满足控制系统所需的解算精度。为了得到更简单实用的船舶数学模型，我们通常将水动力阻尼系数矩阵 $\boldsymbol{D}(v)$、船体惯量矩阵 $\boldsymbol{M}$ 作为常值阵，得到水面船舶的三自由度非线性运动模型：

$$\boldsymbol{M}\ddot{v}+\boldsymbol{C}(v)v+\boldsymbol{D}(v)v=\boldsymbol{\tau} \tag{6.3}$$

式中，力矩阵 $\boldsymbol{\tau}$ 包括海洋环境力和推进器推力。

研究水平面内的船舶运动时，通常将船舶操纵运动中的纵荡运动分出来，而船舶的艏摇和横荡运动是相互耦合的，不能进行分离，因此得到船体惯量矩阵 $\boldsymbol{M}$ 如下：

$$\begin{aligned}\boldsymbol{M}&=\boldsymbol{M}_{\mathrm{RB}}+\boldsymbol{M}_{\mathrm{A}}\\&=\begin{bmatrix}m&0&0\\0&m&mx_{\mathrm{G}}\\0&mx_{\mathrm{G}}&I_z\end{bmatrix}+\begin{bmatrix}-X_{\dot{u}}&0&0\\0&-Y_{\dot{v}}&-Y_{\dot{r}}\\0&-Y_{\dot{r}}&-N_{\dot{r}}\end{bmatrix}\\&=\begin{bmatrix}m-X_{\dot{u}}&0&0\\0&m-Y_{\dot{v}}&mx_{\mathrm{G}}-Y_{\dot{r}}\\0&mx_{\mathrm{G}}-Y_{\dot{r}}&I_z-N_{\dot{r}}\end{bmatrix}\end{aligned} \tag{6.4}$$

式中　m——船舶质量；

I_z——船舶转动惯量；

$X_{\dot{u}}$、$Y_{\dot{v}}$、$N_{\dot{r}}$——水动力在三个自由方向的附加质量，都被定义为负数，是由各自加速度引起的，而附加质量 $Y_{\dot{r}}$ 则是由于船舶艏摇和横荡运动之间相互耦合而引起的。

船体惯量矩阵对称正定，$\boldsymbol{M}=\boldsymbol{M}^{\mathrm{T}}>0$。水动力阻尼系数矩阵如下：

$$\boldsymbol{D}=\begin{bmatrix}-X_{\mathrm{u}}&0&0\\0&-Y_v&-Y_r\\0&-N_v&-N_r\end{bmatrix} \tag{6.5}$$

式中，X_{u}、Y_v、Y_r、N_v 和 N_r 分别为船舶在各个运动方向的线性阻尼系数，阻尼系数矩阵是严格正定的。式中各项系数的值主要与船舶形状有关，可以通过经典公式或实验的方法估算到。

动力定位船舶的运动速度通常很缓慢，因此，$\boldsymbol{C}(v)$ 项可以被忽略，则式(6.3)可以化简为

$$\boldsymbol{M}\dot{v}+\boldsymbol{D}(v)v=\boldsymbol{\tau} \tag{6.6}$$

6.2.2　船舶环境数学模型

船舶在运动过程中，受到的外界干扰力主要是风、浪、流对船舶产生的作用力，这些外界干扰具有很大的随机性，不断变化，导致船舶发生平移或者转动。在船舶动力定位仿真系统中，需要建立精确的数学模型来描述外界环境的干扰，建立作用于船舶的干扰力和干扰力矩数学模型。通常而言，扰动力对船舶运动是相互影响和相互作用的，出于简化船舶动力定位数学模型的需要，在分析的过程中，假设扰动力的作用是可以叠加的。

1. 风模型

船舶在海平面上航行时，船体和上层建筑受到风的作用，会导致船舶偏航或者侧倾等对船舶姿态不良的运动，使船舶操作难度加大，因此在船舶动力定位过程中，这些因素是必须要考虑到。目前针对风模型的研究已经比较成熟，在船舶动力定位控制器的设计中，采用风前馈控制来抵消风对船舶的干扰。

风对船舶的作用力和力矩可用公式(6.7)表达：

$$\boldsymbol{F}_{\text{wind}}=\begin{bmatrix}F_{\text{wi}x}\\F_{\text{wi}y}\\F_{\text{wi}z}\end{bmatrix}=\begin{bmatrix}\frac{1}{2}\rho_{\text{a}}V_{\text{w}}^{2}C_{X}(\alpha_{\text{R}})A_{\text{T}}L\\\frac{1}{2}\rho_{\text{a}}V_{\text{w}}^{2}C_{Y}(\alpha_{\text{R}})A_{\text{L}}L\\\frac{1}{2}\rho_{\text{a}}V_{\text{w}}^{2}C_{N}(\alpha_{\text{R}})A_{\text{L}}\end{bmatrix}\tag{6.7}$$

式中　ρ_{a}——空气密度；

V_{w}——标准风速，为海平面上 10 m 处的风速；

α_{R}——相对风向角，定义迎向船舶纵荡方向吹来为 0°，顺时针旋转，自船舶左舷吹来为正，自船舶右舷吹来为负；

$C_X(\alpha_{\text{R}})$、$C_Y(\alpha_{\text{R}})$、$C_N(\alpha_{\text{R}})$——船舶纵荡、横荡方向的风力系数和艏摇方向的风力矩系数；

A_{T}、A_{L}——船舶水线以上的正投影面积和侧投影面积；

L——船舶长度。

由于风速计测得的风速为风速仪所在高度处的风速，因此在实际应用的过程中，需要将其转化为标准风速，具体转化关系为

$$V_{\text{w}}=V_h\left(\frac{10}{h}\right)^{1/7}\tag{6.8}$$

式中　h——风速仪所在位置相对于海面的高度；

V_h——风速仪测得的风速，m/s。

想要确定风力系数及风力矩系数，需要做风洞试验，但是不可能对每条所研究的船舶都做风洞试验。因此人们在以往做过的大量的风洞试验得出的数据基础上，探索出了一种近似的估算方法。迄今为止，汤忠谷、岩井聪以及 Isherwood 等多名学者根据许多次风洞试验得出的数据，总结了各自的计算风力系数及风力矩系数的公式，本文采用的是 Isherwood 公式，回归方程如下：

$$C_{\text{wi}X}(\alpha_{\text{R}})=A_0+A_1\frac{2A_{\text{s}}}{L^2}+A_2\frac{2A_{\text{f}}}{B^2}+A_3\frac{L}{B}+A_4\frac{c}{L}+A_5\frac{e}{L}+A_6M\tag{6.9}$$

$$C_{\text{wi}Y}(\alpha_{\text{R}})=B_0+B_1\frac{2A_{\text{s}}}{L^2}+B_2\frac{2A_{\text{f}}}{B^2}+B_3\frac{L}{B}+B_4\frac{c}{L}+B_5\frac{e}{L}+B_6\frac{A_{\text{ss}}}{A_{\text{s}}}\tag{6.10}$$

$$C_{\text{wi}X}(\alpha_{\text{R}})=C_0+C_1\frac{2A_{\text{s}}}{L^2}+C_2\frac{2A_{\text{f}}}{B^2}+C_3\frac{L}{B}+C_4\frac{c}{L}+C_5\frac{e}{L}\tag{6.11}$$

式中　c——水平面以上部分的船舶侧面投影面积周长；

e——水平面以上部分的船舶侧面投影面积的中心与船首之间的距离；

M——侧面投影面积中的桅杆或中线面上的支柱数目；

A_{ss}——船舶上层建筑的侧面投影面积；

B——船宽；

参数 $A_0 \sim A_6$、$B_0 \sim B_6$、$C_0 \sim C_5$ 的值参见 Isherwood 公式表。

(2)浪模型

由于风、地震波、潮汐力等作用，使得海面产生波浪，一般情况下，产生波浪最主要的因素是风，因此出于工程应用的角度，我们在研究浪模型的时候只考虑风对浪的影响。波浪扰动力一般分为两种，一阶波浪扰动力和二阶波浪扰动力。一阶波浪扰动力会使船舶产生高频的往复振荡运动，不会影响船舶的定位，因此在研究动力定位时忽略一阶波浪扰动力干扰。二阶波浪扰动力又称为波浪漂移力，是船舶发生低频漂移的主要原因，波浪漂移力会改变船舶的航迹和航向，对动力定位和轨迹跟踪有很重要的影响。

迄今为止，在波浪漂移力的估算方面，已经有很多理论研究，但是距实际工程应用还有一段距离，目前对于波浪漂移力的估算基本依赖水池中的船模试验。海平面的波浪很大一部分是不规则波，不规则波可以看成是各种频率的规则波动叠加。Daidola 研究波浪在船舶操纵时的作用时，提出了如式(6.12)～(6.14)的波浪力及力矩的计算公式：

$$F_{wax} = \frac{1}{2}\rho L a^2 \cos\chi C_{wax}(\lambda) \tag{6.12}$$

$$F_{way} = \frac{1}{2}\rho L a^2 \sin\chi C_{way}(\lambda) \tag{6.13}$$

$$N_{waz} = \frac{1}{2}\rho L^2 a^2 \sin\chi C_{wan}(\lambda) \tag{6.14}$$

式中　ρ——海水密度；

a——波浪的平均幅值；

L——船舶长度；

χ——波浪的遭遇角；

λ——波浪波长；

$C_{wax}(\lambda)$、$C_{way}(\lambda)$、$C_{wan}(\lambda)$——波浪力系数及力矩系数，具体计算如下：

$$\begin{cases} C_{wax}(\lambda) = 0.05 - 0.2\left(\frac{\lambda}{L}\right) + 0.75\left(\frac{\lambda}{L}\right)^2 - 0.51\left(\frac{\lambda}{L}\right)^3 \\ C_{way}(\lambda) = 0.46 + 6.83\left(\frac{\lambda}{L}\right) - 15.65\left(\frac{\lambda}{L}\right)^2 + 8.44\left(\frac{\lambda}{L}\right)^3 \\ C_{wan}(\lambda) = -0.11 + 0.68\left(\frac{\lambda}{L}\right) - 0.79\left(\frac{\lambda}{L}\right)^2 + 0.21\left(\frac{\lambda}{L}\right)^3 \end{cases} \tag{6.15}$$

在实际工程中，波浪的遭遇角是不可测的，且 Daidola 公式试验是在船速为零的情况下进行的，因此上述公式多数用于仿真中，不能完全体现实际工程中波浪力的影响。

(3)流模型

海面上航行的船舶，受到方向一定的水流作用时，会引起船舶的漂移，造成航速和位置的改变,从而偏离预定的航迹和航向。通常来说,海流从地理上分为均匀流和非均匀流;从时间上分为定常流和非定常流。由于海流的变化非常缓慢,所以一般认为海流的干扰是定常的,因此目前对于海流模型的研究都采用定常和均匀的假设,即海流不随时间和空间的变化而变化。海流的作用力可以用式(6.16)~(6.18)表示:

$$F_{cx}=\frac{1}{2}\rho A_{fw}V_c^2C_{cx}(\beta) \tag{6.16}$$

$$F_{cy}=\frac{1}{2}\rho A_{sw}V_c^2C_{cy}(\beta) \tag{6.17}$$

$$N_c=\frac{1}{2}\rho A_{sw}V_c^2C_{cn}(\beta) \tag{6.18}$$

式中 ρ——海水密度;

A_{sw}——水平面以下的船舶侧面投影面积;

A_{fw}——水平面以下的船舶正面投影面积;

V_c——海流速度;

β——海流的入射角;

$C_{cx}(\beta)C_{cy}(\beta)C_{cn}(\beta)$——与海流流的入射角相关的纵向流力、横向流力和艏摇流力矩系数,可由公式(6.19)~(6.21)求得:

$$C_{cx}(\beta)=C_L\sin\beta-C_D\cos\beta \tag{6.19}$$

$$C_{cy}(\beta)=C_L\cos\beta+C_D\sin\beta \tag{6.20}$$

$$C_{cn}(\beta)=C_N \tag{6.21}$$

式中,C_L、C_D、C_N 分别为船体阻力系数、升力系数和转矩系数。

6.3 船舶动力定位运动控制所需数学模型

船舶动力定位运动主要受控制器和推力机构控制,因此控制器和推力分配策略的好坏将直接影响动力定位系统的性能。

6.3.1 螺旋桨的数学模型

桨舵系统是船舶的运动控制系统,该系统对船舶的各种姿态进行控制。控制船舶的方法有很多,控制系统根据当前船舶所处的海洋环境和当前的工程状况,控制船舶的推进系统,比如螺旋桨、侧推器、舵等可改变船舶的航向和航速,实现对船舶的运动控制和定位控制。常用的螺旋桨控制装置主要有主推进螺旋桨和侧推进器两种。一般船舶的主推进装置是舵桨组合,通过舵角变换可以控制船舶在 x 方向和 y 方向的位移。侧推力器一般控制船舶在 Y 方向的位移和艏向角的变化。本节的仿真对象是天津港"通程"号挖泥船,该船有两个主推进器在船尾,一个侧推进器在船首,主推进器采用舵桨组合形式,螺旋桨和侧推进器为隧道式。

(1)舵的升力、阻力计算

现代船舶设计的时候,无论是单桨单舵还是双桨双舵,舵都安装在船尾,放在螺旋桨后方,这样可以通过螺旋桨的尾流对舵进行增效,因此在计算舵力的时候要考虑到螺旋桨对舵的影响。

舵力升力计算公式:

$$P_L = \frac{1}{2}\rho S_p V_R^2 C_L \tag{6.22}$$

舵力阻力计算公式:

$$P_D = \frac{1}{2}\rho S_p V_R^2 C_D \tag{6.23}$$

式中　S_p——舵叶的面积;

V_R——舵的来流速度;

C_L——舵的升力系数;

C_D——舵的阻力系数。

舵的来流速度计算公式:

$$V_R = \sqrt{v_c^2 \frac{S_e}{S_p} + v_e^2\left(1 - \frac{S_e}{S_p}\right)} \tag{6.24}$$

式中　v_c——螺旋桨尾流速度;

S_e——舵在螺旋桨尾流中的面积,且有 $S_e = bD$;

b——舵宽;

D——螺旋桨直径;

v_e——螺旋桨进速,计算公式为

$$v_e = v_s(1 - w) \tag{6.25}$$

其中　v_s——船舶相对于水的速度;

w——船舶的伴流系数,且对于双桨双舵的船舶,有 $w = 0.55C_b - 0.20$。

v_c 的计算公式为

$$v_c = v_e\sqrt{1 + \sigma_p} \tag{6.26}$$

式中,σ_p 为螺旋桨负荷系数,且有

$$\sigma_p = \frac{8T}{\rho\pi D^2 v_e^2} \tag{6.27}$$

式中,T 为舵相对应的螺旋桨产生的推力。

(2)螺旋桨推力和转矩计算

推力器为船舶动力定位提供动力,用于产生抵抗船舶运动时所受干扰的力和力矩。推力器有很多种,主要的推力器有螺旋桨、平旋推进器、明轮、喷水推进器等等,目前螺旋桨普遍用于船舶上。

螺旋桨的工作原理是由柴油机、电动机等提供动力,输出转矩,经过螺旋桨的旋转使其转换成为推力推动船舶。螺旋桨的推力及转矩的数学模型如公式(6.28)和(6.29)所示:

$$F_T = (1 - t_p)\rho n^2 D_p^4 K_T(J_p) \tag{6.28}$$

$$Q_T = \rho n^2 D_p^5 K_Q \tag{6.29}$$

式中 t_p——推力的减额系数；

ρ——海水密度；

n——螺旋桨的转速；

D_p——螺旋桨的直径；

K_T——推力系数；

K_Q——转矩系数；

J_p——进速系数。

$$J_p = \frac{u(1 - w_p)}{n \cdot D_p} \tag{6.30}$$

其中 u——船舶纵向速度；

w_p——螺旋桨伴流系数。

推力系数和转矩系数都是由螺旋桨自身参数决定的，包括螺旋桨的叶片数、叶片螺距和叶片形状，也可通过敞水试验得到，大小可通过查看敞水特性曲线图谱获得。

6.3.2 推力分配策略

在船舶动力定位系统中，推力分配策略负责将控制器发出的推力指令分配给各推进器，这一环节将直接控制船舶的运动抵抗环境扰动力，因此该策略在动力定位中具有重要作用。由于推力系统含有的推进器一般多于三个，所以有很多种不同的推力和方向的组合，均能满足控制器发出的指令要求。因此，对于推力分配问题的优化就显得尤为重要，将推力分配到各个推进器上，在推进器消耗能量最小的情况下，满足推力指令的要求，可防止推进器过度损耗。基本的推力分配算法如下：

设 $\boldsymbol{\tau} \in \mathbf{R}^3$ 是控制器给出的推力指令，其中包括横荡所需要的力，纵荡所需要的力以及艏摇力矩。$\boldsymbol{f} \in \mathbf{R}^n$ 是各推进器发出的推力，n 为推进器数量。则需要满足 $\boldsymbol{\tau} = \boldsymbol{B}(\alpha)\boldsymbol{f}$，其中：

$$\boldsymbol{B}(\alpha) = \begin{bmatrix} \cos\alpha_1 & \cos\alpha_2 & \cdots & \cos\alpha_n \\ \sin\alpha_1 & \sin\alpha_2 & \cdots & \sin\alpha_n \\ -y_1\cos\alpha_1 + x_1\sin\alpha_1 & -y_2\cos\alpha_2 + x_2\sin\alpha_2 & \cdots & -y_n\cos\alpha_n + x_n\sin\alpha_n \end{bmatrix} \tag{6.31}$$

目前为止，对于推力分配策略的优化方法有多种，Fossen 和 Johansen 别对这些方法进行了详细介绍。他们将推力分配问题分为三个主要类别：无约束条件（$\boldsymbol{\tau} - \boldsymbol{Bf} = 0$）且目标函数最高次项为二次项的推力分配问题；约束条件为线性且目标函数最高次项为二次项的推力分配问题；约束条件中包含有非线性项的推力分配问题。

6.4 船舶动力定位系统设计

前面的各节分别对动力定位的各个子系统进行了描述，本节对动力定位系统设计方案进行实例探讨，给出了动力定位控制系统的配置方案、动力定位控位能力的计算原理等，最后针对所选动力定位进行特性分析，以便指导动力定位系统的实际设计。

下面以一个典型的动力定位系统为例，介绍系统设计的一般方法。

某大型耙吸挖泥船参数如表 6－1 所示。

表 6－1　某大型耙吸挖泥船参数

名称	参数	名称	参数
船长 L/m	162.3	垂线间长/m	149.8
型宽 B/m	28.5	排水量/t	42 404
平均吃水/m	11	重心高度/m	4.85

控制算法采用 PID 控制算法，不考虑三自由度之间的耦合情况，对每个方向设计一个独立的 PID 控制器，各自由度控制系统框图如图 6－19 所示。

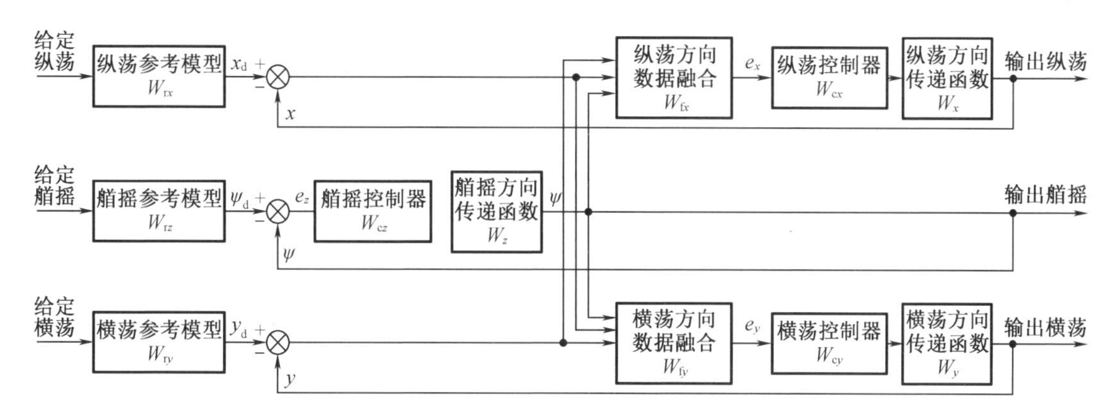

图 6－19　自动舵传递函数系统框图

控制系统中各环节传递函数如下。

1. 参考模型

船舶在进行设定点定位时，为了使船舶按照设定的速度平稳移动，在控制器设定的时候，通过添加一个参考模型的结构模块，使船舶在开始时加速移动，当速度达到限幅值时，保持匀速移动，当快到达设定点时，缓慢减速移动，最理想的效果是当船舶在到达设定时速度正好为零。艏向设定也采用相同的控制策略。

上述过程的实现需要在纵荡、横荡和艏向三个自由度分别添加一个参考模型。

(1) 纵荡与横荡

纵荡和横荡的参考模型一致，均为带限幅的参考模型：

$$\frac{y_d(s)}{y_r(s)}=\frac{x_d(s)}{x_r(s)}=\frac{\omega_n^3}{(s+\omega_n)(s^2+2\zeta\omega_n s+\omega_n^2)} \tag{6.32}$$

式中　ζ、ω_n 为阻尼比，且 $\zeta=1$，$\omega_n=0.03$；

x_r、y_r——纵荡、横荡的指令；

x_d、y_d——纵荡、横荡期望的状态。

(2)艏摇

现代自动舵系统必须有航向保持和转向功能。当需要变航向(即转向)操作时,我们可以通过设计参考模型来计算出期望的状态艏向、艏向变化率以及艏向加速度;而航向保持可以被看作转向的一种特殊情况,此给定航向为常数。参考模型可以看成是一个航向指令的预滤波器。

我们设计一个简单的三阶滤波器:

$$\frac{\psi_d(s)}{\psi_r(s)}=\frac{\omega_n^3}{(s+\omega_n)(s^2+2\zeta\omega_n s+\omega_n^2)} \tag{6.33}$$

式中 $\zeta=1$,$\omega_n=0.01$;

ψ_r——操作者输入值。

2. 数据融合

(1)纵荡方向数据融合 W_{fx}

e_x 为纵荡误差信息,具体表达式如下:

$$e_x=(x_d-x)\cos\psi+(y_d-y)\sin\psi \tag{6.34}$$

式中 x——经过滤波后的纵荡位置信息;

x_d——期望的纵荡位置信息;

y——经过滤波后的横荡位置信息;

y_d——期望的横荡位置信息。

(2)横荡方向数据融合 W_{fy}

e_y 为横荡误差信息,具体表达式如下:

$$e_y=(x_d-x)\sin\psi+(y_d-y)\cos\psi \tag{6.35}$$

式中 x——经过滤波后的纵荡位置信息;

x_d——期望的纵荡位置信息;

y——经过滤波后的横荡位置信息;

y_d——期望的横荡位置信息。

3. PID 控制器

(1)纵荡控制器传递函数

$$W_{cx}=\frac{F_x(s)}{e_x(s)}=K_P+\frac{K_I}{s}+K_D s \tag{6.36}$$

式中 K_P——比例系数;

K_I——积分系数;

K_D——微分系数;

e_x——输入量;

F_x——输出量,纵荡方向上的力。

(2)横荡控制器传递函数

$$W_{cy}=\frac{F_y(s)}{e_y(s)}=K_P+\frac{K_I}{s}+K_D s \tag{6.37}$$

式中　K_{P}——比例系数；

K_{I}——积分系数；

K_{D}——微分系数；

e_y——输入量；

F_y——输出量，横荡方向上的力。

（3）艏摇控制器传递函数

$$W_{cz}=\frac{M_z(s)}{e_z(s)}=K_{\mathrm{P}}+\frac{K_{\mathrm{I}}}{s}+K_{\mathrm{D}}s \tag{6.38}$$

式中　K_{P}——比例系数；

K_{I}——积分系数；

K_{D}——微分系数。

输入量为误差信息 $e_z=\psi_{\mathrm{d}}-\psi$，其中 ψ 为滤波后的艏向角度，ψ_{d} 为期望的艏向角度，M_z 为艏摇力矩。

4. 船体数学模型

通过仿真模型计算出质量矩阵和阻尼矩阵分别为

$$\boldsymbol{M}=\begin{bmatrix}4.4524\times10^4 & 0 & 0\\ 0 & 8.0578\times10^4 & 0\\ 0 & 0 & 1.2324\times10^8\end{bmatrix}$$

$$\boldsymbol{D}=\begin{bmatrix}0.1673 & 0 & 0\\ 0 & 3.7249 & 0\\ 0 & 0 & 779.8635\end{bmatrix}$$

则，纵荡方向的传递函数为

$$W_x(s)=\frac{X(s)}{F_x(s)}=\frac{1}{4.4524\times10^4 s^2+0.1673s}$$

横荡方向的传递函数为

$$W_y(s)=\frac{Y(s)}{F_y(s)}=\frac{1}{8.0578\times10^4 s^2+3.7249s}$$

艏摇方向的传递函数为

$$W_z(s)=\frac{\psi(s)}{M_z(s)}=\frac{1}{1.2324\times10^8 s^2+779.8635s}$$

设定船舶起始位置为 $\boldsymbol{\eta}=[0,0,0]$，初始给定船舶的期望位置为 $\boldsymbol{\eta}=[5,10,0]$，在仿真时间 100 s 时改变给定位置为 $\boldsymbol{\eta}=[10,10,0]$，船舶的艏摇角度一直保持 0°。取仿真时间 500 s，通过仿真船舶动力定位控制系统作用后，船舶在各个方向上的位置和速度的仿真结果如图 6-20 和图 6-21 所示。

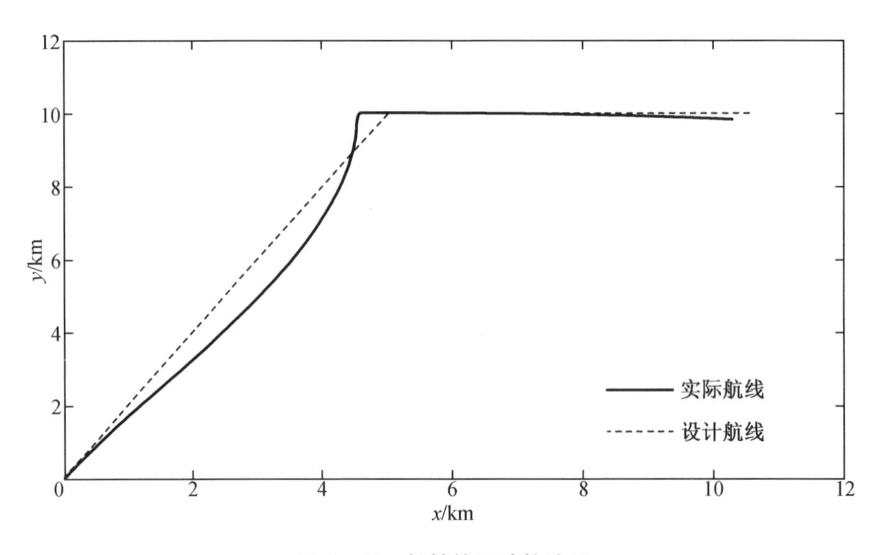

图 6－20　船舶的运动轨迹图

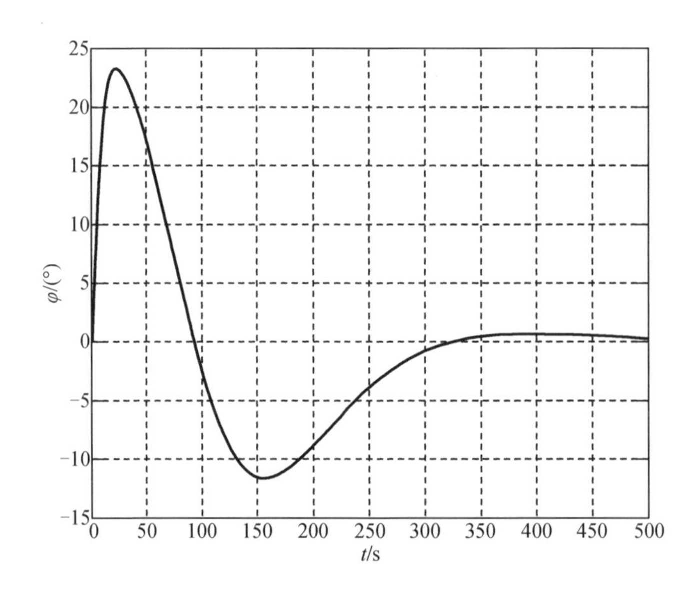

图 6－21　船舶的艏摇角度

仿真结果表明，在无风静水情况下，所设计的 PID 控制器控制性能很好，系统能比较快的回复到平衡点。

在五级海况下进行仿真。取有义波高为 2.30 m，浪向角为 30°，设定船舶起始位置为 $\boldsymbol{\eta}=[0,0,0]$，初始给定船舶的期望位置为 $\boldsymbol{\eta}=[5,10,0]$，在仿真时间 100 s 时改变给定位置为 $\boldsymbol{\eta}=[10,10,0]$，船舶的艏摇角度一直保持 0°，取仿真时间 500 s。通过仿真船舶动力定位控制系统作用后，船舶在各个方向上的位置和速度的仿真结果如图 6－22 和图 6－23 所示。

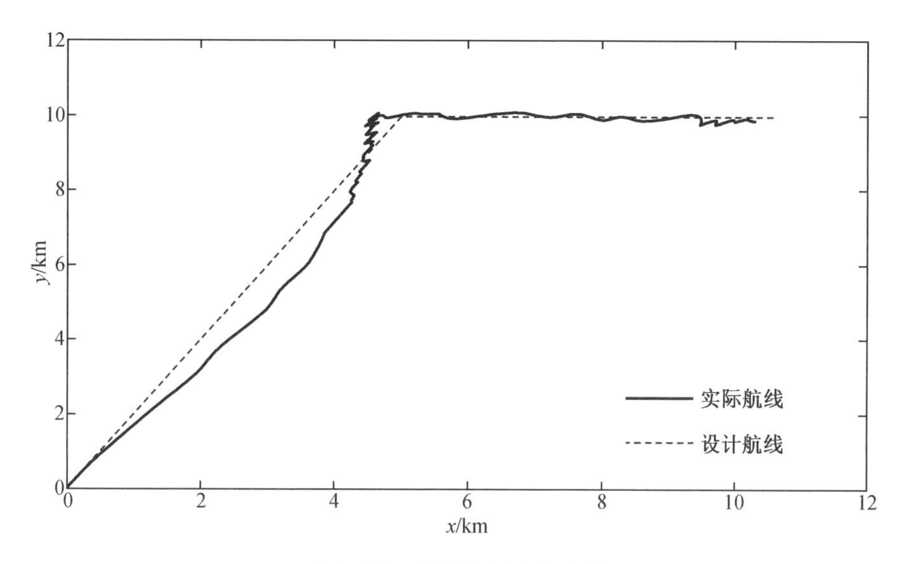

图6-22　船舶的运动轨迹图

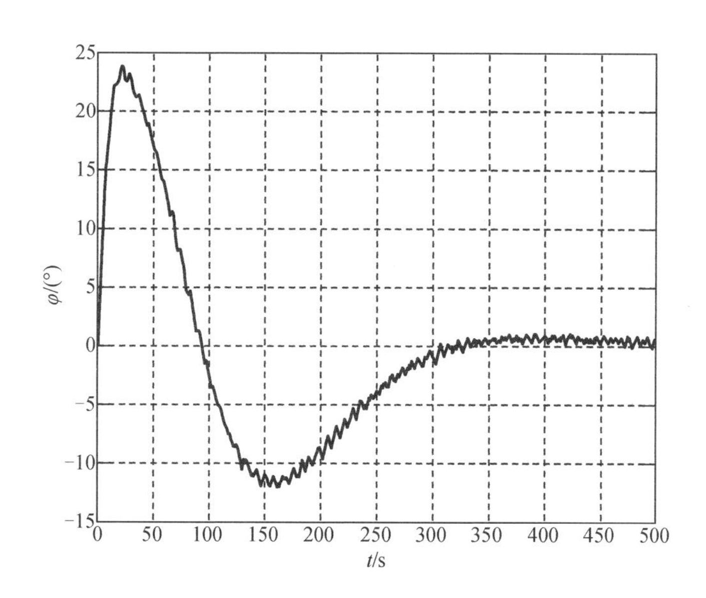

图6-23　船舶的艏摇角度

仿真结果表明,利用传统PID控制器的船舶动力定位系统具有很好的对外部环境干扰的适应能力,是一种行之有效的控制方法。

第 7 章　水翼艇控制系统

7.1　水翼艇的产生背景

“兵贵神速”,这是古今中外的军事常识。舰艇的速度对海战的战果影响颇大。最早的军舰的航速只有十几节,现在发展到几十节,但仍然满足不了海战的需要,这就促使舰船设计师们去研究,寻找解决的办法。

舰船设计师们根据自己的设想,设计了一种船型,当这种船高速前进时,就像石片在水面上漂行一样,并把这种船称为滑行艇(图 7 - 1)。滑行艇与一般舰艇的船型不同,它的底部比较平坦。当艇前进时,由于艇底向前挤压水,从而使底部的水压力升高,形成向上的水动力,水动力就把艇部分地托出水面。滑行艇滑行时,艇的前半部被抬出水面,由于它浸在水中的艇体部分减少,受到的水阻力就大大减少。因此,滑行艇的航速与一般舰艇(排水型舰艇)比较,有了明显的提高。目前,排水型舰艇的航速没有超过 40 kn 的,而滑行艇却轻而易举地突破了 40 kn。因而鱼雷快艇、救护艇、赛艇等快速艇都用滑行艇型。现在鱼雷快艇的航速已超过 50 kn。

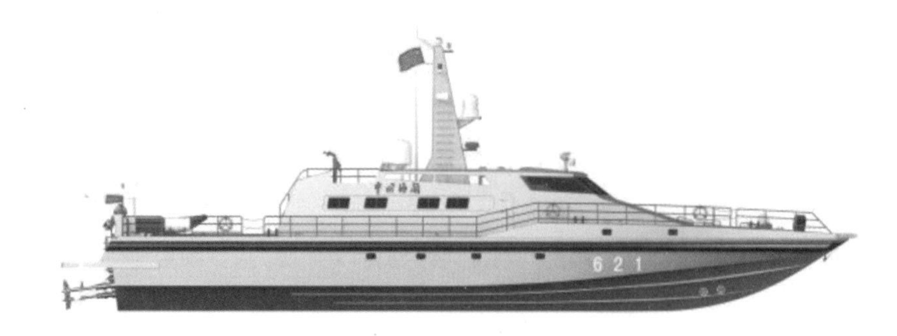

图 7 - 1　滑行艇

滑行艇采用平坦的底部,虽然能产生水动力,对艇高速航行有利,但是也带来一些问题,如滑行艇的耐波性能差,不能在较大的风浪中航行。若在波浪中高速航行,艇底与波浪相撞,艇底会受到波浪的巨大冲击力,不仅使艇体产生强烈的震动,影响甚至会破坏仪器设备的正常工作,也影响艇员的操作,严重时还会引起艇体的破裂。滑行艇航行时,因还有一部分艇体浸在水中,它还受到水的阻力和波浪的冲击。能不能让艇体完全离开水面,使它跑得更快,而且不受波浪冲击呢? 人们开始设想给船装上“翅膀”,使它像飞机一样飞起来。这样,水翼艇就在滑行艇的基础上产生了。

水翼艇(图7-2)是一种高速航行时靠艇体下部所装水翼产生水动升力将艇体托出水面航行的一种动力支撑艇。水翼艇的航速可达50 kn,耐波性也较好,适于做湖泊、江海和海峡的快速客艇和渡船,主要是用在海战区对付水面舰船,同时也作为警戒艇和巡逻艇使用。这种舰艇速度极快,并装备有导弹和各种火炮。

图7-2　水翼艇

水翼的作用就像飞机机翼一样,产生升力。但是,飞机机翼周围的流体介质为空气,水翼周围的介质是水,因水的密度约是空气密度的800倍,故相同大小的水翼提供的升力比空气中的机翼大得多,因此,尽管水翼艇的水翼比飞机的机翼小,但是产生的升力却很大。靠水翼升力支持艇重的水翼艇比滑行艇所受阻力小、兴波小、受波浪干扰影响也小,因而具有良好的快速性和适航性。

7.1.1　国外发展现状

19世纪末,许多发明家用实践证明了利用水翼技术提高快艇速度的可能性。1891年拉贝尔特在法国首次发明水翼艇。

1918年至1919年,加拿大工程师贝尔制造了第一艘5 t的水翼艇,航速61.5 kn。该艇在很长一段时间保持了世界航速。

1934年,苏联学者弗拉季米洛夫发表了水翼动力学的理论及水翼兴波阻力的计算方法,奠定了水翼艇发展的理论基础。第二次世界大战时期,德国水翼艇设计和研究得到陆海军的资助,在鲁劳斯萨克森堡设计并建造了多艘水翼艇。在第二次世界大战期间,德国研制出了世界上最大的军用水翼快艇VS-8型,排水量80 t和速度最快的水翼艇VS-10型,其航速达到60 kn。

1957年,苏联阿列克赛耶夫建成了第一艘25 t的内河水翼艇“火箭”号。苏联水翼艇主要以浅浸、割划式为主,建造数量众多。随后苏联建造了较大型的“风暴”“卫星”和“白俄罗斯”等内河水翼客船。20世纪60年代苏联将上述水翼艇稍加改进建成了“彗星”“涅瓦”和“台风”等海洋水翼艇。这些水翼艇能够抵抗三四级风浪,个别能够抵抗5级风浪。20世纪70年代,苏联加大军用水翼艇研制力度,1977年成功完成了200 t“蝗虫”号新型导弹快艇的建造。

1960 年，美国波音公司在“海角”号和其他一些试验艇提供的可靠数据基础上，开始建造 PCH－1 型全浸式水翼艇，该艇航速超过 45 kn。该艇 1963 年交付海军使用。

1962 年，美国洛克希德公司开始建造 AGEH－1 型的“普兰维尤”号 340 t 反潜试验艇。这艘水翼艇是当时世界上建造的最大水翼艇。美国在民用水翼艇的研究上，波音公司建造的“喷水水翼”号水翼客艇，采用全浸水翼和喷水推进装置，运营状况良好。

1973 年，意大利建造了“剑鱼”级水翼导弹快艇。该艇配备了两个 Otmat 型舰对舰发射架，一座 76 mm 炮，排水量 62.5 t，最大航速 50 kn，四级海况航速 42 kn。

1981 年，Calkims 首先提出了多体水翼船的概念，设计了双体水翼船 HYCAT 并进行相关的研究。与此同时，宫田秀明也设计了一种双体水翼船，并进行了水池试验。该船具有很好的适航性和阻力性能。目前，双体水翼船已被广泛建造。

1991 年，挪威 Kvcerner Fjellstrand 公司为“飞猫”型水翼双体船设计了一种水翼自动控制助航系统，并对其进行了海上航行试验。该水翼自动控制助航系统主要由可控襟翼、计算机、传感器、液力偶合系统、控制屏和监测器构成。新自动助航系统的利用，使得“飞猫”可以以良好的“掠海飞行”姿态航行，高速航行时船体脱离水面 0.6 m。1993 年，该集团为香港远东水翼公司建造 2 艘 35 m 水翼双体船“日星”号(图 7－3)和“祥星”号。

图 7－3 “日星”号

挪威 Westamarin West 公司和 HSD 集团联合为 2900 型水翼双体船设计了一种可控襟翼系统，该可控襟翼系统对水翼双体船纵向运动有明显改观。高速运动时，最小吃水为 1.8 m。该水翼双体船可在水面上滑行，因此具有较好的稳定性和舒适性。水翼航行时，后水翼可承担船体重力的 60%。前水翼的支柱可实现舵功能，可以转动 ±25°，每个 T 形前水翼都装有一个襟翼，整体的全宽后水翼装有三个襟翼。

1992 年，挪威 Harding 公司开发了一套由三副可控水翼组成的水翼助航主动控制系统，其中前水翼安装在船体前三分之一处，并贯穿两片体间，两副后水翼对称安装在两个狭长片体的尾部。这三副水翼总体呈三角形结构，并且可根据海情状况上下调节水翼的浸深。

1993 年，日本日立造船公司为 Superjet－30 型水翼双体船开发了一套装配有襟翼的水翼自动控制系统。该襟翼自动控制系统安装在船体前部和后部的全浸式水翼上，高速航行时,80% ~90%的重力由水翼提供,保证船舶自身的稳定性,10% ~20%的升力由船体提供。通过对襟翼的控制,摇摆幅度与普通双体船相比减小了87.5%,纵摇幅度也有了大幅度的减小。

三菱重工公司开发了三菱 Super shuttle 200 型高速全浸水翼双体船,该船航速可达 40 kn,主要用于岛间航运。三菱重工推出的三菱 Super shuttle 400 型(“彩虹”号)试航航速已经达到45.2 kn。Super Shuttle 400 在船首和船尾分别装有一个整体全宽式的全浸型水翼,并且安装有喷水推进装置。

日本东京大学提出一种新型水翼双体船,即 HC200 系列,该系列水翼双体船的两个片体均具 V 形尖削结构,片体之间安装有两个或多个水翼系统,起升高度很大,最大可达船长的10%。在设计航速下水翼可提供船体的90%重力。模型试验表明,在具有两片水翼并且迎浪的情况下,船体升沉和纵摇性能较好,当浪高为5 m时,船舶仍能高速航行。

2002年,韩国首尔国立大学设计了水翼双体船模型,针对该水翼双体船纵摇和升沉运动利用频率分析方法设计了控制器。该控制系统设计时综合了舰船姿态跟踪性能、常规运动性能、噪声抑制性能和控制能力最小等指标,并在 SNUTT 中进行了拖曳实验。

2005年,德国 Alwoplast 旗下 FASTcc 公司设计了“Fiordos del Sur”号水翼双体船(图7-4),该船长16.24 m,服务航速为30 kn,载客60人,由 Austro Hotels 订购。

图7-4　“Fiordos del Sur”号水翼双体船

“海行者”号是美国海军拥有的一种具有复合型结构的水翼双体船。由于该船安装有浸没在水下的弧线型抬升体和横向水翼系统,因此不仅具备了水翼艇的高速性,而且具有可以与 SWATH 相媲美的稳定性,巡航航速可到30 kn。高速航行时,抬升体和横向水翼同时提供升力,可以将船体托出水面,减小了船舶阻力,而且浸没在水下的抬升体可以增强翼航时的稳定性。

2010年,俄罗斯恢复对水翼艇的建造,开始设计新型复合、大吨位水翼艇,当时预计到2020年吨位达到千吨级。自此,新型水翼艇吸引了很多学者和企业的眼球。

2011年美国科维查克船舶公司(Kvichak Marine)为美国陆军工程兵建造的一艘 Defender V 型水翼双体船(图7-5)完工交付。该船是2艘同型船中的第一艘,长54 ft ($1\ \text{ft}=3.048\times10^{-1}\ \text{m}$),宽20 ft,为铝质结构,动力由一对 Caterpillar 3406E 发动机提供,输出功率700 BHP(1 BHP=0.746 kW),最高航速34 kn,巡航速度28 kn,主要任务是为疏浚和航道作业提供测量等保障服务。

图7-5　科维查克船舶公司的 Defender V 型水翼双体船

美国 Bentley Marine 公司致力于高性能船的研究,并提出一系列解决方案。该公司设计了 T 型翼、A 型翼、割划式水翼和全浸式水翼运动控制系统。图 7-6 和图 7-7 为该公司生产的 A 型翼双体渡船(巡航速度为 55 kn)和"Foilcat"水翼双体船。

图7-6　A 型翼双体渡船

图7-7　"Foilcat"水翼双体船

7.1.2　国内发展现状

我国的水翼艇引进设计工作起步于 20 世纪 50 年代后期,60 年代建成了内河双水翼艇"长江一号"。

20 世纪 80 年中期,我国建成割划式内河水翼客艇"飞鱼"号,当年投入肇庆至梧州航线营运,成为我国首艘商用内河水翼艇。

1954 年,中国船舶科学研究中心对高性能船舶开展了研究和开发,在"信天翁"(XTW)系列掠海地效翼船、小水线面双体船和水翼船方面取得了突破性进展,并结合长期的技术积累创新提出了水翼双体复合船的概念。该所研究人员采用二维半理论成功预测了高速水翼双体复合船在规则波中的垂荡和纵摇运动,该船长 40 m,安装有前、中、后三个水翼系统,其中后水翼为复合型水翼。

1996 年,我国建成首艘全铝自控水翼高速船"南星"号(图 7-8),这是一艘高科技船舶,长 28.5 m,宽 8.6 m,全船采用防腐高强度船用铝材全铝合金焊接建造,用于澳门和香港之间的海上客运。

图7-8 “南星”号

1998年,“远舟一型”首制船“远舟”号试航成功,成为川江航速最高的水警装备。在1998年“远舟一型”的基础上,1999年我国研发了“远舟二号”高速水翼客船。

1990年,华南理工大学设计了一艘12.63 m的水翼双体船,并按缩比10设计了木质船模,并进行了船模试验。

20世纪90年代,上海交通大学对小水线面和割划式混合水翼艇进行了研究,理论和试验结果表明,其航行阻力和稳定性较好。2005年,中国船舶科学研究中心设计建造了我国第一艘混合水翼双体船,其在波浪中航行的阻力和横摇响应大大减小。

2009年,武汉南华高速船舶工程公司研究开发了一种新型复合杂交高性能船舶-自控水翼阻流助升超高速双体船,该船船长30 m,航速超过42 kn,并配备有AFIC航行控制系统(自控水翼阻流助升系统)。一对水翼分别安装在两片体的艏部,并首次提出了在船尾安装阻流器的理念。

大连海事大学针对HC200B-A1型水翼双体船的纵摇和升沉运动进行了研究,并利用T-S模糊理论和鲁棒控制理论设计了适合全工作域的控制器。

上海交通大学对双体小水线面水翼复合型高速船船型、阻力性性能、翼航时的垂荡和纵摇运动性能进行了研究和分析。

2014年,赵熊飞等对高速复合型水翼船运动特性进行了研究,取得了较大的进展。我国的许多学者对水翼的构型如何影响水翼艇航行、水翼水动力参数的求解以及水翼艇的自动控制装置等方面进行了相关研究。

哈尔滨工程大学对安装有T型翼三体船的水动力进行了分析;针对水翼双体船回转/横倾运动进行了研究,并设计了回转/横倾-水翼/柱翼模糊控制器。穿浪水翼双体船高速航行时,由于受到随机海浪干扰的影响纵摇和升沉运动剧烈,王五贵研究了利用模糊鲁棒控制方法设计全工作域控制器。

刘胜等对卡尔曼滤波在全浸式水翼艇翼航状态最优估计中进行仿真研究,给出干扰模拟,探讨滤波的稳定性和鲁棒性,其后又对水翼艇艇体击水和水翼出水概率预报进行研究,给出概率预报模型并与实船数据进行比较,结果证明预报模型具有可靠性。刘胜等针对水翼双体船模型参数的误差和环境影响提出鲁棒控制,试验表明在有参数摄动时,水翼船的纵摇减少超过70%。鲁棒控制方法对于线性时不变系统的效果较好,并且便于设计。针对非线性系统的设计却较为困难,并且效果不佳的问题,可以通过与智能控制相结合的方法提高系统的性能,如自适应鲁棒控制、反步法鲁棒控制等。

7.2 水翼艇的概念和原理

7.2.1 水翼的原理

水翼产生升力的原理与机翼相同。在流体中,流速越大的位置,压强越小。当船在水中高速航行时,水翼船的水翼上表面凸起,它与船体间的水流速度大、压强小。下表面的水流速度小、压强大。因此在水翼的上、下表面存在向上的压力(压强)差,上方压强小于下方压强,产生一个合压强,使其产生一个向上的合力,所以船体被抬高了,从而大大减少水的阻力,增加了航行速度。这种支托力随航速的不同而不同,航速愈高,支托力愈大。当水翼艇低速航行或静止时,它和排水型船一样,平稳地浮于水面;当水翼艇高速航行时,只有它的水翼和推进器与水面接触,航速愈高,阻力愈小。图 7 - 9 所示为水翼原理图。

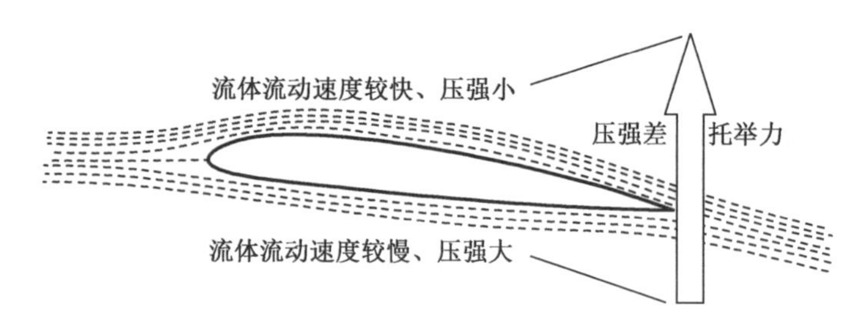

图 7 - 9 水翼原理图

水翼的升力系数 C_L 取决于水翼的翼型(平凸弓形、凹凸弓形、机翼形等)、平面形状(矩形、后掠形、菱形、两端加宽形等)、展弦比和攻角等主要参数。浅浸式水翼的 C_L 还和相对浸深(水翼的浸深与水翼弦长之比)有关,当水翼浸深增加时,升力系数变大,反之即减小,这种现象称为浅浸效应。

7.2.2 水翼艇的组成部分

1. 水翼艇船体

水翼艇使用水翼的一个主要的原因是提供水动升力,使船体脱离水面达到翼航状态,在高速航行时减小水翼艇的阻力。为了达到这个目的,水翼艇的船体在起飞过程中必须具有较小的阻力,它的线型大致与滑行艇相似。艇体离开水面后,艇的大部分阻力为水翼阻力。为了减小水翼阻力,水翼的面积必须尽可能小,相应的水动升力也会减少,因此艇体必须很轻,一般采用铝合金材料。水翼艇的艇壳要能够经受较大的波浪冲击,其结构强度要相应加强。

2. 水翼部分

水翼艇在不同的海况和不同的航速条件下航行时,通过专门的控制系统控制水翼控制面的攻角,能够改变升力实现对水翼艇纵倾和横倾的控制,抵消水翼艇在波浪中航行时波浪的激励。控制水翼艇的纵向运动有很好控制效果。水翼双体船在使用襟翼控制系统时,其纵摇能够减少到传统双体船的 10% 。图 7 - 10 所示为水翼。

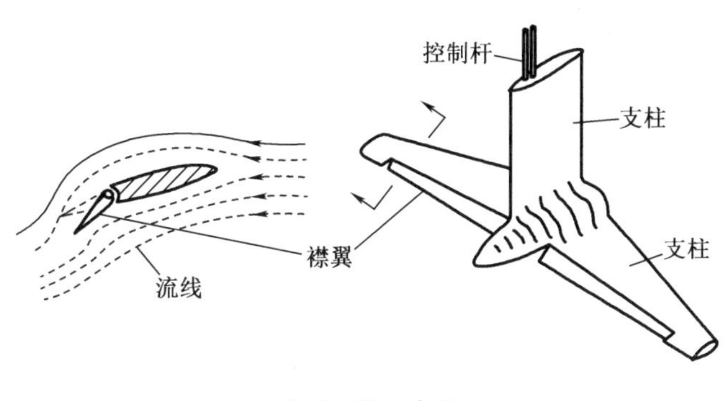

图 7 - 10　水翼

水翼艇的典型特征是其支架 - 水翼系统。全浸水翼艇的水翼一般由三部分组成:连接船体和水翼的支架,航行时提供水动升力的水翼以及附在水翼上用于控制水翼艇姿态的襟翼。水翼艇一般前后各安装一对水翼,也可以安装更大水翼,提供更大的升力,以解决高速船大型化和排水量之间的矛盾。水翼艇水翼的支架具有舵的功能,可以一定角度约 5°转动,满足高速航行时水翼艇改变航行的需要。全浸水翼的水动力特性和亚音速机翼的空气动力学特性非常相似,因此可以借鉴机翼理论和技术来设计水翼。

水翼的潜深对水翼的性能有很大的影响,增加水翼的潜深可以延缓水翼空泡的发生。水翼产生的升力与艇重之间的比值称作水翼的翼承力比。在一般情况下,翼承力比越大,艇体浸入水中的部分越小,其阻力也越小。并不是该比值越大越好,它是由喷水推进器进水口所要求的深度和稳定规范所决定的。

3. 推进系统

喷水推进系统和后水翼组合在一起,有一个冲压式的入水口,内部的管道经后支从水翼艇的尾部将水流喷出。推进系统有三个主要部分组成:原动机、传动装置和推进器。为了降低成本、提高效率和操纵灵活,一般采用柴油机为其动力机构。水翼船的推进系统有螺旋桨推进和喷水推进两种。在高速航行时,喷水推进的总效率要普遍高于普通螺旋桨推进,而且喷水推进器不会引起船体压力波动使得船体免受震动。

喷水推进装置(图 7 - 11)是一种新型的特种动力装置 ,与常见的螺旋桨推进方式不同,喷水推进的推力是通过推进水泵喷出的水流的反作用力来获得的,并通过操纵舵及倒舵设备分配和改变喷流的方向来实现船舶的操纵。

典型的喷水推进装置结构主要由原动机及传动装置、推进水泵、管道系统、舵及倒舵组合操纵设备等组成的。

①原动机及传动装置。喷水推进装置最常见的原动机及传动装置配置有燃气轮机与减

速齿轮箱驱动、柴油机与减速齿轮箱驱动、燃气轮机或柴油机直接驱动等形式。采用全电力综合推进的舰船上则一般采用电动机直接驱动推进水泵的形式。

②推进水泵。推进水泵是喷水推进装置的核心部件。从推进水泵净功率和效率的要求、舰船布置的需要以及传动机构的合理、方便等方面出发，通常选用叶片泵中的轴流泵和导叶式混流泵，特殊情况下也可以采用离心泵。世界著名的推进水泵生产厂家主要有瑞典的 Kamewa 公司、新西兰的 Hamilton 公司、荷兰的 Lips Jet、日本的川崎公司和三菱重工公司、双环公司等。

③管道系统。管道系统主要包括进水口、进水格栅、扩散管、推进水泵进流弯管和喷口等。管道系统的优劣在很大程度上决定了喷水推进系统效率的高低。

④舵及倒舵组合操纵设备。采用喷水推进的船舶不能靠主机、推进水泵的逆转来实现倒航，一般是通过设法使喷射水流反折来实现。由于经喷口喷出的水流相对舵有较大的流速，所以一般采用使喷射水流偏转的方法来实现船舶的转向。常见的舵及倒舵综合操纵设备有外部导流倒放斗、外部转管放罩等。

喷水推进装置主要有以下几个优点：

①喷水推进装置在加速和制动性能方面具有和变距螺旋桨相同的性能，喷水推进船舶具有卓越的高速机动性，在回转时喷水推进装置产生的侧向力可使回转半径减小；

②喷水推进船舶舱内噪声和振动较小，比具有螺旋桨的船舶低(7 ~ 10) dB(A)；

③吃水浅、浅水效应小、传动机构简单、附件阻力小、保护性能好；

④日常保养及维护较为容易。

同时，喷水推进装置的缺点也不容忽视：

①舰船航速较低时(低于 20 kn 时)，喷水推进装置的效率比螺旋桨要低一些；

②由于增加了管路中水的质量，导致航行器的排水量增大(通常占全船排水量的 5% 左右)，效率有所降低。进水口损失的功率约占主机总功率的 7% ~ 9%；

③在水草或杂物较多的水域，进口容易出现堵塞现象而影响舰船的航速；

④机械传动机构仍然比较复杂，体积庞大。由于增加了外壳体的保护，推进泵叶轮的拆换比螺旋桨复杂；

⑤在航行过程中产生的空气辐射噪声仍较大；

⑥推力矢量化程度低，特别在航行器转弯时其推力会丧失；

⑦缺乏一套操作灵敏、水动力学性能优异的倒车装置；

⑧喷水推进器浅吃水航行时，在沙砾较多的水域中具有将碎石和沙砾吸入系统的风险。

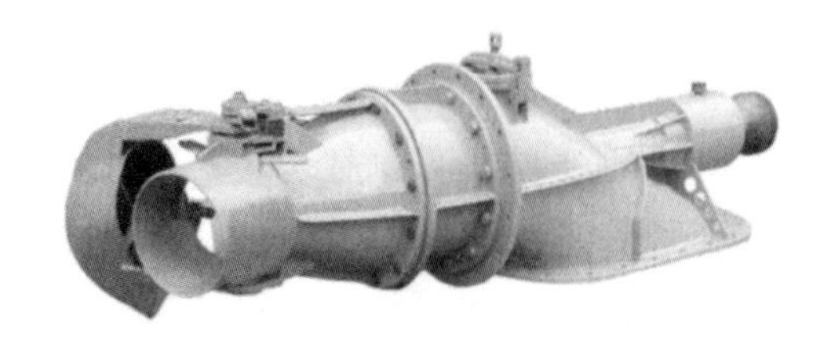

图 7 - 11　喷水推进装置

4. 控制系统

水翼艇安装控制系统能够很大程度地提高水翼艇的适航性，使船员及乘客舒适性大大增加。深浸水翼艇的控制系统必须能够控制船的速度、航行姿态、航行方向，以及必须提供动态的稳定性。单个水翼的控制系统可以划分为五个功能部分：传感器、计算机、执行机构、力发生器和被控对象水翼艇。控制系统对两个输入信号做出反应：控制输入信号和外界环境扰动。其典型结构框图如图7－12所示。

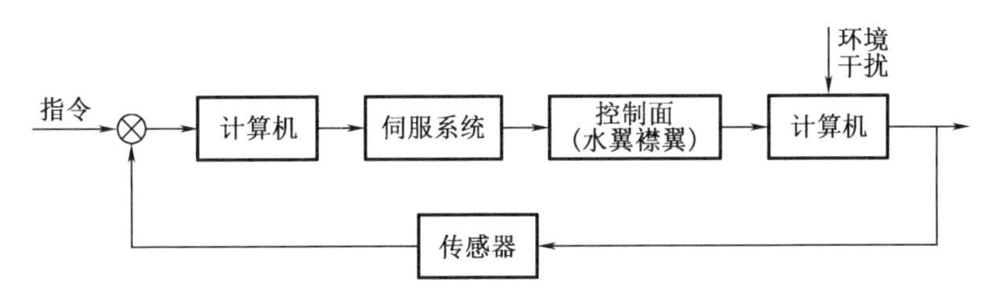

图7－12　水翼控制系统结构框图

一般情况下，浅浸式和割划式水翼艇不使用自动控制系统及相关的传感器。它的水翼具有传感器和控制装置的作用，能够根据水翼深度的变化产生变化的力和力矩。水翼艇具有两种运动形式：低速和高速模式。低速状态下，水翼艇主要依靠船体提供支撑力；高速状态下，水翼艇主要依靠水翼的水动升力提供船舶支撑力。高速状态下，水翼艇操纵控制模式主要有三种模式。

①平台模式：在较短的波浪中，水翼支架的长度相对波高和艇的飞行高度较大，能够充分保证水翼艇水平航行时避免水翼出水和艇体击水。该模式下水翼艇航行平稳。

②随波模式：在长波中，将水翼浸入水下，随波航行，使水翼艇的水翼与波面的垂向相对运动降至最低，避免水翼的出水和吸气。

③中间模式：强化轮廓波，通常水翼艇设计均工作在中间模式，在保证水翼艇安全航行的同时降低水翼艇的运动响应。

7.3　水翼艇的分类和特点

水翼艇的分类如图7－13所示。水翼的形式很多，典型的水翼系统是全浸式和割划式。全浸式水翼艇，在翼航时，其产生升力的翼板全部处于自由水面下；按相对浸深，又分为深浸式和浅浸式。深浸式水翼艇，在翼航时，主水翼的浸深大于水翼弦长，其升力基本上不随浸深而变化，有专门的控制装置保证艇的飞高与纵、横稳性，其艇体几乎不受波浪影响，有良好的耐波性；但控制装置复杂、造价贵。浅浸式水翼艇在翼航时，水翼靠近水面，浸深小于水翼弦长，一般为弦长的20%～30%，其升力随浸深的改变而急剧变化，利用浅浸效应以保持艇的飞高与纵、横稳性。浅浸式水翼艇在静水中有较高的升阻比，结构简单、造价低，但耐波性要差，在波浪中水翼易出水，引起冲击和失速，一般用于内河。

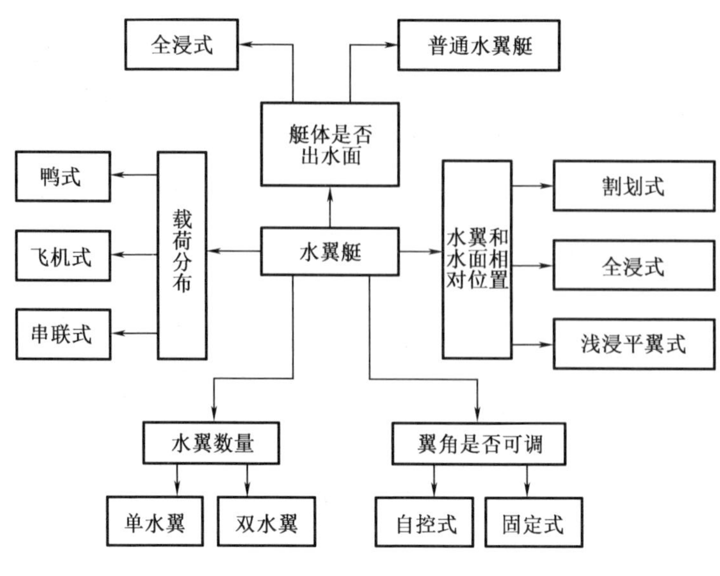

图 7－13　水翼艇分类

半浸式水翼艇又称割划式水翼艇，在翼航时，水翼割划水面，一部分在水面上，一部分在水面下，利用水翼浸水面积增减引起的升力变化，来保持艇的飞高与纵、横稳性。这种水翼艇自稳性较好，运行可靠，但水动力性能较全浸式水翼艇差，且对波浪干扰较敏感，耐波性比浅浸式水翼艇要好，比可控深浸式水翼艇差。若加装简单的自控系统，这种水翼艇就能明显提高艇在波浪中的航海性能。混合式水翼艇是全浸式与割划式相结合的一种水翼艇，通常水翼的展长中间部分采用全浸式，两侧采用割划式，可以集中两者的优点。深浸式水翼艇很少作为混合式。

浅浸式水翼艇容易受波浪的影响，不适于汹涛海况下使用。割划式水翼因艇体的升沉而使水翼面积有所增减，升力的变化较为和缓。深浸式水翼受波浪的影响较小，近海或跨洋水翼艇多有采用，更有采用可控深浸水翼者。

图 7－14 所示为浅浸式水翼艇，图 7－15 所示为深浸式水翼艇。

图 7－14　浅浸式水翼艇

图 7－15　深浸式水翼艇

水翼艇的另一个特征是必须维持在一个相对较小的航行速度。高速航行时，水面工作水翼表面会发生空化，产生空泡的形状和压力不能保持稳定，尤其是支柱上产生的边界层分离现象，造成空气的进入，导致水翼压力陡降，使艇发生不稳定运动。

按水翼有无空泡，可将水翼艇分为非空泡水翼艇与全空泡水翼艇。非空泡水翼艇，又称亚空泡水翼艇(图7-16)，在翼航时水翼不产生空泡现象，航速60 kn以下的水翼艇多采用非空泡水翼。全空泡水翼艇，又称超空泡水翼艇(图7-17)，其水翼一般采用楔形剖面。全空泡水翼尚未在实艇上应用。

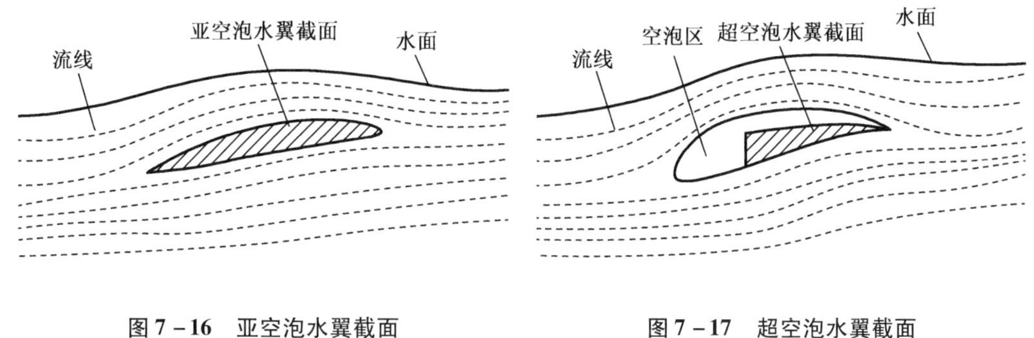

图7-16　亚空泡水翼截面　　图7-17　超空泡水翼截面

7.4　水翼艇运动模型建立

水翼艇有两种典型的运动形式：低速排水量航行，这种情况下水翼艇的重力主要由水翼艇艇体产生浮力提供支撑力；高速翼载航行，这种情况下水翼艇艇体脱离水面，由高速航行时安装在艇体下面工作水翼的水动升力支撑船体。本节主要研究水翼艇以一定航速航行时，水翼艇由艇体浮力和水翼水动升力共同支撑，分别进行建模分析，然后进行叠加，完成水翼纵向运动数学模型的建立。

与船舶的回转运动不同，在波浪干扰不是非常剧烈的前提下，水翼艇的纵向运动模型可近似视为一个线性模型，因此可用线性理论进行分析。船舶的纵向运动的垂荡和纵摇姿态运动受波浪干扰力、航行速度及波浪的遭遇角等因素的影响。

7.4.1　水翼艇纵向运动数学模型的建立

假定引起水翼艇运动的入射波是微幅波，即入射波的波倾角足够小，这样波浪的扰动力也可以认为是微幅的，所引起的水翼艇的运动也应该是微幅的。由此，运动方程是线性的，它表达了船体在调和扰动力作用下的动力响应问题。为了简化艇体水动力系数的计算，这里假设水翼艇所在的水域无限深，不存在流和风，水翼艇以稳定的平均速度和稳定航向做直线航行运动。最后假设水翼艇艇体浸入水中的片体是细长体，能够运用切片理论的方法计算运动方程中的诸水动力系数。

水翼艇的艇体可以近似看成关于纵中剖面对称布置，所以水翼艇的纵向运动和横向运动耦合作用很小，可以忽略。以此可将水翼艇的六自由度运动方程分为纵向运动和横向运动两个方程组。这里假定水翼艇的水下艇体部分为细长体,其表面的纵向曲率很小,因此可以忽略纵荡对垂荡和纵摇的影响。水翼艇的纵荡运动可以认为不是重要的,不予以讨论。所以水翼艇的纵向运动方程组表示如下:

$$\begin{cases} m(\ddot{\xi} + u\dot{\theta}) = \sum\limits_{i}^{2} = 1(F_{\mathrm{f}i} + F_{\mathrm{fp}i}) + \nabla\cos\theta + 2F_{\mathrm{H}} + mg\cos\theta \\ I_{yy}\ddot{\theta} = -\sum\limits_{i}^{2} = 1(x_{\mathrm{f}i} - x_{\mathrm{G}})(F_{\mathrm{f}i} + F_{\mathrm{fp}i}) - (x_{\mathrm{b}} - x_{\mathrm{G}})\nabla\cos\theta - 2(x_{\mathrm{H}} - x_{\mathrm{G}})F_{\mathrm{H}} \end{cases} \tag{7.1}$$

式中 m——船舶的质量;

ξ——船舶在垂直于水平面方向的上浮量;

u——船舶在 x 轴方向的速度,假设为一定值;

θ——船体纵摇角;

$F_{\mathrm{f}i}$——由于水翼产生的力;

$F_{\mathrm{fp}i}$——可控水翼产生的控制力;

∇——船体的浮力;

F_H——船体引起的升力;

g——重力加速度(9.8 m/s);

I_{yy}——船体相对于通过船体重心的 y 轴的转动惯量;

$|x_{\mathrm{f}i}|$、$|x_{\mathrm{G}}|$、$|x_{\mathrm{b}}|$、$|x_{\mathrm{H}}|$——水翼、船体的重心、浮力作用点和船体的升力作用点到船中的距离。

$x_{\mathrm{f}i}$、x_{G}、x_{b} 和 x_{H} 符号的确定:相对应力的作用点在船中之前,取“+”号;在船中之后,取“-”号。本节约定具有下标 $i=1$ 的量与前翼有关,下标 $i=2$ 的量与后翼有关。有时为表示清晰起见,在不引起误解的情况下,省掉下标 i。

图 7-18 可以帮助我们理解,艇体垂荡运动时,会发生什么情况。附加质量概念是指垂荡力施加到船上,使船加速运动的同时也必然带动一部分质量的水做加速运动。当船舶移动时,它会产生一些辐射浪,一些能量被耗散(阻尼系数),同时阿基米德力提供恢复力(恢复力系数)。

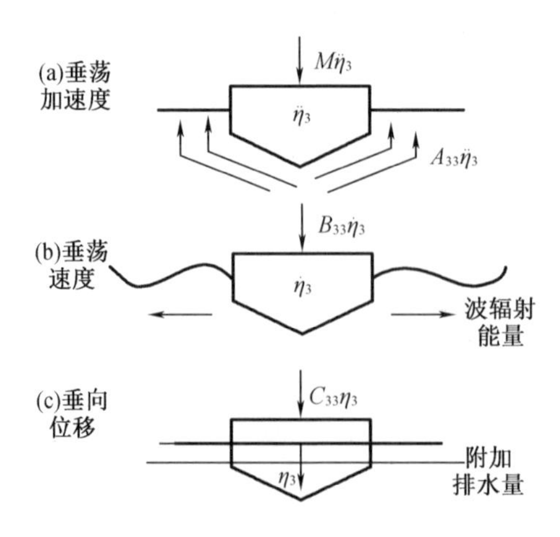

图 7-18 船体垂荡运动时水的变化

7.4.2　水翼艇水翼建模

水翼就是在水中工作或者割划水面的机翼，因而可以借助空气动力学的理论计算它的升力和阻力，但应考虑自由面的存在，以及空泡的产生及空气吸入的影响。安装在水翼艇艇体底部的水翼及带襟翼的水翼作为控制翼面，是改善水翼艇操纵性能的有效方法。带襟翼的水翼和鳍翼一样，其水动力特性十分复杂，主要通过敞水试验来确定。理论的计算一般采用升力线理论、升力面理论或有限翼展理论进行估算。

水翼以某一攻角 α 在平直流中运动时，会受到垂直于来流方向上的升力 L、平行于来流方向的阻力 R 以及俯仰力矩 M 的作用。在流体力学中，其通用的表达式如下：

$$\begin{cases} L = C_{\mathrm{L}} \cdot \dfrac{1}{2}\rho v^2 S \\ R = C_{\mathrm{R}} \cdot \dfrac{1}{2}\rho v^2 S \\ M = C_{\mathrm{M}} \cdot \dfrac{1}{2}\rho v^2 Sc \end{cases} \tag{7.2}$$

式中　ρ——流体密度；

v——水翼运动速度；

S——水翼面积；

c——水翼弦长；

L——翼的升力；

R——水翼的阻力；

M——水翼的俯仰力矩；

C_{L}、C_{R}、C_{M}——无因次系数，即升力系数、阻力系数及俯仰力矩系数，这些无因次系数可以通过模型试验或理论计算获得。

对于无限翼展的二元水翼，剖面为薄翼，在理想流体中，根据机翼理论可以得知水翼的升力系数为

$$C_{\mathrm{L}} = 2\pi\left(\alpha + \frac{2f}{c}\right) = 2\pi(\alpha + \bar{f}) \tag{7.3}$$

对于平板薄翼，由于其拱度系数为零，其升力系数变为

$$C_{\mathrm{L}} = 2\pi\alpha$$

式中　α——攻角；

f——拱度；

$\bar{f} = \dfrac{f}{c}$——相对拱度。

图 7 - 19 所示为作用在水翼上的水动力。

影响水翼艇单个水翼升力系数 C_{L} 的因素有很多，主要有水翼的来流攻角 α、水翼的襟翼攻角 δ、水翼拱度 f、水翼的展弦比 λ、水翼潜深 h 与最大弦长 c 之比、来流雷诺数 Re、水翼潜深、弗劳德数 $Fr = U/\sqrt{gh}$、空化数及上游水翼的干扰等因素。

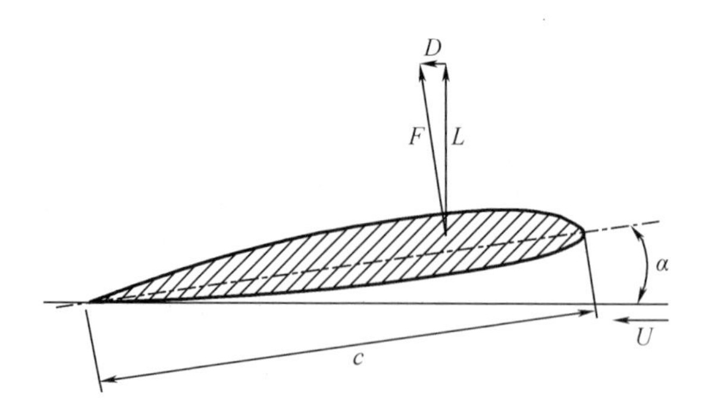

图 7-19　作用在水翼上的水动力

由图 7-20 可以看出,带襟翼的水翼产生的定常升力主要依赖于水翼攻角 α 和襟翼的攻角 δ。当水翼攻角 α 和襟翼的攻角 δ 较小时,水翼升力和它们呈线性关系。如果水翼具有一定的拱度,水翼攻角和襟翼角为零时,水翼升力不为零。当水翼攻角和水翼角较大时,空化和吸气的出现取决于船速和浸深,空化和吸气都将导致升力实质性的降低。

水翼升力系数与阻力系数的比值称为水翼的升阻比,它是衡量水翼效率的一个重要参数,代表水翼流体性能的优劣。最大升阻比与翼剖面形状和展弦比有密切关系。水翼的升阻比定义如下:

$$K' = \frac{L}{R} = \frac{C_L}{C_R} \tag{7.4}$$

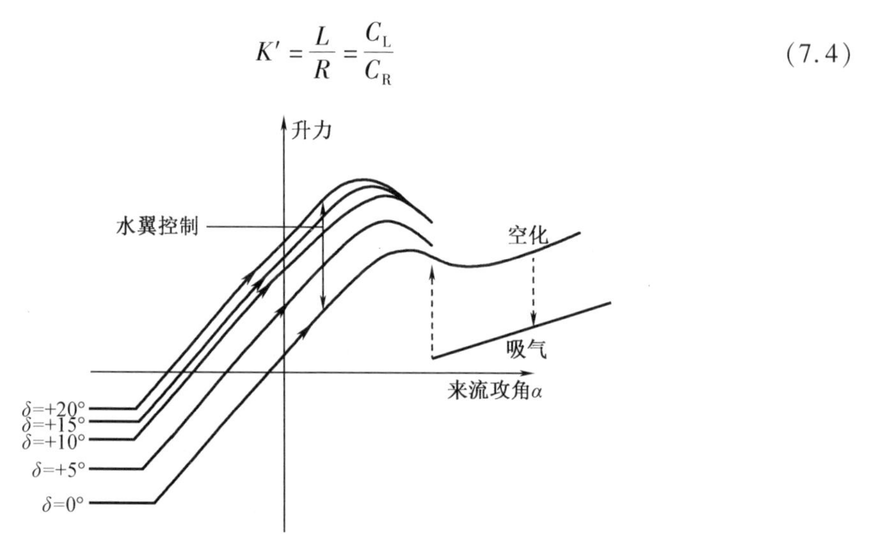

图 7-20　典型的水翼升力曲线

水翼的航速足够高时,使水翼上表面的压力降低到达或低于汽化压力,水会汽化形成局部空泡。空化将导致水翼材料的破坏和水翼水动力学性能的变化,另一方面使水翼上的阻力增加。因此,亚空泡条件下的水翼设计时,因空化问题,应使带水翼船舶的速度限制在 50 kn 以下。

空泡的初生可以用空泡数来表示,空泡数定义为

$$\sigma = \frac{p_0 - p_v}{0.5\rho U^2} \tag{7.5}$$

$$\rho_0 = \rho_a + \rho g h \tag{7.6}$$

式中　p_0——水翼剖面处的静压力；

p_v——水翼剖面处的汽化压力；

ρ_a——大气压力；

h——水翼潜深。

引入无因次压力系数,令压降系数为

$$C_p = \frac{p_0 - p}{0.5\rho U^2} \tag{7.7}$$

在水翼的表面,压力的最低点具有最大的压力系数,即

$$C_{max} = \frac{p_0 - p_{min}}{0.5\rho U^2} \tag{7.8}$$

如果 $C_{max} > \sigma$,即水翼表面的最低压力 $p_{min} < p_v$,水翼表面将发生空泡;然而,在水翼的导边出现一定程度的空泡是允许的。这类空泡没有不利影响,它甚至可以减缓由于波浪诱导攻角的变化而引起的响应。但是,弦的中部出现空泡确有许多不利影响,应当避免。

水翼潜深较小时,水翼的潜深会影响水翼的水动力特性,使水翼的升力下降。潜深越小,自由表面的影响越大。升力的降低可以通过修正因子来校正。水翼无限潜深升力系数 $C_L(h/c=\infty)$ 乘以自由表面的升力因子 K,即可得到水翼的自由表面升力系数。

K 值可以通过计算得到:

$$K = \frac{16(h/c)^2 + 1}{16(h/c)^2 + 2} \tag{7.9}$$

由图 7-21 可知,水翼浸深为 1 倍的弦长时,水翼升力损失 5%;在自由面时,升力损失增加到 50%。这对浅浸式或割划式水翼支撑船的稳定性有着十分重要的意义。如果船体安装前后水翼,且前后水翼接近自由水面,船体做前向埋首纵摇运动时,其前水翼潜深增加,水翼升力随之增大;后水翼潜深减小,水翼升力下降,产生的恢复力矩将会增加。因次,恢复力矩将纠正船体前向纵摇运动;反正亦然。同样,此类水翼支撑船舶对于垂荡运动和横摇运动也具有自身稳定性。

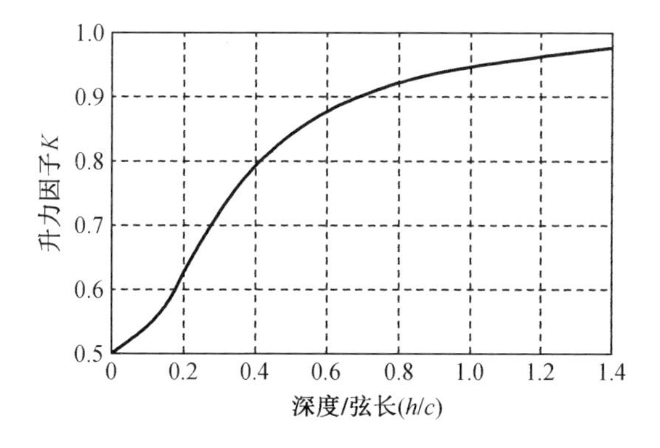

图 7-21　升力因子随潜深与弦长比的变化关系

7.5 水翼艇纵向运动控制仿真

前面的各节分别给出了水翼艇纵向运动控制的各部分数学模型，本节对水翼艇纵向运动控制设计方案进行实例探讨，给出了基于 PD 控制的水翼艇控制器配置方案，并针对一种水翼艇进行纵向运动控制的设计。

为了验证前面章节提出的高速水翼船运动非线性数学模型的有效性，下面以一艘高速水翼船 HC200B - A1 为例进行仿真研究。HC200B - A1 型水翼船参数如表 7 - 1 所示。

表 7 - 1　HC200B - A1 型水翼船参数

总长/m	两柱间长/m	型宽/m	排水量/t
38.08	35.84	11.584	200
静止吃水/m	设计航速/kn	翼展长/m	翼弦长/m
3.84	40	8.32	0.96

目前，80% 以上的工业控制都使用 PID 的方法实现。PID 控制器的优点在于结构简单、可靠，因此本章首先设计水翼船的 PD 控制器。水翼的控制系统示意图如图 7 - 22 所示。

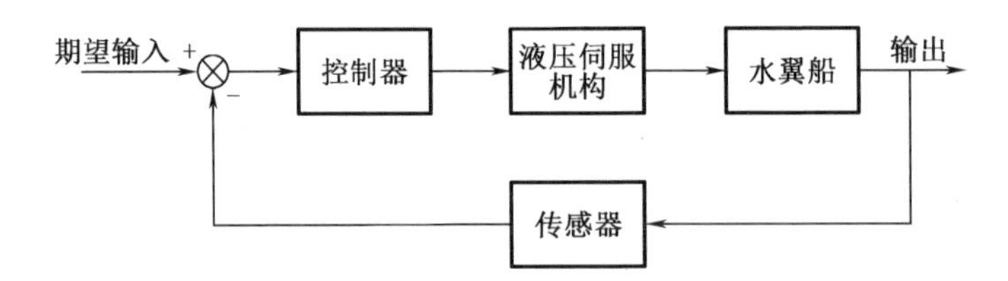

图 7 - 22　水翼的控制系统示意图

水翼船控制系统实际上是一个多输入多输出系统：两个输入，即前后襟翼的命令转角；四个输出，即水翼船的升沉量、垂荡速度、纵倾角和纵摇角速度。此处假设水翼控制系统的四个状态皆可测。若使用常规控制理论设计水翼船的姿态控制器，则前后襟翼的命令转角为

$$\begin{cases}\alpha_{\mathrm{fp1}} = K_{\mathrm{P1}}\theta_\delta + K_{\mathrm{D1}}\dot{\theta}_\delta + C_{\mathrm{P1}}\xi_\delta + C_{\mathrm{D1}}\dot{\xi}_\delta \\ \alpha_{\mathrm{fp2}} = K_{\mathrm{P2}}\theta_\delta + K_{\mathrm{D2}}\dot{\theta}_\delta + C_{\mathrm{P2}}\xi_\delta + C_{\mathrm{D2}}\dot{\xi}_\delta\end{cases} \tag{7.10}$$

式中　下标 1——与前襟翼有关的量；

下标 2——与后襟翼有关的量；

$\xi_\delta = \xi - \xi_{\mathrm{d}}$；

$\dot{\xi}_\delta = \dot{\xi} - \dot{\xi}_{\mathrm{d}}$；

$\theta_\delta = \theta - \theta_{\mathrm{d}}$；

$\dot{\theta}_\delta = \dot{\theta} - \dot{\theta}_d$;

$\xi_d, \dot{\xi}_d, \theta_d$ 和 $\dot{\theta}_d$——期望的船体上浮量、垂荡速度(为零)、船体纵倾角和纵摇角速度(为零);

K_{Pi}、K_{Di}、C_{Pi}和 C_{Di}——需要控制器设计者手工选定的参数。

可见,需要人工手动选定 8 个系数(前后襟翼各 4 个)来控制襟翼的转角。为了减少需要人工选定的系数个数,利用虚拟输入量的思想,即假定水翼船只安装了一个襟翼,通过控制器的设计得到该襟翼的控制量,然后把该襟翼的控制量分配到前后两个襟翼上,进而达到控制两个襟翼的目的。为了便于进行 PD 控制器设计,首先需要对数学模型式(7.1)进行处理,可以得到下式:

$$\begin{cases} \left(m + \sum_{i=1}^{2} m_{fi}\right)\ddot{\xi} - \sum_{i=1}^{2} m_{fi}(x_{fi} - x_G)\ddot{\theta} \\ = \sum_{i=1}^{2}(F_{fi} + F_{fpi}) - \sum_{i=1}^{2} m_{fi}(U\dot{\theta} - \ddot{\zeta}_1) + 2F_H + \nabla\cos\theta + mg\cos\theta - \\ \sum_{i=1}^{2} m_{fi}(x_{fi} - x_G)\ddot{\xi} + \left[I_{yy} - \sum_{i=1}^{2} m_{fi}(x_{fi} - x_G)^2\right]\ddot{\theta} \\ = \sum_{i=1}^{2}(F_{fi} + F_{fpi})(x_{fi} - x_G) + \sum_{i=1}^{2} m_{fi}(U\dot{\theta} - \ddot{\zeta}_1)(x_{fi} - x_G) - \\ \nabla\cos\theta(x_b - x_G) - 2F_H(x_H - x_G) \end{cases} \tag{7.11}$$

令

$$A_{11} = m + \sum_{i=1}^{2} m_{fi}$$

$$B_{12} = \sum_{i=1}^{2} m_{fi}(x_{fi} - x_G)\ddot{\theta}$$

$$C'_1 = \sum_{i=1}^{2}(F_{fi} + F_{fpi}) - \sum_{i=1}^{2} m_{fi}(U\dot{\theta} - \ddot{\zeta}_1) + 2F_H + \cos\theta + mg\cos\theta,$$

$$A_{21} = -\sum_{i=1}^{2} m_{fi}(x_{fi} - x_G)\ddot{\xi}$$

$$B_{22} = I_{yy} - \sum_{i=1}^{2} m_{fi}(x_{fi} - x_G)^2$$

$$C'_2 = \sum_{i=1}^{2}\left[F_{fi} + F_{fpi} + m_{fi}(U\dot{\theta} - \ddot{\zeta}_1)\right](x_{fi} - x_G) - \nabla\cos\theta(x_b - x_G) - 2F_H(x_H - x_G)$$

则式(7.11)即成为

$$\begin{cases} A_{11}\ddot{\xi} + B_{12}\ddot{\theta} = C'_1 \\ A_{21}\ddot{\xi} + B_{22}\ddot{\theta} = C'_2 \end{cases} \tag{7.12}$$

解方程组(7.12),可得

$$\ddot{\xi} = \frac{C'_1 B_{22} - C'_2 B_{12}}{A_{11}B_{22} - A_{21}B_{12}}$$

$$\ddot{\theta}=\frac{A_{11}C_2'-A_{21}C_1'}{A_{11}B_{22}-A_{21}B_{12}}$$

设计 PD 控制器需要将水翼船数学模型的控制输入项分离出来,为此令

$$C_1 = C'_1+\sum_{i=1}^{2}F_{\mathrm{fp}i}$$

$$C_2 = C'_2+\sum_{i=1}^{2}M_{\mathrm{fp}i}$$

其中,C_1 和 C_2 的表达式见式(7.10),$M_{\mathrm{fp}i}=F_{\mathrm{fp}i}(x_{\mathrm{fp}i}-x_{\mathrm{G}})$。

进而有

$$\begin{cases}\ddot{\xi} = \dfrac{B_{22}C'_1-B_{12}C'_2}{A_{11}B_{22}-A_{21}B_{12}}+\dfrac{B_{22}}{A_{11}B_{22}-A_{21}B_{12}}\displaystyle\sum_{i=1}^{2}F_{\mathrm{fp}i}-\dfrac{B_{12}}{A_{11}B_{22}-A_{21}B_{12}}\displaystyle\sum_{i=1}^{2}M_{\mathrm{fp}i}\\ \ddot{\theta} = \dfrac{A_{11}C'_2-A_{21}C'_1}{A_{11}B_{22}-A_{21}B_{12}}-\dfrac{A_{21}}{A_{11}B_{22}-A_{21}B_{12}}\displaystyle\sum_{i=1}^{2}F_{\mathrm{fp}i}+\dfrac{A_{11}}{A_{11}B_{22}-A_{21}B_{12}}\displaystyle\sum_{i=1}^{2}M_{\mathrm{fp}i}\end{cases}$$

并且令

$$\begin{cases}\dfrac{B_{22}}{A_{11}B_{22}-A_{21}B_{12}}\displaystyle\sum_{i=1}^{2}F_{\mathrm{fp}i}-\dfrac{B_{12}}{A_{11}B_{22}-A_{21}B_{12}}\displaystyle\sum_{i=1}^{2}M_{\mathrm{fp}i} = u_1\\ \dfrac{A_{21}}{A_{11}B_{22}-A_{21}B_{12}}\displaystyle\sum_{i=1}^{2}F_{\mathrm{fp}i}-\dfrac{A_{11}}{A_{11}B_{22}-A_{21}B_{12}}\displaystyle\sum_{i=1}^{2}M_{\mathrm{fp}i} = u_2\end{cases}$$

其中,u_1 是相对应于力的输入,u_2 是相对应于力矩的输入,u_1 和 u_2 是均是虚拟的控制输入,并不是直接对水翼船控制系统的直接输入,其表达式为

$$u_1=C_{\mathrm{P}}\xi_{\delta}+C_{\mathrm{D}}\dot{\xi}_{\delta}$$

$$u_2=K_{\mathrm{P}}\theta_{\delta}+K_{\mathrm{D}}\dot{\theta}_{\delta}$$

基于已经建立的高速双体水翼船的非线性仿真平台,在设计船速 40 kn(约 74.08 km/h)下进行控制算法的研究。

在波浪参数为遭遇角 45°,有义波高分别为 1.5 m 和 2.5 m 情况下进行仿真,仿真曲线如图 7-23 ~ 图 7-30 所示。

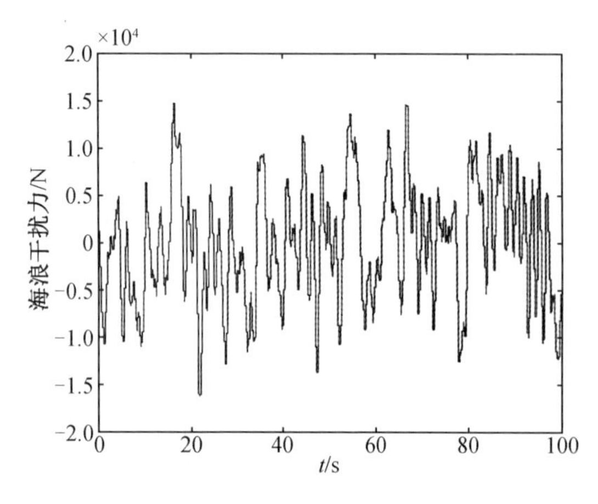

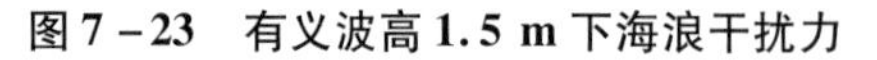
图 7-23　有义波高 1.5 m 下海浪干扰力

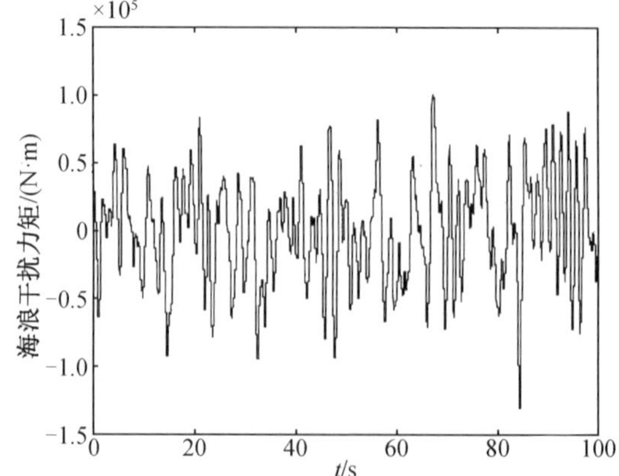

图 7-24　有义波高 1.5 m 下海浪干扰力矩

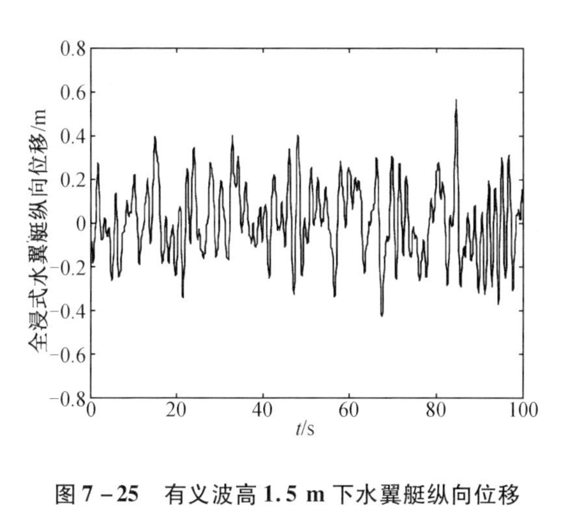

图 7 - 25　有义波高 1.5 m 下水翼艇纵向位移

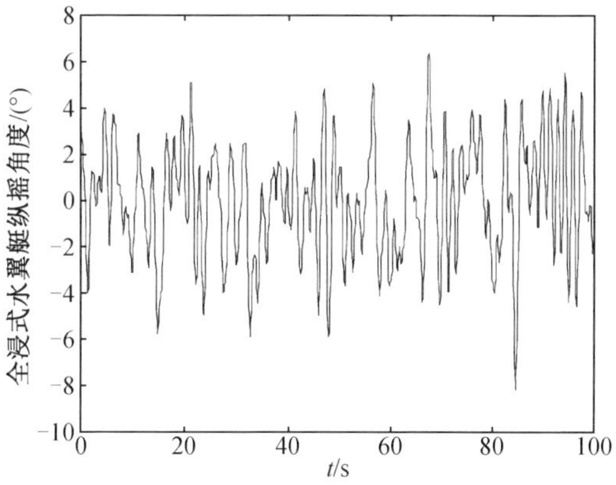

图 7 - 26　有义波高 1.5 m 下水翼艇的纵摇角度

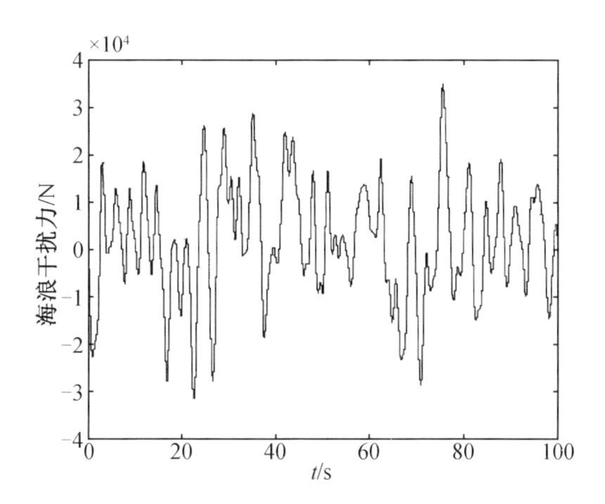

图 7 - 27　有义波高 2.5 m 下海浪干扰力

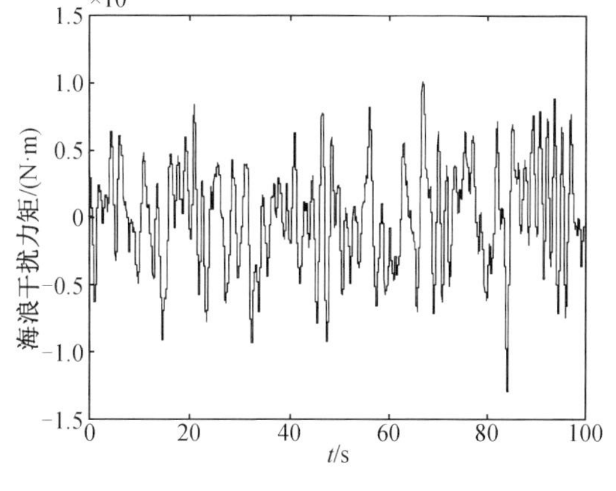

图 7 - 28　有义波高 2.5 m 下海浪干扰力矩

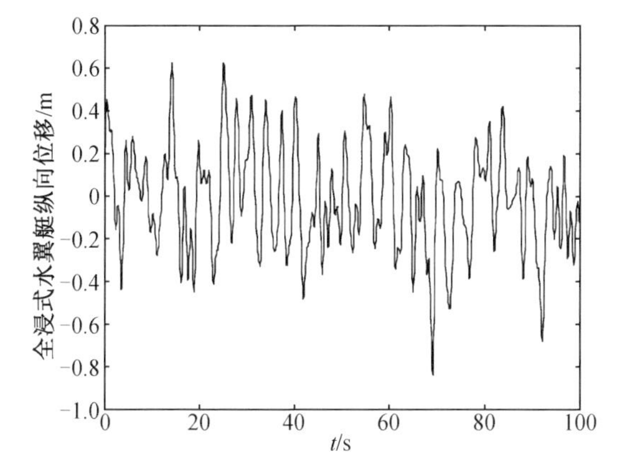

图 7 - 29　有义波高 2.5 m 下水翼艇纵向位移

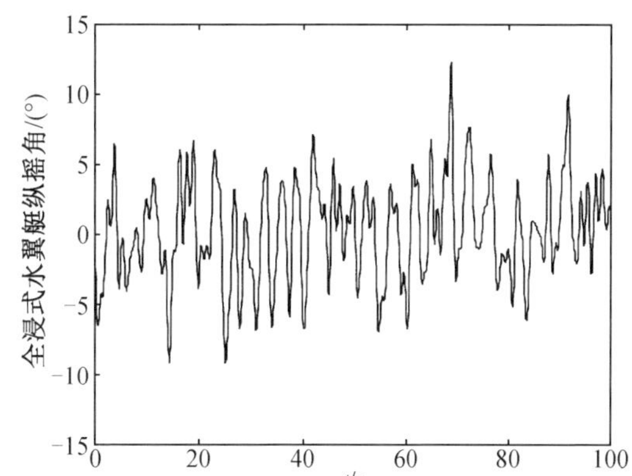

图 7 - 30　有义波高 2.5 m 下水翼艇的纵摇角度

从上面两组仿真曲线可以看出，海浪有义波高对水翼艇的垂荡和纵摇运动有较大影响。

水翼艇的垂荡和纵摇运动幅值随海浪有义波高的增大而增大,这是与航海实践相一致的。在 PD 控制器的作用下水翼艇的垂荡和纵摇运动趋于稳定,并且具有很好的对外部环境干扰的适应能力,是一种行之有效的控制方法。

在 PD 控制器设计的仿真研究中,控制器的参数选择为 $C_P = -16$,$C_D = -18$,$K_P = -20$,$K_D = -0.5$。经过解算得到如下的 PD 控制器控制系数。

$K_{P1} = 0.2987$,$K_{D1} = 0.3360$,$C_{P1} = -6.0255$,$C_{D1} = -0.1506$;

$K_{P2} = 0.1816$,$K_{D2} = 0.2043$,$C_{P2} = 4.9611$,$C_{D2} = 0.1240$。

参 考 文 献

[1] 金鸿章, 綦志刚, 宋吉广,等. 船舶零航速减摇控制装置与系统[M]. 北京: 国防工业出版社, 2015.

[2] 金鸿章,李国斌. 船舶特种装置控制系统[M]. 北京: 国防工业出版社, 1995.

[3] 金鸿章, 姚绪梁. 船舶控制原理[M]. 哈尔滨: 哈尔滨工程大学出版社, 2001.

[4] PEREZ T. Ship motion control: course keeping and roll stabilisation using rudder and fins [M]. London:Springer London , 2005.

[5] 刘胜. 现代船舶控制工程[M]. 北京: 科学出版社, 2010.

[6] 金鸿章, 王科俊, 吉明. 智能技术在船舶减摇鳍系统中的应用[M]. 北京:国防工业出版社, 2003.

[7] 王献孚. 船用翼理论[M]. 北京: 国防工业出版社, 1998.

[8] 夏国泽. 船舶流体力学[M]. 武汉: 华中科技大学出版社, 2003.

[9] 綦志刚. 船舶零航速减摇鳍升力机理及系统模型研究[D]. 哈尔滨: 哈尔滨工程大学, 2007.

[10] 綦志刚, 巩晋, 金鸿章. 非定常流 Weis-Fogh 机构在零航速减摇中的应用[J]. 哈尔滨工程大学学报, 2008, 29(8): 819 - 824.

[11] WANG F, JIN H Z, QI Z G. Modeling for active fin stabilizers at zero speed[J]. Ocean Engineering, 2009, 36(17 - 18): 1425 - 1437.

[12] 金鸿章,张晓飞,李冬松,等. 零航速减摇鳍永磁同步电机伺服系统广义预测控制[J]. 中国电机工程学报,2008,28(36):87 - 92.

[13] 宋吉广, 金鸿章, 梁利华, 等. 全航速升力反馈减摇鳍控制策略研究[J]. 控制与决策, 2011, 26(9): 1343 - 1347,1352.

教材 AR 软件下载二维码

教材网站链接二维码